U0046072

生活 + 醫館 122

抗老聖經

哈佛醫師的七週療程，
優化基因表現、預防疾病，讓妳控制體重，重返青春

莎拉‧加特弗萊德醫師 Sara Gottfried, MD ｜著

蔣慶慧 ｜譯

高寶書版集團

獻給我最親愛的患者和社群，
感謝你們讓我學到人體的奧妙。

CONTENTS

女性、老化和遺傳學

無論你是否願意面對，遺傳學的定律都是存在的。

—— 艾麗森・普勞登（Alison Plowden）

我不是超級名模。事實上，我的家族遺傳包括肥胖症、禿頭、焦慮症、阿茲海默症——就遺傳學而言，對於中年和晚年生活不太理想。我母親在懷我的時候吃得很少，因為 1967 年正是名模崔姬（Twiggy）和迷你裙大行其道的年代。當我的染色體在子宮內組成時，她的節食開啟了我的饑荒基因（famine gene），意味著我這一生都在和血糖問題及速胖奮鬥（這些問題會在稍後的章節詳盡探討）。成長過程中，我一直將凱薩琳・赫本（Katharine Hepburn）、雪歌妮・薇佛（Sigourney Weaver）、黛安・基頓（Diane Keaton）和茱莉亞・羅伯茲（Julia Roberts）等女演員視為偶像。她們又高又瘦，我卻是又矮又胖。

如今，當我開始思索為什麼五十歲時想要保持身心健康這麼困難，我提醒自己：遺傳基因讓我註定成為一個兩百磅重、患有糖尿病和焦慮症的禿髮人士——這樣看來，或許我的情況並沒有那麼糟。

想想安潔莉娜・裘莉（Angelina Jolie）、珍妮佛・羅培茲（Jennifer Lopez）、茱莉安・摩爾（Julianne Moore）、吉賽兒・邦臣（Gisele Bundchen）和海倫・米蘭（Helen Mirren），不難相信她們都中了「基因樂透」。或許她們的祖先都是那種肌膚完美無瑕、小腹平坦、賀爾蒙完美平衡、新陳代謝快速的女超人。

呈現亮麗外表是她們的工作，她們也積極地讓自己在衰老的同時盡可能長久維持美貌。她們結實平坦的小腹和違反地心引力的翹臀，出現在大型廣告看板、「維多利亞的祕密」商品目錄以及《運動畫刊》（*Sports Illustrated*）封面。她們擁有相似的身材比例：吉賽兒・邦臣，全球價碼最高的超級名模，身高五呎十一吋，體重一百二十六磅，三圍（以英吋計）是 35-23-35；安潔莉娜・裘莉身高五呎八吋，體重一百二十八磅，三圍是 36-27-36。她們以令人稱羨的體型賺取收入和雜誌拍攝邀約。身高五呎四吋、三圍 37-27-38 的海倫・米蘭，即使已經六十多歲，在義大利海灘身穿橘紅色比基尼時仍然比我和我多數的女性友人更美。

　　她們很幸運，我們其他人則困難重重。不知道你是否有同感，有時我覺得自己似乎天生註定要和體重、皮膚、精力、性欲問題奮戰。大學時期，我的體重像吹氣球般膨脹。念醫學院的時候，壓力導致我的皮膚和腎上腺都出了狀況。我攝取糖和碳水化合物，很少吃蔬菜。我狂喝咖啡，嚴重睡眠不足，牛仔褲越買越大件。我還生了兩個孩子？需要繼續說下去嗎？

　　或許有人曾經告訴你，腰間的游泳圈或健忘的問題並不是你的錯，純粹是基因遺傳。這實在不公平。四十幾歲的時候，面對昏天暗地的忙碌工作、近更年期（perimenopause）、痛失親人的悲傷、乳房硬塊、年邁的雙親、衣服變緊、出遠門和壓力所帶來的種種挑戰，我的奮戰似乎變得越來越艱難。最終我才明白，和年齡奮戰是一種精神上的修煉，而我的爛攤子就是我的教訓。

　　女性的身體很偉大，但它並非終生保固，也沒有附帶說明書。你是數百萬年來進化的產物，然而許多幫助祖先生存的適應機制，現在卻害你變胖、皺紋變多，而且已經不復需要。但你的遺傳密碼──也就是構成所有生物體遺傳生化基礎的 DNA 序列──只不過是故事的一小部分罷了。你的 DNA 是獨一無二、專屬於你的藍圖。即使你沒有與生俱來的高級基因，依然可以擁有亮麗外表並延緩老化。

　　事實上，科學家已經找到了讓我們能夠掌控基因的新方法。舉例來說，

通常與肥胖和皺紋有關的老化基因可以經由飲食、運動及其他生活方式的選擇而改變。簡單地說，藉由開啟好基因和關閉壞基因，實際上可以預防老化——無論年紀多大。

對於身高五呎四吋、體重一百六十四磅、腰圍三十八吋的一般美國女性而言，吉賽兒的三圍是遙不可及的。然而，就算你的好基因不多且壞基因一堆，依然可以減重、改善肌膚、改變 DNA 控制你身心的方式，甚至不需要靠一群健身教練和廚師來規定你該怎麼運動或怎麼吃。無論你是否擁有幸運基因，都可以讓外表上看起來如此。

事實是，約有 90% 的老化跡象和疾病都是由生活方式所引起的（以及因為生活方式所形成的環境），而非基因。你身體的周遭環境——你生活的樣態以及你所創造的世界，包括內在和外在——對於你未來二十五到五十年的外表和感受而言，遠比你的 DNA 還重要。所以，一起來整頓你的周遭環境吧。

科學突破讓抗老成為可能

我是畢業於哈佛和麻省理工學院的醫師，但我從未學過保持年輕的祕密。因為在我就讀醫學院時，許多祕密都尚未被發掘。延緩老化的新療程是融合了許多因素才誕生的：包括直到 2003 年才完成的人類基因體計劃（Human Genome Project），包括平價的基因檢測——五年前需要大約一萬美元的費用，現在只需要兩百美元；包括更大、更好的電腦設備，可以處理基因體所提供的大量數據——因為資料集相當龐大又複雜，必須發明新的資料處理應用程式；包括我進行自我檢測，透過反覆試驗，找到控制新陳代謝、體重、疾病和老化的基因開關。接著，我不斷改進這項為上千位患者及在線上向我諮詢的女性所設計的療程，才得以找出最好、最具科學實證的方法來重新編寫基因，邁向特定生活方式和心態的改變。

在過程中，我發現了能夠幫助人們不僅看起來更年輕並且能夠感覺更年

輕，甚至更興奮的祕訣。我學到 DNA 在老化方面所扮演的角色，以及我們能夠做些什麼來改變 DNA 的表現方式。誰不希望能夠影響自己的基因讓它變得更好呢？

一些女性朋友曾經問過我，這本書和我之前寫的《賀爾蒙調理聖經》及《終結肥胖！哈佛醫師的賀爾蒙重整飲食法》有何不同。前兩本書著重的是賀爾蒙，這本書則教你如何克服並改造你的遺傳史和遺傳傾向，尤其是在老化方面。覺得自己註定逃不過橘皮組織、大腿贅肉和腹部脂肪？無論做什麼似乎都無法挽救肌膚老化、性欲下降和活力衰退？家族裡長期有阿茲海默症、癌症或心臟病史？這本書就是為你而寫的。我們不僅要延長生命，也要延長健康壽命——也就是維持健康、不生病並維持賀爾蒙平衡的期間。無論你是三十五歲或六十五歲，這個療程都能幫助你預防老化跡象，並且比以往更健康、更強壯。

抗老療程的策略是詮釋體內的老化警訊——視力退化、皮膚變薄、肺功能衰弱、記憶欠佳——然後徹底扭轉。我的目標並非一次解決一種疾病（例如阿茲海默症、糖尿病或與年齡有關的癌症），而是要延緩或預防所有這些病症，因為它們有相似的病因：任何形式的老化。這意味著藉由延緩一種病症，就能延緩所有病症。這就是功能醫學的基本概念。功能醫學是一種新興的醫療體系，治療的是全身而非個別的症狀，並且從內而外防治疾病和快速老化的根本原因。

豐潤的雙頰

我是在三十九歲時開始對自己的遺傳合約（genetic contract）——也就是 DNA 規則以及它們在體內的表現方式——產生興趣。那時發生了意料之外的事：我的細胞開始背叛我。

容我解釋一下。當時我的身體質量指數（BMI）是 25，介於正常和過重之間。我從沒想過自己會變成中年人，但還是到了坐三望四的年紀，正式邁

入中年的門檻。（中年的定義是四十歲到六十四歲。） 我從親朋好友那裡得知，我必須在四十歲前達到理想的體重，因為屆時新陳代謝會急遽減緩，將來會瘦下來的絕對不是肚子而是臉。

顯然，在老化的物理學上，臉部的豐潤和青春活力是畫上等號的。 皮膚科醫師甚至對此有個術語是「青春的黃金三角」：從兩耳之間在臉頰上畫一條線，再從兩邊耳朵各畫一條線連到下巴，會形成一個三角形，最寬的部分是在兩頰。但隨著年齡增長，由於地心引力的關係，雙頰會凹陷，脂肪也會往下移。身體製造的膠原蛋白變少，膠原蛋白的彈性也較差，導致你的肌膚不像過去那樣豐厚緊實。因為骨質流失，顴骨會萎縮，多餘的皮膚垂至下巴，最寬的部分現在變成下巴，青春的黃金三角上下顛倒過來。

真的是這樣嗎？我決定一探真偽，將醫學知識應用在自己逐漸老化的身體上，如同我過往在賀爾蒙方面的研究一樣。

在這段調查期間，我學到很多關於老化的驚人真相。令人沮喪的是，我發現過了某個年紀之後，脂肪流失的情況確實發生在女性的臉部而非腹部，因為膠原蛋白再也無法鞏固臉部肌膚和骨骼結構。即便如此，我也學到了藉由改變生活方式來調節雌性素，有助於減緩膠原蛋白的流失。舉例來說，你可以喝膠原蛋白拿鐵（詳見第五章）來刺激第三型膠原蛋白的增生。儘管你可能不這麼認為，然而關於老化的一切並非無法避免的。我敢保證，在這個過程中我們確實握有不少掌控權。

老化會在四十歲加速

來看看你的身體到底會發生什麼變化。人到中年時，經歷了一段既定且無形的、為期二十五年的細胞衰亡過程。（別擔心，無論你距離四十歲有多近或多遠，我都會教你如何避免這個問題。） 細胞衰亡的進程是不知不覺的，大多數人都不會發現，或許也包括你自己和你的好心醫師在內。你可能會注意到肌肉緊繃、小腹凸起、宿醉揮之不去、閱讀標籤有困難，或是似

乎需要花費十倍的努力才能維持體型。從卵巢到甲狀腺，你的內分泌腺在製造賀爾蒙時開始變得不太順。肌肉量下降，被脂肪取代，突然間你會意識到——就像我最近健身時所發現的——已經很久沒有進行跳躍動作了。開始毫無理由地在凌晨四點醒來，用了幾十年的詞彙突然想不起來。

上等的波爾多美酒存放越久品質越好，你的身體則不然。在你為自己再倒一杯葡萄酒哀嘆中年的殘酷真相之前，容我分享一些好消息。多虧了近年來的科學突破，邁入中年為你提供重新編寫基因和調整身體的大好機會。我極力建議你趁著身體衰敗之前，也就是所謂的快速老化發生之前好好正視這件事，因為它不僅會導致脫髮這種小麻煩，還有阿茲海默症和乳癌這類令人擔憂的疾病。事實上，美國疾病管制與預防中心 2015 年的報告指出，由於心臟病、糖尿病、中風和阿茲海默症增加，平均壽命多年以來首次下降。如果你現在對這些診斷沒有實感、覺得與自己無關，不妨試想：到了 2030年，六十五歲以上的人將占人口總數 20%（2010 年時占 13%），罹患阿茲海默症的人數將增加 35%，罹患乳癌的人數預期增加 50%。你不會希望自己被納入這些統計數據裡。

根據我的醫學教育和執業經驗，以及身為中年女性的個人奮鬥經驗，我設計了一項為期七週、名為「抗老療程」的方案，改變你的身體老化過程，延長你的健康壽命。

五大老化因素

年過四十之後，你會開始感受到變老所帶來的影響：不能沉迷於薯條、甜膩的雞尾酒和冰淇淋，否則一定會得到教訓；白頭髮冒出來了；如果站一整天，腿部的靜脈會腫脹，腳踝部位也會明顯水腫；沒戴眼鏡就看不清楚智慧手錶上的字（上禮拜就發生在我身上！）；賀爾蒙突然失控，發現自己無緣無故感到哀傷、情緒陰晴不定、疲倦或變胖；在出遠門時會閃到腰；抗壓性變差；一晚沒睡好時，無法像過去那麼容易恢復。為什麼呢？有五大因素

會讓老化在年過四十之後變得更明顯，導致「老化發炎」——這是一種發炎反應增加、僵硬和加速老化的不幸組合。請記住，你的敵人不是年齡，而是退化的機能。以下這些就是罪魁禍首：

肌肉因素。你的新陳代謝會隨著年齡而下降，這意味著你會囤積更多脂肪，肌肉也會流失。肌肉損耗最初可能不明顯，但是一般來說每十年會流失大約五磅的肌肉，因此到了中年你一定會開始看到變化。在細胞方面，你的粒線體會變得疲乏，這是一種粒線體功能異常（mitochondrial dysfunction）的過程，讓你在運動時和運動後感到更疲憊或肌肉痠痛。粒線體是細胞內的微小發電機，能將食物和氧氣轉化為能量。大多數的細胞內都有一千至兩千個粒線體，如果它們黏滿了廢物和受損，你就會感到疲倦和疼痛。原因包括攝取糖、麵粉和過度加工食品這類「空卡路里」，以及暴露在毒素環境等等。總而言之，如果不多加注意或置之不理，肌肉通常會被脂肪取代而變得更軟弱無力，讓你不像過去那樣強壯。關鍵是要在年過四十後，著重於保留並增強肌肉量。

大腦因素。你的神經元（神經細胞）會失去速度和彈性。酒精比過去更讓你頭昏腦脹，也會出現失眠問題。神經元之間的連接處，也就是「突觸」，不像過去那麼靈敏，因此會出現想不起詞彙的問題。平衡點逐漸偏向遺忘而非記得，部分原因是大腦像一輛停放在雨中的卡車一樣會生鏽，如果沒有適當的抗氧化對策（例如維生素 A、C 和 E），自由基就會在氧化壓力（oxidative stress）的過程中破壞細胞、DNA 和蛋白質。研究指出，如果你是年約四十三歲（也就是近更年期）的女性，你的大腦會抗拒雌性素所帶來的潤滑和提振心情的好處。小麥和麵粉產品中的麥麩成分，很可能會讓問題加劇。海馬體（大腦中負責創建記憶和情緒控制的部分）可能會萎縮，尤其是在壓力很大的情況下。還不夠糟？過度的壓力會持續生成 β- 類澱粉蛋白（beta-amyloid）而殺死腦細胞，更會形成破壞性的斑塊進一步損害突觸，讓大腦蒙受罹患阿茲海默症的風險。關鍵是要隨著年齡增長，保持大腦的再生性和延展性（可塑性）。

賀爾蒙因素。 你的賀爾蒙只會越變越糟。隨著年齡增長，男性和女性的睪固酮會減少分泌，導致更多脂肪堆積在胸部、腰間和臀部。女性的雌性素分泌會減少，而它通常能保護頭髮毛囊和皮膚。雌性素對睪固酮的比例過低可能會引發脫髮和心臟病。不幸的是，你的甲狀腺機能會減緩，造成新陳代謝變慢，導致浴室裡的體重計數字每年（甚至是每個月）持續攀升。你會更容易感冒。你的甲狀腺可能會出現硬塊或自我攻擊。你的細胞會對賀爾蒙胰島素變得越來越不敏感，導致血糖在早晨升高。（四十歲以後，血糖值每十年約上升 10 mg/dL。） 由於血糖偏高的緣故，你可能容易頭昏腦脹，對碳水化合物的渴望更強烈， 發現皮膚出現更多皺紋，外貌看起來也比較蒼老。年紀大的人比較不容易維持睡眠，導致長期睡眠不足，進而造成耗損性賀爾蒙（例如皮質醇）增加、再生修復性賀爾蒙 （例如生長激素）減少。較多的皮質醇與較少的生長激素會讓皺紋變多、臉部老化，以及更高的發病率和死亡率。雌性素和睪固酮過低可能會讓你的骨骼變得脆弱，並且降低性欲。關鍵是藉由正確的飲食、睡眠、運動和支援來排毒，逆轉許多和老化相關的賀爾蒙問題。

腸道因素。 當然，這幾種因素彼此是交疊的。免疫系統約有 70% 位於腸壁黏膜，因此這裡可能會受到過度刺激，導致過多發炎反應甚至自體免疫的病症。腸胃道中有三到五磅的微生物存在於口腔至肛門的黏膜，主要是細菌和少量酵母。來自體內微生物的 DNA，數量多於人類的 DNA 一百倍，統稱微生物組（microbiome）。多項研究顯示，微生物組可能會影響賀爾蒙，包括雌性素和睪固酮。微生物與它們的 DNA 如果失衡，會使你產生更多酵素，像是 β - 葡萄糖醛酸酶（beta-glucuronidase），它會增加某些壞雌性素，減少具保護性的雌性素。此外，過多壓力也會增加激腎上腺皮質素釋放因子（CRF），導致腸道穿孔，造成食物不耐症，形成更多壓力，降低迷走神經張力，也就是神經系統已經失控。最後，壓力過大會讓你營養吸收不良，尤其是 B 群維生素——這就像是你的身體需要一整座停車場才能正常運作並延緩老化，而缺乏的 B 群維生素則是等著被填滿的空停車位。但是不需要太糾

結於細節，只要明白腸道會加速或減緩你的生理時鐘就可以了。

有毒脂肪因素。當你想要常保青春和健康的同時，來自環境中的毒素會在體內的脂肪堆積，科學家稱之為衰老因子（gerontogens）。它們和致癌物相似，會提高罹癌的風險，也會和你作對，讓你提早老化。汙染、吸菸、重金屬、紫外線、化療、受汙染的飲用水、防腐劑和殺蟲劑都可能對你不利。以乳癌的化療為例，它可能會讓你比實際年齡老化十五歲，雖然癌症治癒了，卻提早死亡。此外，堆積在腹部的脂肪和其他部位的脂肪在生物化學上有所不同，它會使有害化學物質產生發炎反應，導致你比內臟脂肪較少的人老得更快。雖然我們無法避免接觸到某些毒素，但我們可以遏止這種會讓你累積毒素的基因缺陷。

偷走青春的五大因素

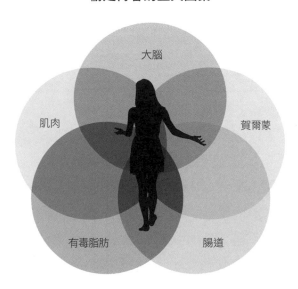

這五種因素帶來的最終結果是更多發炎反應、免疫系統過度活躍隨時準備攻擊正常組織、快速老化的惡性循環。在接下來的章節中，你將學到如何解除、預防和逆轉這五種因素，並改變影響這些因素的基因表現。如果你厭

倦了一天天變老、變慢和變胖的絕望感，請繼續閱讀下去，瞭解如何將自己的基因解鎖，活得更長久、更強健、更美好。

第一章

基因解鎖

我成長了，變老了。

——艾莉絲・孟若（Alice Munro），

〈有些女人〉（*Some Women*）

關鍵真相就鎖在你的基因裡。解鎖後，它們將永遠改變你對身體如何老化的看法。我從三十九歲開始改良我的生活方式，並且在四十多歲這些年發現了超乎想像的好處。更旺盛的精力——當然好。壓力減少——這還用多說嗎？容光煥發、更豐潤的肌膚——我願意！

讓我先闡明一點：我對於那些聲稱能夠讓人長生不老的詐騙手法或未經實證的仙藥完全不感興趣。我不會建議你注射那種抗老的賀爾蒙。相反地，我著重於聰明且公正的研究人員所採取的嚴謹方法，這些研究人員對於能夠延長活力的天然方式以及來自世界各地長壽族群的文化見解充滿樂觀。我對於自己患者們的實際經驗尤其深感興趣，也觀察到哪些行為是最容易採用且最成功的。

沒錯，老化是無可避免的。但你可以延緩不必要的加速老化，讓這個歷程發生得更慢、更豐富，而不會像多數女性那樣持續走下坡。我已經找出了老化規則的例外，因此你也可以違抗這些規則。

海瑟的實證：無須注射填充劑

海瑟是一位四十五歲的老師，她來找我是因為早期骨質流失的問題，並且想要甩掉難減的十磅贅肉。她也要我救救她的皺紋，因為身為一位單身女性，她在網路約會的世界裡很難跟那些三十多歲容光煥發的女性競爭。在一些朋友的鼓勵下，她去找了一位現已不再執正業，專為年邁女性在臉部和頸部注射填充劑的眼科醫師。她對於自己在注射後多日的臉部浮腫感到擔心，更別提那筆高額的花費，每個部位注射都要花上五百到一千美元不等。

「真的就只有這個辦法嗎，莎拉醫師？除了填充劑還有其他方法嗎？」她問。

我為海瑟的生活方式做了一些調整。要她多吃一些水產動物脂肪，例如野生捕獲的冷水性魚類及海鮮，並且每天使用牙線剔牙兩次。她平時在上課期間會喝大骨湯，並且用它來煮湯。我們也在她每日的營養補充品中添加維生素 D 和 DHEA。她每週上兩次瑜珈課，並且經常快走。八週後她回診時，結果令人滿意。不但體重減輕，皮膚也更光滑。海瑟整個人都因自信而神采奕奕。她看起來年輕了不少，而且完全無須注射填充劑。

多年以來，我一直將功能醫學運用在患者和自己身上。這是一種極富治療性的方法，能讓患者和醫師彼此建立療癒性的合作關係。根據我個人的專業看法，這是現代醫學缺乏的部分。生活中任何事物過多或過少都是致病的原因，功能醫學探討的是可能影響長期健康和疾病的遺傳、環境和生活方式等因素之間的交互作用。接受過這兩種體制的教育，我認為當你骨折或罹患肺炎的時候，傳統醫學是絕對必要的，但在預防及逆轉慢性疾病方面，功能醫學可能是較理想的方法。我們想知道功能醫學和傳統醫學相較之下是否更勝一籌。克里夫蘭診所（Cleveland Clinic）目前正在進行一項臨床實驗，針對氣喘、發炎性腸道疾病、偏頭痛和第二型糖尿病，一一比對標準醫學治療和功能醫學照護的效果，讓我們靜待多年後的研究結果吧。

我們本末倒置了

我從《為什麼有些人比較不會老？》（*Spring Chicken: Stay Young Forever〔or Die Trying〕*）一書的科學寫作者比爾·吉福德（Bill Gifford）那裡學到了一項發人深省的統計數據：消費者在整形手術上的花費遠超過政府在老化研究方面的支出。我沒有批判的意思，恰好相反——雖然我是自然醫學醫師，有時候還是會一直盯著看板上和電視上的非侵入式治療或美容手術廣告。你呢？

眼皮整形和臉部拉皮是最常見的兩種整形手術。為什麼這些抗老療程會越來越流行？人們隨著年齡增長而接受整形手術的動機為何？科學研究顯示，最可能去動刀的人是那些自卑感重、生活滿意度低、自我評估的吸引力低、較少擁有宗教信仰的有錢女性。這些女性也經常看電視（也許在電視上看到了她們想要效仿的美麗胴體）。她們共同的動機是「身體形象問題」與「難以接受老化」。然而，如果你以為拉皮、抽脂和填充是唯一的選擇，我想為你提供更安全、更合適的解決方案。

身為醫師，我知道許多在中年尋求整形手術的患者，或許都沒有得到最基本的自我照護，以便在心理、身體和情緒上保持健康。擁有高度自尊的人士通常藉由運動、戒毒和戒菸、健康飲食、大量飲用過濾水等方式來照顧自己，這些都是促進長期健康生活的預防措施。如果你還不曾關心自己的健康，建議你先找出原因。或許你一直把重心放在子女、伴侶或工作上？自我照護需要深思探究和自我反思，少了這些，就很難由內而外變得健康。我可以確定的是，自我照護比整形手術更有效。

「不要把年齡當成藉口」

我第一次在臉書上看到艾達·基林（Ida Keeling）的照片，她正在做伏地挺身，露出開懷的笑容，還有令人驚嘆的三角肌。她最有名的一句妙語是：「不要把年齡當成藉口。」得知她是百歲人瑞令我震驚不已。照片顯示

她是百米短跑的紀錄保持人——百米短跑的百歲人瑞！儘管年齡已經是三位數，她的眼眸依然閃爍著光芒。她對運動發表了兩個重要真理：現在開始永遠不嫌遲（她六十七歲才開始跑步），而且大多數的人運動量其實都不夠（除了跑步，艾達還騎自行車、跳繩，儘管患有關節炎，依然每週去做兩次瑜珈）。

「有些人覺得自己『老』了，於是整天坐在家裡等死——那樣實在太笨了。」艾達說：「如果我有機會，我會告訴他們別再自怨自艾，開始動起來，但是在需要時也得為自己充電。」

「運動是世界上最好的良藥之一。」艾達解釋道。的確，你可能沒想過這種「藥」居然能夠影響你的壽命。你應該很熟悉目前的每週一百五十分鐘建議運動量，也就是每天約三十分鐘、一週五天。美國國家癌症研究院（National Cancer Institute）和哈佛大學近期有一項研究，追蹤 661,000 位中年人長達十四年以上，結果顯示即使是最低的運動量，也就是低於目前的建議運動量，就能夠降低 20% 的死亡率。更棒的是，每天增加一至兩小時中等強度的運動量，就能達到雙倍效果。這意味著隨著年齡增長，我們必須保持活動。在第七章中，我將告訴你哪些運動經科學實證最能幫助你保持靈活，也會說明你應該如何決定自己需要多少運動量。

你不是基因的奴隸

傳統的觀點認為，我們的基因自從大約五萬年前的「大躍進」（Great Leap Forward）之後就不曾有過太多的進化，當時人類在行為、基因及認知方面的躍進結束了重大的生物進化。此後，遺傳適應（genetic adaptation）維持在膚淺的層面，例如人類演變成能夠消化穀類和乳製品，而非只是食用種籽、堅果、根莖類、魚類、水果、蔬菜及動物蛋白。

現在我們面臨一個即將帶來醫學革命的時代。我們正處於一個生物設計的時代。在 2003 年科學家對人類基因體進行測序之前，人們認為 DNA 就是

所有疾病起因的藍圖。然而恰好相反，研究人員發現疾病並非深植於 DNA 中，而是更具可塑性的，是你的 DNA、生活方式及環境之間複雜相互作用之下的結果。基本上，你有能力重新配置 DNA 和身體的對話方式，這個過程就稱為基因表現（gene expression）。

雖然 DNA 無法解釋你所有的生物特徵，本書將探討哪些是你能夠影響的關鍵基因，也就是那些會影響體重、老化、外表、抗壓性、心智敏銳度及健康壽命的基因。

如何使用本書

當你瞭解自己最重要基因的源起始末，以及它們如何會影響你的生活方式，你就能夠開啟好的基因表現，並關閉壞的部分。我將分享關於飲食、睡眠、運動、減壓及活腦的方法，幫助你找出有助減緩老化過程的最佳療法。抗老療程每個星期介紹一組依主題劃分的實踐方式：

第一週：飲食

第二週：睡眠

第三週：活動

第四週：釋放

第五週：暴露

第六週：舒緩

第七週：思考

七週之後，抗老療程將持續運作，幫助細胞分裂維持在最佳狀態、維護 DNA 修復機制、降低被診斷出癌症或失智等可怕疾病的風險，並且減少你需要拉皮或使用助行器的可能性。如果你的新行為開始出現退步的情況，最好養成每年一到兩次複習療程的習慣。

你準備好變年輕了嗎？

第二章

基因與生活方式的對話

在你的一生中，對於健康、活力和機能影響最深的並非去看過的醫師、服用過的藥物、經歷過的手術或其他療法。最深遠的影響，是你在飲食及生活方式上所做的決定對於基因表現累積而成的影響。

——傑佛瑞·布蘭德（Jeffrey Bland），

《基因營養工程》（*Genetic Nutritioneering*）

我氣喘吁吁地跟隨著賈斯汀娜在沙灘上的腳步，決心不想放棄。我們在爸媽位於奧勒岡州海岸的家作客，妹妹們和我去沙灘上跑步。那是美國西北部典型的二月天：大約攝氏十度，刮著大風，下著毛毛雨。我最小的妹妹賈斯汀娜往前拔腿衝刺。她熱愛快跑，擁有一副穿什麼都好看的身材——真的，她就連穿垃圾袋都很辣。我和大妹試著跟上她，兩個人滿腦子都想著媽媽在海濱別墅裡煮了什麼好吃的。鹹鹹的海風在皮膚上覆了一層薄霧，我們無法開口說話，只是沉默地接受我們的命運，看著賈斯汀娜贏得這場賽跑。

四十二歲的安娜和三十七歲的賈斯汀娜是和我擁有大致相同遺傳基因的女性，但由於生活方式不同，以致我們的環境暴露程度以及影響我們 DNA 的方式截然不同。我們以不同的速度老化，因為遺傳並不代表一切。

請注意以下我們將用來描述基因／生活方式對話的專有名詞：

遺傳學。研究 DNA，即關於遺傳及導致遺傳性狀的基因的微小差異。

表觀遺傳學。關於基因和環境的相互作用，因而導致 DNA 在人體的表現方式在遺傳上有所改變。遺傳學和表觀遺傳學的主要差異在於改變是在基因表現上，而非 DNA 序列本身。

基因體學。指的是整個基因體的結構、功能、進化與佈局。基因體學探討所有基因及其之間的相互關係，以瞭解它們對個人的整體影響。

雖然 DNA 的科學聽起來很像天方夜譚，但請記住，其實我們很容易先用遺傳學來辨識永保青春和健康的主要生活方式要素。

▌設計抗老療程的初衷

我在 2003 年考慮要懷孕時，開始檢測自己和丈夫的 DNA。我們想找出我們的女兒可能會遺傳到的基因問題，幸好並未檢測出任何狀況。到了 2005 年，我開始在自己體內檢測更多基因。為什麼呢？我想找出最適合自己身體的飲食計劃、最便利的減重方法、最佳的保健品、最有效的運動方案，以及我可能遺傳什麼給孩子。我們的基因主要控制著酵素，而那些酵素會影響微量營養素、排毒過程以及新陳代謝。根據那些檢測的結果，我在每日的保健品中添加了 B 群維生素，以及甲基葉酸和維生素 D。然後我開始從事高強度間歇式訓練。謝天謝地！我長年揮之不去的憂鬱症幾乎在一夜之間消失了，我的體重下降，精力也變得旺盛。我知道自己找到了重要的法寶。

過了幾個月，在生下我二女兒之後不久，我開始在週末去上瑜珈課，我的丈夫則留在家和女兒們培養親子關係。在課堂上，我們準備做一個很難的主動作，是名為「側烏鴉式」的手臂平衡動作，在嘗試時我總會倒向某一邊。我低頭看著產後的腹部，依然比我理想中還大了許多。我感覺到雙乳脹滿了乳汁，距離上回餵寶寶已經過了幾個小時。跟隨著老師詳盡的解說，我將雙手放在面前的墊子上，將雙腿向右側扭轉，運用核心的力量，然後飛起來！我的雙腿往上一抬，靠在右手肘上方的位置。

我的雙腿保持不動，身體維持完美的平衡。我很穩，很強壯有力。我的呼吸緩慢而平順。我無法想像到底有何不同，不過在那一刻我也不在乎了。我很驚訝自己的身體竟然能夠維持些許核心力量，儘管不久之前我才將一個籃球大小的嬰兒從骨盆推擠出來。直到老師指示我們放鬆下來時，我才心不甘情不願地放開姿勢。

　　下課後，我立刻衝回家告訴我丈夫：「親愛的，真是太不可思議了——側烏鴉式耶！我的平衡中心轉移了，就好像身體在生完兩個孩子之後變得更好了。我可以永遠保持那個姿勢。」我停了一下繼續說：「哇，我的身體比以前更老、更好、更有智慧了！」

　　大衛只回了我幾個字：「很棒，來，餵寶寶。」但是我知道我不能忽視這個戲劇性的變化。即使我曾受過數十年的醫學教育，卻從未想過人體居然能夠越老越好。現在我有證據了。這正是我所需要的誘因，來思索我的環境、我所有的生活方式選擇，以何種方式在影響我的 DNA 和我的身體進行溝通的方式。就像是生孩子，像是試圖以核心練習來恢復身體，像是重心的轉移讓我成功掌握一個困難的瑜珈姿勢，或許我的患者能和我同心協力，找出如何掌握有目標的生活方式選擇，以讓 DNA 達到最佳表現。

▍影響老化的七大基因

　　你的體內約有兩萬四千個基因。雖然許多基因對於預防或逆轉身心老化很重要，但是經過多年的患者測試並且為他們量身打造療程之後，我發現我們可以將這一長串清單縮減至七種最重要的基因。我知道你離上次的生物課已經很久遠了，所以我們先從基本知識開始談起。每個人都有二十三對染色體，人體大多數的 DNA 都包含在其中（只有少量額外的 DNA 存在於你遺傳自母親的粒線體中）。在一個細胞分裂之前，細胞核中的染色體會進行複製，然後細胞會分裂，將一組組的 DNA 平均分配到兩個子細胞中。這個細胞分裂的過程讓細胞得以成長、修復或取代。這七大基因的位置，請參見第

28 頁的圖表。

　　整體而言，每個人的人類基因體約有 99.5% 相同，0.5% 的差異則是眼睛顏色及體型等特徵。每個人都是獨一無二的，因為某些基因會以不同形式出現，這就稱為遺傳變異體（genetic variant）；如果變異發生在超過 1% 的人群身上，就叫做多型性（polymorphism）。這些變異體可以根據功能來分類，發生的原因則是 DNA 密碼中的微小差異會以正向或負向方式改變基因。變異是由進化產生的，有時是突變的結果，它會隨機發生在個體身上，被視為基因的異常變化。某些因素 —— 你吃下或喝下的東西、你的睡眠長短、你如何應對壓力 —— 都可能啟動或關閉這些遺傳變異體。

　　當我告訴你這七大基因的名稱時，你會覺得聽起來很奇怪，大多數都像是毫無意義的字母，有時則是數字組合。稍後我會提到一個重要的長壽基因「叉頭翼狀螺旋基因 O3 群」（簡稱 FOXO3，讀音「法克斯歐三」），真是的，他們居然只能想出這種名字？實在令人很想抓住那些科學家的肩膀搖一搖。不過算了，就把這些基因的名字當成車牌號碼吧 —— 很重要，但很難記。可以的話盡量用簡單的暱稱就好。

　　當然，除了這七大基因之外，還有其他重要的基因。舉例來說，我有一種遺傳變異體讓我吃魚多於吃肉時更容易減重，它叫做 PPARγ，代表的是「過氧化物酶體增殖物活化受體 γ」，會控制身體對某些種類脂肪的反應。一項研究顯示，擁有這種基因的女性，當她們 50% 以上的脂肪攝取來自魚類、甲殼類及堅果中的 omega-3 和 omega-6，就比較容易減重。因此，我藉由食用更多魚類和堅果而減重，你也可以做到（如果你也有這種基因）。你會在第五章中瞭解更多關於這個基因的資訊。

　　我列出的這七大基因很常見，而且當你以生活方式改變為目標時，對你的健康壽命有極大的影響。換言之，它們具有最強的「基因－環境」交互作用。舉例來說，我很幸運遺傳到正常版的 BRCA1 和 BRCA2 基因；異常或變異體版本可能會導致更高的乳癌罹患風險。（我家中的其他女性就沒有我這麼幸運了。） 我有一個變異體基因則是下方所述的「胖子」（Fatso），這

個基因讓我比擁有正常版胖子基因的人更容易餓、對食物無法滿足,以及肥胖。

　　我會幫助你確認這七大基因究竟對你有益或是對你不利。在抗老療程的每一週,你將學到如何適當啟動和關閉每個基因,以平衡這七大基因的表現方式,進而有助於阻止老化過程。

1. 胖子基因

正式名稱:脂肪量與肥胖相關(FTO)基因

　　位置:16 號染色體

　　作用:這個基因和你的身體質量指數密切相關,因此,也和你罹患肥胖症與糖尿病的風險息息相關。當你有這個變異體時,它會讓你不太能控制瘦素(leptin,掌管飽足感的賀爾蒙)。換言之,你會時時刻刻感到飢餓。

你的任務:藉由運動和高纖維低碳水化合物的飲食計劃來關閉胖子基因。

2. 甲基化基因

正式名稱:亞甲基四氫葉酸還原酶(MTHFR)基因

　　位置:1 號染色體

　　作用:甲基化基因會下令製造一種酵素,在處理維生素 B9 和胺基酸(蛋白質的組成分子)方面扮演重要角色。它也能幫助你代謝酒精。

你的任務:應對甲基化基因缺陷的方法,就是攝取足量的葉酸——不能太少,否則可能導致憂鬱症、高血壓、心臟病、中風、成癮及癌症。

3. 阿茲海默症和不良心臟基因

正式名稱:載脂蛋白 E 基因

位置：19 號染色體

作用：APOE 基因會指示細胞製造一種脂蛋白，能與脂肪結合，運送血液和大腦中的膽固醇分子。擁有這種基因的不良變異體 APOE4（有時候是 APO-e4），會無法代謝膽固醇，導致血液中的低密度脂蛋白（LDL，壞膽固醇）值升高。有 APOE4 基因的女性，罹患阿茲海默症的風險高了三倍。

你的任務：開啟好的變異體（APOE2 或 APOE3），你就可能降低罹患心臟病發作、中風和阿茲海默症的風險。當你有不良變異體（APOE4）時，請依照抗老療程的策略來關閉它，例如堅持抗發炎飲食、運動、保持血糖穩定以及恢復性的睡眠。

4. 乳癌基因

正式名稱：乳癌基因一（BRCA1）和乳癌基因二（BRCA2）

位置：17 號染色體（BRCA1），13 號染色體（BRCA2）

作用：BRCA 基因屬於一種腫瘤抑制基因，能修復細胞損傷和 DNA 斷裂，並維持乳房細胞正常生長。當你有這種遺傳變異體時，你可能無法避免乳房腫瘤的形成。整體來說，已知有四分之一的女性乳癌患者擁有這種遺傳變異體。這些乳癌基因的變異體有上千種，同時或許還有上百種其他乳癌基因（例如 TP53、PTEN、CHEK2、ATM 和 PALB2）。甚至對於那些有 BRCA1 和 BRCA2 的女性，罹患風險的範圍也很廣：有些人是 20%，有些人則是 90%，這表示在一百位有 BRCA1 或 BRCA2 突變的女性中，有 20% 到 90% 的人在一生中會罹患乳癌。倘若沒有加以干預，一位擁有 BRCA 基因突變的女性到了七十歲時，罹患乳癌的風險是其他女性的七倍（罹患卵巢癌的風險則高達三十倍）。

你的任務：多吃蔬菜，少碰誘發發炎反應的肉類，減少酒精攝取（每週不超過兩次，每次一份），保持生理時鐘正常運作，就能關閉乳癌基

因。

5. 維生素 D 基因

正式名稱： 維生素 D 受體（VDR）基因

位置： 12 號染色體

作用： VDR 能為維生素 D3 的核內賀爾蒙受體編碼，讓你的細胞吸收維生素 D。當你遺傳到變異體時，比較容易出現骨質流失的問題。

你的任務： 如果你和我一樣有不良變異體，則需要讓血液中的維生素 D 值高於傳統醫師的建議值（目標範圍為 60 到 90 ng/mL）來開啟維生素 D 受體。我的維生素 D 受體功能大約是正常 VDR 的一半，因此我會讓血液中的維生素 D 值維持在建議值的兩倍左右，以應對我的不良變異體。換句話說，你的任務或許是攝取超過 1,000 到 2,000 IU 的每日標準建議量。

6. 生理時鐘基因

正式名稱： 晝夜運轉輸出週期故障基因

位置： 12 號染色體

作用： 這個基因調節晝夜節律或二十四小時的生理睡醒週期（sleep-wake cycle）。如果你有不良變異體，你的血液飢餓肽（ghrelin，讓你產生飢餓感的賀爾蒙）值會升高，對減重會產生阻抗，依生理時鐘釋放的其他賀爾蒙也會受到影響。

你的任務： 保護你的晝夜節律，讓身體維持正常的睡醒週期，這是賀爾蒙分泌最重要的調節器之一。如果你有這個基因的不良變異體，必須獲得適量的睡眠才能夠減重。

7. 長壽基因

正式名稱： 雷帕黴素機理靶或哺乳動物雷帕黴素標靶蛋白（mTOR）基

因，也可以稱它為 FK506 結合蛋白 12 雷帕黴素相關蛋白質 1
（FRAP1）基因

叉頭翼狀螺旋基因 O3 群（FOXO3）

去乙醯酶，稱為 SIRT1，能夠活化粒線體，保護你不受老化疾病
的侵襲。粒線體是細胞內的發電廠，通常會隨著年齡增長而故
障。

位置： 1 號染色體（mTOR），6 號染色體（FOXO3），10 號染色體
（SIRT1）

作用： 你的長壽基因會調節細胞的生長、增殖、能動性、生存力以及蛋
白質合成。有些變異體會導致壽命較短，有些則和長壽有關。

你的任務： 轉變長壽基因，延長健康壽命，但有時每個基因的處理方式不
同。舉例來說，坐在桑拿室中二十分鐘能夠開啟 FOXO3 長壽基
因，間歇性斷食能啟動 SIRT1 並關閉 mTOR 基因。mTOR 基因
過度活躍時，和阿茲海默症、癌症以及提早死亡有關。

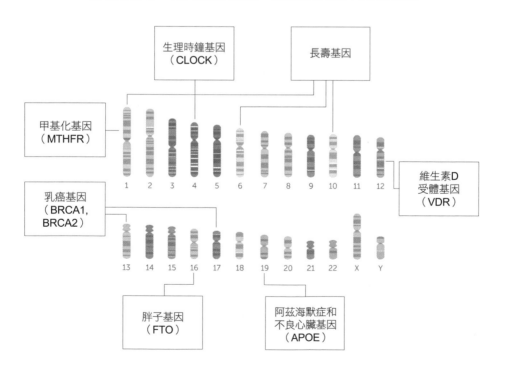

▊計時端粒

當你的身體在快速老化時，會顯現出幾種跡象：

- 體重計的數字逐年增加。
- 和人共享一瓶葡萄酒之後感到頭昏腦脹。
- 微笑時，眉間皺紋不會消失。
- 比以前花更多時間在找鑰匙。
- 脊椎骨之間的椎間盤萎縮，你可能會出現下背部疼痛和僵硬。
- 更糟的是，你可能會被診斷出疾病。

這些改變其實可以藉由檢測端粒長度在血液中測量出來。你的細胞內有一種叫做端粒（telomere）的計時器。端粒是染色體末端的一段 DNA，其作用就像是繩線尾端的結。端粒會向複製 DNA 的酵素發出指令，告訴它們已經來到鏈末端，應該停下來了，就像線結會讓你知道這條穿針的線已經拉到底了。對所有的正常細胞而言，每一次細胞分裂，它的端粒就會變短。到了某個時間點，細胞就會死亡，因為端粒消失了，染色體的末端不再受到保護。隨著年齡增長，失去端粒長度是很正常的，但必須維持在一定的健康速度。有些人失去端粒長度的速度比一般人快。

你不需要檢測基因

聊了這麼多關於 DNA 的大小事，你或許會想，是不是該去檢測一下才能好好運用本書。兩個字：不必。如前所述，99.5% 的人類 DNA 是相同的，所以在老化方面，優化你的 DNA 功能對我們所有人而言都是一樣的。此外，你有大量的基因！一項針對 320,485 人的 280 萬個基因的研究發現，有一百個遺傳變異體會對身體質量指數（BMI）造成影響，而且不會隨著年齡增長而改變。我之所以選擇胖子（FTO）基因是因為它在所有一百個變異體中是影響最大的，換言之，胖子基因在改變身體方面最具潛力。

另一項重要因素是，只有 10% 的疾病是由基因引起的，90% 則是可能啟動或關閉基因的環境因素。因此，在七週的抗老療程中，我們的重點是如何讓那 90% 升級，去影響那 10%。這個療程的基礎是以經實證有效的步驟來改善環境，並改變 DNA 的表現方式——也就是如何啟動和關閉你的基因。

　　不需要檢測基因最重要的理由或許是基因檢測並非百分百準確，即使是最常做的檢驗也可能因為基因定向而失準，有時在染色體上是正向判讀，有時則是反向。這表示基因檢測的結果應根據你的特定風險來考慮，並且由一位知識豐富、瞭解遺傳學與環境的相互作用以及特定檢測侷限性的專業醫療人士進行評估。

　　如果你決定進行檢測，這方面的收費已經越來越實惠。在撰寫本書期間，建構重要基因圖譜的費用大約是兩百美元（詳見「資源」章節）。我預估在未來，大多數人都能把印有基因體的智能卡放進皮夾裡到處跑。這將讓我們能以更個人化的方法來預防疾病和不必要的老化。在那天到來之前，抗老療程可以讓你無須進行基因檢測，就能達到抗老效果。

　　端粒較短不僅讓你更容易出現皺紋，同時也會增加罹患心臟病、癌症以及提早死亡的風險。一般來說，端粒較短的人罹患胰臟癌、骨癌、膀胱癌、前列腺癌、肺部、腎臟癌及頸部癌的風險會高三倍。但是你可以好好改善保養端粒，如此一來就能感受到長久未有的青春與活力。在接下來的章節中，你將從我的患者身上學到祕訣，儘管生活壓力大，端粒依然和年紀比自己小十歲到十二歲的女性一樣。

　　回想一下我們崇拜的那些名人——她們都很瞭解「90 ／ 10 法則」。這些女性隨著年齡增長依然保持令人稱羨的體態，基因只占了 10% 的原因，另外的 90% 則是因為她們的生活方式，以及它如何影響她們的生物化學，進而影響基因的表現。這種相互作用被稱為「表觀遺傳學」。這些女性花錢聘請頂尖的私人教練、私人主廚和營養師來幫助她們的基因，讓好基因保持在開啟狀態，同時讓那些會增加體重或罹患乳癌之類的壞基因保持在關閉狀態。

她們努力保持 A 咖巨星的身材：幾乎每天吃魚，吃的雞蛋來自私人有機雞舍，熱愛大嚼深綠色葉菜。當她們享用巧克力脆片餅乾或紅酒時，只會吃一片或喝一杯。其中有許多人每週做三次瑜珈，從事踢拳道（Kickboxing），並且認真做有氧運動。我們應該讚揚的並不是她們白金般的基因，而是她們宛如白金的表觀遺傳。

請將表觀遺傳想成是房子的藍圖。如果你曾經建造或翻新過房屋，就知道房子通常有一份初步藍圖，在設計和建造過程中會不斷修改，最後的成屋很少和初步藍圖一模一樣。你的身體也是如此。母親懷你時有一份初步藍圖，也就是 DNA，但在你出生前它很可能已經因為你母親的飲食或甚至是你外婆的飲食而有所修改。此後，它會受到的影響還包括你母親是自然產還是剖腹產、你母親是否餵母奶、你何時以及多常服用抗生素和其他環境因素等等。發生在你藍圖上的這些修正就是表觀遺傳，換句話說，它們就是改變 DNA 表現的非 DNA 生物化學變化。

▌天壤之別的姊妹關係

以下是關於我自己家人的故事，它將有助於我們更瞭解表觀遺傳所扮演的角色。

我是最年長的孩子，出生於 1967 年。我的母親很瘦，體重只有一百二十磅，身高則是五呎七吋。她總是用一杯咖啡匆忙解決早餐，午餐則是一個簡單的三明治，晚餐吃一小份肉和馬鈴薯。她在懷我的時候可能吃得很少，體重只增加二十磅，諷刺的是，這也導致我成年後註定是個胖子並且有血糖方面的問題（我會在稍後進一步解釋）。

從我在子宮內開始直到我的童年，母親的行為就像便利貼一樣，在我基因中那些掌管體重和血糖控制的位置做了標註。我就像是發生饑荒也餓不死的人，即使限制熱量攝取，一樣瘦不下來。我基因上的便利貼向身體其他部位發出以下聲明：「各位，她不給我們食物，我們得確保她不會活活餓死。

大腦，讓她時時刻刻想著食物，盡可能讓她大吃大喝。甲狀腺，放慢你燃燒熱量的速度，把它儲存在身體各處，以防不時之需。小腹脂肪，留在原地不動。我們可能會耗上一陣子，所以無論如何千萬不要燃燒掉任何脂肪。」僅靠些許食物就能在饑荒中存活下來的能力，對於人類的進化很重要，它讓我活著，但是也讓我不太可能穿上黑色小禮服。

我出生的那個年代並不流行餵母乳，加上我母親是全職工作，所以她只餵了兩個月母乳。（你的母親在懷孕期間吃的東西、餵了多久母乳，都會影響你腸道菌群的建立以及它們的 DNA，而這些都是整體健康狀況的關鍵因素。） 我的外婆每天接我放學，讓我吃餅乾點心，然後我邊寫功課邊看卡通喝牛奶。

如果你讀過我的前兩本書，就會知道我不太有運動細胞，而且直到三十幾歲都過胖。自從我研究出能夠重整新陳代謝賀爾蒙的療程之後，體重始終維持在以身高五呎六吋而言相對健康性感的一百多磅。隨著年齡增長，要讓我的體重維持在理想範圍內變得越來越吃力，有時候甚至是誇張到不像話的大工程。身為一個從壓力中康復的人，我的頸部和肩膀緊繃不已，我很努力讓血糖、思緒和體重得到控制——雖然有時候體重計上的數字會讓我壓力倍增，或許你也有過這種經驗。

我的大妹安娜只要下定決心就很容易減重成功，就像她生完兒子麥斯那次。她很幸運，和母親一樣高，有一雙長腿。母親在懷安娜的時候體重增加了四十磅，餵安娜喝母乳的時間也比較長，大約十三個月，她還請了六個月的假，之後則是回去兼職。安娜是個好動的孩子，在學校參加排球和田徑比賽，不過現在她是個在學校任教的職業婦女，發現自己很難找到時間運動。

和我一樣，她也是從壓力中康復的人，但她不像我一樣饑荒基因處於啟動的狀態。我們的專業都是照護，有時候情緒真的會被榨乾。她過去應對壓力的方式包括一兩杯葡萄酒，或許再加上玉米片和酪梨醬，但現在她會打電話找朋友，也不再喝酒了。我則是靠瑜珈來紓解壓力，而且還成了瑜珈老師，讓生活達到更好的平衡。最近，安娜按照我第二本書《終結肥胖！哈佛

醫師的賀爾蒙重整飲食法》的原則減去了四十五磅，而且很輕鬆地保持不復胖。難道是我母親在子宮中的培育以及產後餵母乳，讓安娜比較容易保持苗條嗎？或許吧。

我最小的妹妹賈斯汀娜，是最漂亮也是調養得最好的一個。賈斯汀娜出生於 1979 年，我的母親差不多就是在那個時候成為一個狂熱的美食家。她是愛麗絲‧華特斯（Alice Waters）以及舊金山灣區有機在地食材運動的擁護者，我們的早餐是放養機蛋做的歐姆蛋搭配自家有機菜園種的綠色蔬菜。

我的母親在懷賈斯汀娜時體重增加了二十五磅，並且餵了六個月的母乳，直到賈斯汀娜抗議拒喝為止。母親好幾年都沒工作，專心在家帶賈斯汀娜。她是個健康可愛的寶寶，而且一定遺傳到了我父親的運動基因，因為她五歲時就已經是個足球神童，之後還參加了大學校隊。幼時的肌肉記憶與持續的體育訓練一直伴隨她長大成人，而且從高中以後她的體重增減幅度都在幾磅以內。賈斯汀娜明智地選擇和她的丈夫及她的狗（一隻巨大的獒犬）住在奧勒岡州鄉下，過著較單純的生活，因此不像我跟安娜那樣被壓力淹沒。每當我跟安娜同情對方最新的壓力來源時，賈斯汀娜總是無法真正瞭解我們到底在煩些什麼。她轉移壓力的方式是每天在海灘上跑步，而且她有一種強大的能力，用幽默、優雅以及和狗相處來讓自己不為小事煩憂。

你或許在想，我和妹妹們的差異只是體型不同罷了，然而很多時候安娜和我的體重跟賈斯汀娜一樣，身形也一樣。唯一的解釋是我們的環境投入因素不同，包括我母親在懷賈斯汀娜時的健康烹調、定期的運動訓練（這可能也建立了某種程度的抗壓性）以及她轉移壓力的能力。

你和你的兄弟姊妹或許有更多明顯而巨大的差異，但道理是相同的。你無法改變自己在子宮裡與幼年時母親所做的事，但你可以改變目前和未來的環境投入因素。你可以鍛鍊肌肉，讓壓力成為你的盟友；你可以重新訓練你的大腦和手中的叉子，而且無須讓自己挨餓，好讓你的饑荒基因保持在關閉狀態；你可以學會愛上抹茶或有機葡萄酒，以便讓你的長壽基因保持在開啟狀態。

關於生存的悖論

你的身體資源有限，這意味著你每分每秒都會做出自己沒有察覺的判斷。保養維護身體——移除突變的 DNA、改善體內酵素生成的延滯狀態、排除受損的蛋白質、中和一種叫做自由基的高反應性分子——雖然需要花工夫，卻是能夠延緩老化的方法。老化速度的快慢，取決於身體掃除日常生活危害的能力。你的身體終究必須決定將有限的資源送往何處：生殖、成長、體力勞動、運動，和／或修復及保養。

一個很重要的例子就是我提過的饑荒基因，其進化原因可能是為了幫助人們能在長期缺乏食物的情況下存活。開啟了饑荒基因的人們擁有儲存脂肪的天賦，像是馬鈴薯饑荒時期的愛爾蘭人，或是從東歐大屠殺中倖存的阿什肯納茲猶太人，他們在食物匱乏的艱苦時期活了下來。時間快轉到食物不虞匱乏的現代，儲存脂肪的遺傳傾向開始和人們作對，原本讓人從饑荒中存活的胰島素阻抗基因如今卻會導致肥胖。饑荒結束了並不表示基因就會自動關閉，關鍵是要瞭解饑荒基因如何運作（如果你有這種基因的話；並非每個人都有這種基因），並且設法克服它們（例如將它們關閉），如此一來，即使食物充足也能保持苗條身材。

另一個例子是生殖基因。那些幫助你成長和生育的基因和那些有助於維持和修復細胞的基因其實是互相矛盾的，而且到了晚年還可能會出賣你。一個睪固酮較多的三十歲男性，比起睪固酮較少的男性更容易讓女人受孕，但是睪固酮較少的男性卻能活得比較久。當我們在探索抗老療程時，必須注意這些悖論。我們的目標是預防提早死亡，並且延長健康壽命，因此關鍵是在適當的時候以適當的順序啟動適當的基因。以下是我們要探討的內容。

第一週：飲食。你將遵照看似違反直覺但容易依循的指示，控制基因和飲食之間的相互作用，其中包括食物、飲料及營養補充品等。我們將研究長壽和維生素 D 基因，關閉阿茲海默症和不良心臟基因，以及調節胖子基因和你的新陳代謝。重點會放在哪些行為能夠讓身體製造更多酵素、賀爾蒙及其他必需物質，以便關閉細胞內的定時炸彈。

第二週：睡眠。在本章中，你將學到如何讓生理時鐘基因運作良好，即使是忙不過來、持續為往事傷神或是無法一覺到天亮的時候。如果你像我一樣有生理時鐘基因的變異體，就需要每晚睡滿八小時才能減重，因為遺傳變異體會讓你的飢餓肽值升高，這是一種會讓你產生飢餓感的賀爾蒙。

第三週：活動。聽過「久坐病」嗎？你將學會如何透過運動來啟動成千上萬的良好基因，進而防治這種疾病。瞭解哪些形式的運動最適合戰勝老化、預防癌症、促進心理健康和肌膚新生，以及關閉阿茲海默症和不良心臟基因。你將學會如何善加管理運動形式及強度方面的過度負荷問題。我會幫助你找到最適合自己的運動量。

第四週：釋放。保持緊張及習慣性的身體緊繃都是關節和肌肉僵硬的初兆，將來可能導致活動度下降和步伐遲緩。在古老的瑜珈傳統中，啟動體內的能量鎖印（bandhas）能延緩老化。學習自我調整、鎖印及其他技巧，釋放你受限的通道並增加活動力，讓肌肉能夠持續運作。你將學會關閉那些讓你容易受傷的基因，像是阿基里氏基因，並且啟動長壽基因。

第五週：暴露。你會知道哪些基因容易讓體內的生物化學反應出問題，例如甲基化、乳癌、維生素 D、皮膚和皺紋以及黴菌基因等。你將學到哪些環境影響證實有效，能夠啟動你的長壽基因、改善肌膚和優化免疫功能。

第六週：舒緩。在這一週，你將學會如何關閉那些容易激化壓力反應並且讓你難以回到基線的基因。你將找到經證實有效的方法來修復計時端粒，也將學會如何啟動幸福基因——有誰不想要呢？

第七週：思考。主要目標是藉由功能醫學中經實證有效的策略，將平衡點轉向加強記憶以及減少遺忘。你將關閉阿茲海默症基因，並且提升自我對話以充滿更多關愛，也將重新訓練你的大腦以便減少認知扭曲的發生。你會學到哪些營養補充品能夠改善認知能力。你知道嗎？體內維生素 D 過低會讓罹患失智症的風險增加一倍以上（有時被稱為「維生素 D 失智症」）。只要維生素 D 的濃度維持在最佳範圍內，就能維護大腦健康。

在七週的療程後，你將整合關鍵環節以維護你的健康壽命。這是最重要

的一週，你將學會如何保持自己努力的成果。讓抗老療程成為你照顧自己和延年益壽的新黃金準則。

　　表觀遺傳學很可能就是延長你健康壽命的關鍵。這是個人化生活方式醫學的承諾。死亡是無可避免的，健康壽命卻是你可以掌握的。

第三章

表觀遺傳學：基因的開啟與關閉

現在我們已經知道，使用各種化學標籤和標記讓基因沉寂或啟動，在基因調控方面是一種普遍而且有力的機制。數十年來我們已經知道關於基因暫時的開啟和關閉。然而這種沉寂和重新啟動的系統並不是暫時的，它會在基因上留下永久的化學印記。這些標籤可以根據來自一個細胞或其環境信號的反應，而被添加、消除、增強、減弱以及切換開關。

——辛達塔・穆克吉 （Siddhartha Mukherjee），
《基因：人類最親密的歷史》（*The Gene: An Intimate History*）

我高中時期最要好的朋友娜塔莉是法國人，我們在高中畢業那年一起去法國旅遊，拜訪她十一位居住在巴黎、杜魯斯和尼斯各地的阿姨姑姑叔伯舅舅。我之所以提到這點並不是要拿美食或美景的故事轟炸你；我印象最深刻的是當地女人纖瘦的身材，儘管她們喝很多葡萄酒、吃巧克力可頌和一大堆乳酪配法國麵包，以及用鴨油炸的馬鈴薯。我是愛爾蘭和德國農戶的後代，沒有那種纖瘦的法國人體型。但我後來發現，最重要的其實不是體型或法國人吃什麼，而是某種特定基因型和某種特定生活方式的組合。

即使現在我們已經五十歲了，我的朋友娜塔莉依然不胖，也從來沒胖過。和我一樣，她已經為人母，而且有一份全職工作，但她飲食正常，就算多喝一杯葡萄酒也不會像我一樣在腰間多長肉。我們在運動量、熱量和白葡

萄酒攝取量方面都大同小異，但娜塔莉看起來就是比我好看。

　　的確，法國女人很少變胖，然而它和晚餐時共享一瓶白葡萄酒關係不大，而是和亞甲基四氫葉酸還原酶（MTHFR）這種甲基化基因的相互作用有關。這個基因會決定化學物質如何被標記在體內，也就是甲基化，以及你的身體如何代謝酒精（酒精會阻斷甲基化）。辛達塔・穆克吉（Siddhartha Mukherjee）在《基因：人類最親密的歷史》（*The Gene: An Intimate History*）一書中，將甲基標籤形容為 DNA 鏈的裝飾物，就像是項鍊上的吊飾，從而讓基因平靜下來。我們在此特別要探討的是 MTHFR 酵素的 MTHFR 基因密碼，該酵素能夠提供如何製造維生素 B9 的指令供身體運用。我的 MTHFR 酵素的活性減少了 35% 到 40%，就是因為我有 MTHFR 基因變異——我從父母一方那裡遺傳到一組正常基因，從另一方身上遺傳到一組變異體。我的突變基因可能帶來三種嚴重問題：無法製造足夠的維生素 B9，無法良好代謝酒精，也無法將胺基酸升半胱胺酸（Homocysteine）轉化成對肌肉成長很重要的甲硫胺酸（methionine）。

　　我很久以前就明白，我的飲酒量必須比娜塔莉少，並且得從深色綠葉蔬菜（蕪菁、羽衣甘藍、芥菜）和其他蔬菜（蘆筍、菠菜、蘿蔓生菜、青花菜、花椰菜、甜菜）中攝取更多葉酸。如果你知道自己容易在甲基化方面出現障礙，同時也比較無法代謝酒精時，你可以改變飲食以創造體內平衡。你可以吃更多綠色蔬菜並且少喝葡萄酒，作為你的基因應對方案。稍後你也將在本章中學到，環境投入因素像是酒精和來自深色綠葉蔬菜的葉酸，對於身體的影響可能比基因更大。

　　你絕對有遺傳變異體——這是你的祖先進化並且將他們的基因傳給你的方式。我為上千名患者進行過基因檢測，每個人至少都有三組可怕的基因突變。不過話說回來，突變並不代表功能障礙。大多數的時候基因是為蛋白質（通常是酵素）編碼的，而突變只不過代表你在該蛋白質方面製造過多或過少。不必感到無奈而認輸，你只需要知道如何應對你特殊的基因突變——也就是破解你的環境，讓自己能夠活得更長久、更健壯。

▋破解你的環境

我很喜歡一句至理名言：遺傳學是子彈上膛的槍，環境則負責扣動扳機。遺傳因素和環境因素並非單獨運作，而是相互作用。即使你的基因很糟，仍能藉由管理你的暴露程度來改變你的健康命運。這意味著你有能力讓身體為你效勞而非和你作對。你真的可以調整你的環境暴露——也就是一連串直接或間接影響健康的環境因素，來將你的表觀遺傳調高或調低。你可以藉由有意識和無意識的日常身心習慣來控制你的環境暴露，像是多常活動、活動的形式、家中和辦公室中的環境暴露有哪些、吃些什麼和喝些什麼、正確或錯誤管理賀爾蒙的方式。當一個基因被某項特定暴露因素開啟時，另一個基因可能就被關閉。我們希望能在抗老療程中優化集體效應，適當調整免疫系統（以及其他身體系統），好讓你的身體擁有一支優異的防禦團隊。

將這些健康層面和老化過程想成一個同心圓：

最中間是你的 DNA，你的藍圖，而那是由你的父母所決定的。

接下來是你的環境暴露，影響基因開啟或關閉的非 DNA 活動，就像是一份變更通知書。

哪些基因被開啟和關閉會決定隨著你年齡增長可能面對的健康狀況，像是體重增加、皺紋、無精打采等。

如果任其發展，這些病況可能變成疾病，像是糖尿病、阿茲海默症及肥胖症，並可能導致提早死亡。

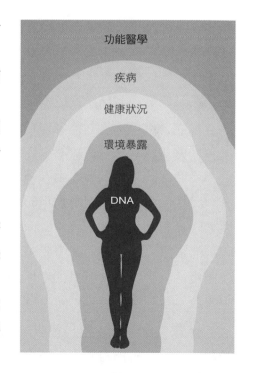

DNA 的改變緩慢，但基因調控的改變可能很快

　　科學上的新突破，為如何活得更年輕、更長壽提供了重要線索，建議你可以藉由從事某些行為來強化正面的環境線索。DNA 的改變雖然是緩慢的，但基因表現的調控卻可能快速產生變化——有時候是暫時的，有時候則是永久的。啟動或解除基因表現方式的基因調控變更可能是遺傳來的，又稱為表觀遺傳變化，讓你能夠將好的或壞的暴露因子遺傳給你的子孫。簡言之，指揮基因調控的目的不只是為了你自己，同時也是為了後代。

　　設想一對擁有相同基因藍圖的同卵雙胞胎兄弟。一個是 A 型人格的投資銀行家兼超級馬拉松跑者，每天早上喝咖啡，晚上喝波本威士忌，儘管每晚都服用 Ambien 安眠藥，可是不太能入眠；另一個搬去西藏當了僧侶，每天至少花五個小時靜思冥想。雙胞胎一號的新陳代謝會較快，壓力較大，因為酒精而導致大腦萎縮，也會因為睡眠不足導致復原能力較差，他很可能會較早死亡。雖然你不需要去西藏當僧侶來讓自己減緩老化，但是從這兩個極端案例所得出的科學實證對於減緩老化的療程卻意義重大。每天都是一個讓自己更加年輕的嶄新機會。這就是表觀遺傳學令人興奮的承諾，而且不只是吃更多蔬菜或是在大自然漫步那種常識性的策略。

　　你大多數的選擇和習慣對科學家們——以及對你——而言，所代表的都是有助於預防和逆轉疾病的大好良機。舉例來說，你的家族或許沒有乳癌病史，然而，如果你的腸道中好菌和壞菌不平衡，你可能會製造出更多危險，具激發性的雌性素進而增加你的罹患風險，同時你也會製造較少的保護性雌性素降低罹患風險。結果是，你會一直循環利用雌性素，過度刺激雌性素受體，而這就可能增加你罹患乳癌的風險。請記住，85% 的乳癌發生在沒有家族病史的女性身上，所以如果你的母親、外婆或阿姨沒有罹患此疾病，請不要誤以為自己可以放心。你的腸道很可能在跟你作對，而你甚至渾然不知。

　　改變生活方式，像是減少酒精攝取、多運動、減重，你就有機會重新為基因編碼，告訴身體去製造更多「好的」雌性素而不是「較不好的」雌性素。總而言之，雖然你的 DNA 序列沒有改變，但非遺傳性的導火線卻可能

讓你的基因出現異常表現。

兩種預防乳癌的方式

安潔莉娜‧裘莉於 2013 年在《紐約時報》發表了一篇社論，描述當她發現自己身上帶有一種叫做 BRCA1 的缺陷基因，導致罹患乳癌的機率高達 87% 以及罹患卵巢癌的機率有 50% 時，她所做出的決定。她的母親、外婆和阿姨可能都有這種基因，而且很遺憾地都罹癌過世。因此，在三十七歲那年，安潔莉娜決定以預防性乳房切除術割去了她的雙乳。兩年後，她又選擇預防性地切除了她的卵巢。這種預防乳癌和卵巢癌的方式花費高昂而且較為極端，因為只有 15% 的女性像安潔莉娜一樣有那種家族史，我們其他人必須考慮其他較不昂貴而且可以接受的方法——就像瑪麗。

瑪麗六十六歲那年，某天在白色胸罩裡發現了一滴血。雖然她的家族中沒有人罹患過乳癌，她還是打電話給她的婦科醫師，而醫師則要她去照超音波。雖然花了很長的時間，但放射科醫師發現了一顆小瘤。他們決定把小瘤切除，切片檢查結果發現那是乳房上的非典型增生。換言之，瑪麗的乳房上有異常細胞累積。雖然不是惡性，但那表示她罹患乳癌的風險增加了四倍，而這點就足以讓任何女性聞之色變。

她的乳房外科醫師告訴她，服用抗雌性素藥物泰莫西芬（Tamoxifen）能幫助預防乳癌，而她也進一步瞭解了該藥物的風險和益處，其中包括會增加罹患子宮內膜癌的風險，但這樣真的有比較好嗎？我就是在這時插手的。瑪麗為了尋求第二位醫師的意見來找我，我的建議是：「先從多吃蔬菜開始，每天大約兩磅或十杯的份量，開始每天食用蔬果粉，將飲酒量減至每週兩杯葡萄酒，減掉二十五磅體重，少吃傳統紅肉，戒掉乳製品、糖及麥麩這類會引起發炎反應的食物。同時，我們需要看看你的身體如何製造及代謝雌性素，以便決定我們能否將過程往好的方向引導。」

DNA 檢測現在幾乎像驗血一樣方便，但是並不表示你應該這麼做——至少目前還不需要。

在撰寫本書時，直接面對消費者的 DNA 檢測公司像是 23andMe 在三十六種病症方面所提供的帶因者資訊是有限的，原因就出在美國食品藥物管理局的一項監管令，源於對這些檢測的正確性——例如那些偽陽性和偽陰性的檢測結果——以及客戶可能會錯誤解讀或誤用數據資料。我們不希望人們在檢測他們的 BRCA 基因之後，做出倉卒的決定去進行預防性手術（也就是所謂的「安潔莉娜效應」）。

另一個問題是，大多數的醫師不知道如何正確解讀基因檢測結果，並提供有意義的諮詢建議。因此，具體分析 DNA 檢測能做到什麼以及不能做到什麼，至關重要。DNA 檢測不會顯示你會如何死亡、甚至你會生什麼病，但它能提示你如何設計你的生活方式，優化身體機能，降低患病的可能性，延長健康壽命。但在未來，潮流將會改變，而基因檢測也會變得更不可或缺。

有些人認為美國食品藥物管理局的規範限制了個人自由。如果這是你的觀點，而你想要進行檢測，那麼我會建議你去做經過全面驗證、有科學支持檢測結果的 DNA 組檢測（詳見「資源」章節）。此外，請確保你能夠在一位瞭解基因檢測限制的合格臨床醫師陪伴下，一同看檢驗報告。

六個月後，減掉二十七磅的瑪麗回診時，她的乳房外科醫師說：「我從來沒見過一位患者能像你這樣。你是怎麼做到的？」這位醫師提到其他患者，不但肥胖而且乳癌一再復發，一想到要告訴患者壞消息真的是很令人心碎。她也表示想要幫助其他女性改變生活方式以達到減重目的是一件很令人挫折的事，雖然那樣做能夠降低她們罹患乳癌和提早死亡的風險。

這不正是我們所有人面臨的問題嗎？我們都沒有想過每天晚上的葡萄酒、在餐廳裡吃下的會引起發炎反應的脂肪、對睡眠不足的不以為意，以及這一切如何營造出可能引發乳癌的環境之間的關聯。

在檢查過尿液中的雌性素值後，我建議瑪麗多服用一種叫做二吲哚甲烷（DIM）的營養補充品，這是萃取自十字花科蔬菜的營養素，服用一顆就相當於食用二十五磅的青花菜，能夠幫助她製造更多好的雌性素，保護她不受乳癌及那些可能提高罹患風險的壞雌性素侵害。

現在瑪麗在生活中各方面都更刻意做出更健康的選擇。都是一些很尋常的事——只不過是多吃蔬菜、每週快步走三次、配戴計步器、每週去上瑜珈，並且一個月去按摩一次。難怪她後來回診的時候，乳房狀況看起來健康得不得了——不但密度沒有那麼高，每六個月檢查一次的乳房核磁共振也未顯示有非典型增生的跡象。她七年來都沒有復胖。安潔莉娜和瑪麗都是乳癌罹患風險較高的人，然而兩人選擇的預防措施卻非常主觀且截然不同。這兩個案例顯示了遺傳學和表觀遺傳學這些突破性的科學如何提供我們更多選擇，來預防疾病並改善健康壽命。

你應知的基本遺傳學專有名詞

我們在抗老療程中想要影響的是基因變異的表現方式：關閉壞的遺傳變異體並開啟好的。以下是一些你需要知道的專有名詞，以便能夠看懂本書內容（我也列在書末的詞彙表）。多注意那些我經常提到的名詞就好，像是基因、DNA、對偶基因（又稱等位基因）、變異體，不需要太糾結。如果你在書中看到一些不確定的名詞，只要查閱詞彙表即可。

「數」說 DNA

你有四十六條染色體——也就是二十三對，分別來自父母——每一條都是緊密纏繞的 DNA。

你有大約兩萬四千個基因，當我提到七大基因的時候別忘了這一點。很多基因都是交疊的，甚至在功能上相互牴觸，但綜合結果才是最重要的。

你大多數的 DNA（99.9%）位於細胞核，但也有一些 DNA（0.1%）位

於粒線體。粒線體是每一個細胞內另一個不同的細胞體。（你的身體是由五十五兆個細胞組成的。）知道這一點很重要，因為粒線體經常罷工，而那正是你長年感到疲倦的原因。

你的DNA，也就是脫氧核醣核酸（deoxyribonucleic acid）的縮寫，是由四種基本鹼基重複建構而成的：A（腺嘌呤）、C（胞嘧啶）、G（鳥嘌呤）和T（胸腺嘧啶）。這些鹼基是基因密碼或基因型的字母表。你的DNA就像一座梯子，那些鹼基則像是梯階。（梯子的側面由糖和磷酸鹽組成）。

這座梯子會盤繞成一個叫做雙螺旋的結構，以便在細胞分裂時能夠有效率地被複製。如果把纏繞捲曲的DNA鬆開拉長，這座梯子將長達六英尺。

每三百個核苷酸中就有一個會產生變異（稱為多型性）。整體而言，你體內有大約一千萬個多型性現象。

在一對染色體中，你會從母親身上遺傳到一個基因，從父親身上遺傳到另一個。單一的基因就叫做對偶基因（或等位基因）。如果你從父母身上遺傳到正常版本的基因，這稱為「野生型」，也就是正常。如果你遺傳到一個正常基因，但另一個是變異體基因，你的基因就算是異型合子。如果你遺傳到同一個多型性的兩個基因，你的基因就算是同型合子。異型合子和同型合子都可能在一個人的身上引發問題。

DNA 的私房祕密

世界上有五個文化以長壽聞名。他們有一些共同的習慣，能讓他們在老化方面開啟正確的基因並關閉錯誤的基因，比世上其他地方的人平均多活十二年。就把它想成是DNA的私房祕密吧。這些人不是住在海邊就是住在山上，他們吃魚，吃季節性的新鮮食物，吃某些含有豐富抗氧化物的超級食物——例如日本沖繩的海帶讓那裡的女性是最長壽的，或是義大利薩丁尼亞的橄欖油和紅酒讓那裡的男性最長壽。這些文化的基因和生活方式形成某種

特定組合，保護他們不受老化的侵害。你也可以辦得到。

　　請記住，你不需要知道自己的DNA，也能夠改善你的表觀遺傳。如果你遵照長達七週的療程，在你的DNA四周創造出能夠啟動最佳健康壽命的環境暴露因素，許多延緩老化的技巧都能奏效。

改變基因溝通的方式

　　基因的開啟和關閉稱為「基因調控」，而我們尚未完全瞭解這其中的各種過程以及它們彼此之間的關係。生活方式選擇會影響基因調控──你可以藉由吃某些食物和其他行為間接控制它，我們會在第五章到第十一章中談到。你的目標是確保這些過程發揮最大功效。在本書中，我們將著重於轉錄因子所扮演的角色、甲基化，以及一些較新但尚未完全證實的方法，像是組織蛋白修飾以及染色質重塑。其他科學家也可能用不同方式來描述表觀遺傳機制的層次，畢竟這個新興領域還在發展中。

　　雖然這聽起來像諾貝爾得獎研究中會出現的內容，但我想要用簡單明瞭的方式來描述幾個基因調控的過程。以下列出簡單的摘要，以確保我們的理解一致，但你不需要瞭解這些，也依然能夠從七週的療程中受益。

　　轉錄因子。轉錄因子是能夠結合在DNA序列上，控制DNA轉錄成信使RNA的速率，進而開啟和關閉特定基因的蛋白質。例子包括蒸桑拿浴時所釋放的熱休克因子，它能夠上調基因，以幫助你在高溫下存活；能夠感應碳水化合物，有助於血糖控制的轉錄因子；雌性素受體轉錄因子。

　　甲基化。甲基化是一個單純的生物化學反應，告訴你的細胞該怎麼做，通常是藉由關閉細胞。這個過程在體內每個細胞每秒會發生十億次，顯示了它的重要性，同時也表示這是經過嚴格監控的。甲基化是當你的身體在一個DNA鏈或維生素上標示一份關閉一個基因或部分基因的工作指示。其過程是將甲基（由一個碳原子和三個氫原子所組成）附著在一個分子上，通常是一個蛋白質或酵素。你需要甲基化的過程來鈍化雌性素，以防止它持續循環造成傷害。甲基化有助於製造麩胱甘肽（glutathione），這在你的排毒週其

中是一大主力，可以說是最強而有力的抗氧化物。吃壽司的時候，你需要麩胱甘肽來排出體內的汞；如果你住在一棟受到水損的大樓，則需要它來增強你將黴菌代謝出體外的能力。如果身體的甲基化出現異常，你將無法正常排毒，如此一來很可能會讓你更容易受到重金屬毒性的影響，也更可能被其他有毒物質傷害，例如殺蟲劑、環境毒素和污染物、脂多醣（一種當你的腸道中有壞菌時會出現的有毒物質）。一般來說，會出現有毒物質負荷過重的狀況是因為身體無法適當排毒。請參考補充說明的文字區塊中所列舉的甲基化失常徵兆。我發現我的患者大約 70% 有此問題。舉例來說，我自己就是個甲基化功能較差的人，因此有毒的雌性素很容易在我體內堆積。當我開始每天吃綠色蔬菜並且食用有助於甲基化的營養補充品時，我就會鈍化體內大多數的雌性素，而現在我的身體也知道要從尿液和糞便中將它們排除。（這樣說可能很露骨，不過是真的！）

組織蛋白修飾。染色體中有一種叫做組織蛋白的蛋白質，雖然不是基因密碼的一部分，但依然像線軸般讓 DNA 纏繞於上。組織蛋白對於基因能否被開啟有相當程度的控制。一般而言，有幾種方式可以修飾組織蛋白，包括甲基化、添加乙醯基（acetyl group）、磷酸化等等。添加乙醯基能夠啟動基因，它就像一個啟動開關，當它附著在組織蛋白上時就能夠啟動（它的生物化學分子式為 C_2H_3O）。乙醯基是以組織蛋白乙醯轉移酶的方式添加的，就像是一輛小計程車把乙醯基載去添加在組織蛋白上。研究人員發現，自然發生在這些蛋白質上的改變會影響它們控制基因的方式，可以從一代傳到下一代，因此影響哪些特徵會被遺傳下來。研究結果顯示 DNA 並不是會影響特徵遺傳的唯一因素。這項發現也為這種遺傳方法如何和何時發生，以及它是否和某些特徵或健康狀況有關等方面的研究鋪路。

在前言中，我提到導致老化的五大因素之一就是隨著年齡增長你會囤積更多脂肪且流失肌肉。遺憾的是，這個過程經常發生在肝臟，造成一種叫做脂肪肝的病症，醫學名稱為非酒精性脂肪肝疾病，而它正和組織蛋白乙醯化有關。導火線是糖的攝取，因為那會導致乙醯基啟動那些儲存脂肪的基因。

染色質重塑。染色質是細胞中 DNA、蛋白質和 RNA 的複合物。它的作用是將全部壓縮過的 DNA 包裝成小容量塞進細胞內，讓 DNA 包覆著組織蛋白。在基因表現和 DNA 複製方面，它也會允許另一種形式的控制。無須太糾結於細節，重點在於這是你的身體可以藉由特定酵素來修正核小體進而控制基因表現的另一種方式。某些神經系統疾病，包括自閉症類群障礙，都和染色質重塑問題有關（亦稱為核小體重塑）。特定酵素會藉由移動或重組核小體來調節基因表現。一個重塑色質級別的酵素就是腫瘤抑制基因。體內這類酵素量足夠的女性，罹患卵巢癌的風險較低。

甲基化受損的徵兆

- 疲倦——活力很低或時好時壞
- 運動耐力差
- 肥胖症和體重增加
- 疼痛，例如慢性肌肉痠痛
- 情緒問題，包括憂鬱症、躁鬱症及焦慮症
- 免疫功能不全，例如自體免疫方面問題或易受病毒感染
- 排毒問題，例如重金屬中毒或酵母過多
- 不孕
- 習慣性流產
- 失眠

你的基因和生活方式掌控著甲基化的能力。這其實有點像是先有雞還是先有蛋的難題。

舉例來說，思考下列這些我在功能醫學行醫過程中曾遇過的狀況。

- 你的基因或許完全正常能夠甲基化，但你吃很多糖，導致有叢菌不良的問題——這是一種腸道中好菌和壞菌失衡的現象。叢菌不良可能導

致你無法吸收重要 B 群維生素，並且讓你無法正常甲基化。

- 你可能有不良基因無法正常甲基化，但你的飲食很健康，而且勤加照顧你的腸道，因此能夠正常甲基化。

- 你可能有一陣子甲基化不良，一旦經過治療，你的甲基化可能會升高。雖然貌似是件好事，但那會讓你極度不舒服，感覺像是得了流感一樣，因為它在處理那些一直儲存在體內阻塞已久的毒素。這只是暫時的，但你得先難過一陣子才會好轉。

我雖然可以建議大多數人如何改善他們的甲基化，但要在此提醒一句：有些人的情況比較複雜，或是對抗老療程的反應較為異常，最好向功能醫學專家尋求一對一的照護。想瞭解如何諮詢在「基因－環境」相互作用方面知識淵博的專家，請參考 functionalmedicine.org，網站上列有一份各地功能醫學醫師的認證清單。

▌DNA 上的便利貼

我在第二章中提過，基因調控的起源很早，從你母親（或你外婆）的基因印記就開始了。美國功能醫學研究所（Institute of Functional Medicine）的創辦人兼《功能醫學聖經》（*Disease Delusion*）一書作者傑佛瑞・布蘭德博士（Jeffrey Bland, Ph.D.）教過我，可以把基因印記想成是在發育過程中某些關鍵階段，你的染色體上被黏了一張便利貼。舉例來說，生命形成的前三個月。當你母親懷你的時候，如果她從一場饑荒中存活下來，或是接觸到某個毒素，一張小便利貼就會黏在你的 DNA 上，作為你 DNA 在視覺上的一個提示，要它在將來對該位置稍加注意。

以下是關於基因印記的另一個例子。在加拿大 1998 年那場從安大略省到新斯科省的冰風暴期間，恐怖的霸王級寒流以及嚴峻的零下氣溫導致斷電，家家戶戶都暴露在極度嚴寒中長達數週。研究人員追蹤了那段期間懷孕的女性及她們的孩子，以評估因為嚴重產前壓力而被置入的基因標籤。然後

他們再將研究結果和正常女性相比較。

　　冰風暴和寒流期間在母體內成長的孩子，他們的 DNA 甲基化標誌是不同的。研究人員檢視了這些孩子的免疫細胞，發現在基因特別區域一個叫啟動子（promoter，讓基因能夠被開啟或關閉的裝置）的甲基化過程中，出現了極大的不同之處。那些被影響的基因控制的是胰島素和血糖。看起來，這些現年介於十五歲和十七歲之間的孩子，在未來數十年中罹患糖尿病的風險普遍偏高。這就是表觀遺傳開關如何在嚴重壓力下發生的有力例證。

　　某些形式的基因印記比其他的略為靈活，意味著便利貼可以很容易從染色體上被黏貼或移除。可能影響這些靈活印記的行為包括攝取營養豐富的食物而非反式脂肪、一週中經常從事快走運動、每天不要坐在辦公桌前超過三小時。簡言之，即使你被迫面對嚴重壓力或創傷，或是在年輕時生活方式選擇較不健康，你都有可能改變便利貼，進而改變你的基因藍圖被讀取的方式。

　　雖然我們對一個人的 DNA 與其環境暴露相互作用的瞭解尚不夠深入，在下一章中你將學到經實證有效的療程解決方式。其中一些或許因為數量不夠以及影響的複雜性而不足以量化，但我們依然掌握了足夠的知識，能夠改善你的環境暴露。受到環境暴露左右的基因表現是持續在發生的。遵照本書的建議去提升你的生活方式選擇，就能夠改善你的環境投入因素，進而改善你的基因表現和健康。請記住，日常的種種抉擇都很可能對你自身及後代子孫的健康造成極大的影響。是時候為你的身體藍圖做出改變了。

第四章
追根究柢

身體的每個部分都有各自的功能，如果適當使用並且以其習慣的方式運用在勞動中，就會變得健康、發育良好並且老化得較慢；但如果沒有善加使用並且使之閒置，它們就會變得容易生病、產生發育缺陷並且老化得較快。

——希波克拉底（Hippocrates）

今天早上，當我走進我家附近的 barre（芭蕾提斯）[1] 健身房，我看見一位女性擁有三十歲的身體、一張年約五十歲的臉龐，以及一頭濃密的灰髮。這是怎麼回事？我忍不住一直盯著她看。她坐在一輛單車上，充滿自信地騎乘，然後輕鬆地以熟練的技巧將單車鎖在停車架上。她依然戴著安全帽，邁著輕快的步伐走在我前方進入健身房。

我知道不該拿自己的身體和其他人相比，但我就是忍不住。她的身高和我差不多，卻比我精瘦，肌肉線條也比較美，而且「大腿是大腿，屁股是屁股」（我的孩子告訴我，大腿和屁股的界線必須分明，一旦相連——也就是大腿屁股不分的時候——就是老化的跡象。）她往教室的最前方走去（我喜歡躲在後排）。在課堂上，我注意到她手上拿的啞鈴比我的重，而且她的平板式和伏地挺身也都是做「全套」的（這是 barre 課的專有名詞，意思是雙

1　一種結合芭蕾和皮拉提斯的運動。

手雙腳都打直，而非改良式的將雙膝跪在地上）。老師給的每一個挑戰她都照單全收。我感到既欽佩又深受鼓舞，決心好好瞭解一下是怎麼回事。

席薇亞今年七十一歲了。她的健康壽命評分是七十四分，比平均值還高。她從以前就很喜歡運動，雖然她的家人都對健身沒興趣。她的靜止心率大約是五十幾。她葷素都吃，但也吃很多水果和蔬菜，而且幾乎都在家吃。當她外食的時候，會點沙拉、湯或魚料理。她討厭汽車，也沒有車，不管去哪裡都選擇走路或騎單車。上個週末，她完成了百K單車嘉年華（在四個半小時內騎完六十四英里——也就是一百公里——路程的自行車）。在長程騎車或運動之後，她每晚都會睡滿九小時。如果她在一天內鍛鍊少於兩小時，當天她會至少睡滿八小時，有時間的話還會午睡十五分鐘至三十分鐘左右。

席薇亞從事公關行業，是一位行銷高階主管，現在依然全職工作。事實上，「女人在上位」（A woman's place is on top）這句印在T恤上的口號就是她想出來的，販售所得用於贊助1978年第一批登上喜馬拉雅山安納布爾納峰的女性。這些勇猛無畏的女性登山好手售出了超過一萬件T恤，讓她們得以登上高峰（席薇亞也受邀一同前往但不得不婉拒）。拿這句口號描述席薇亞以及她延緩老化的個人風格真是再適切不過了。

我向她解釋我正在寫一本關於老化的書，她立刻問我一堆問題，那雙明亮、充滿警覺的雙眸緊盯著我。她告訴我，保持年輕的祕密是接受新想法並且保持一顆好奇的心。正如席薇亞過去幾十年所做的一樣，你一旦明白基因密碼的90／10法則，就能延緩老化。所以，讓我們為最佳表觀遺傳做好準備！我蒐集了能夠幫助你延緩老化和擊敗因年老而體弱多病的有效良方。我們先從計算你目前的健康壽命評分開始。

▌健康壽命小測驗

為了達到延緩老化的目的，你需要測量目前的老化過程，方能有所改善。此外，從基線開始才能有所比較，這是很重要的。至於最佳測量老化的

方式眾說紛紜，而且彼此之間沒有太多共識。基因學家兼諾貝爾獎得主伊莉莎白・布萊克本（Elizabeth Blackburn）認為是白血球中的端粒長度，一項在特殊化驗所中所進行的檢測。奧茲醫師（Dr. Oz）則建議使用他的「真實年齡檢測」（RealAge Test），一項測量身體健康年齡的獨特計算方式，由他本人和麥克・羅伊森醫師（Dr. Mike Roizen）所設計。他們是在 1999 年研發的，所以需要使用最新科學更新一下。許多抗老研究人員都仰賴手握肌力測試，也就是你的握力以及承受重量的能力，例如當你懸吊在單槓上的時候。「巴爾的摩老齡化縱向研究」（Baltimore Longitudinal Study on Aging）主任路易奇・費魯奇（Luigi Ferrucci），使用手握肌力來分析一大群他從 1958 年起就開始追蹤的健康人士的老化過程和發炎反應。費魯奇同時也使用一種測量發炎反應的血液指標「介白質 6」（IL-6），這是你的免疫系統會自行製造的，它和影響老化及死亡的 807 基因相關，而且 IL-6 值會隨著年齡增長而升高。另一個體系則建議測量血液中的 C 反應蛋白值——一種體內發炎反應的指標——可能是預測死亡風險的最佳方法。但這些測量方法沒有一項是容易、方便或先進的，因此我設計了自己的方法：健康壽命評分。

為了有效進行這項測驗，請準備下列工具：

• 電腦或平板（如果你想要在線上進行測驗）

• 量尺（英吋或公分皆可）用來紀錄你的腰圍

如欲在線上進行測驗，請上網：www.HealthspanScore.com

你的健康壽命評分能夠辨識出幾個在老化相關方面應該優先考慮的事項，你也將開始學習如何因應。除了進行以下測驗之外，我建議你拍一張身體「療程前」以及臉部特寫（尤其是眼部和皮膚）的照片，以便有個起始的基準點。以下是一些影響健康壽命的基線測量，必須在測驗之前進行記錄：

• 靜止心率

• 腰圍

• 體重、身高、身體質量指數（BMI）

• 空腹血糖（大多數的主流醫師對四十五歲以上的人士都會進行這項檢測）

健康壽命測驗

請進行這份健康壽命測驗，來確認你的老化速度，並且建立你計算進步趨勢的基線。在每個問題中，請選擇目前最能描述你情況的答案。在空格處寫下相應於每個問題答案的分數。最後，將每個部分的小計加起來，於測驗最後的空白處寫下總分。

人口統計資料

你是

    女性 = 1 分

    男性 = 0 分   小計 ＿＿＿＿＿＿＿

年齡

    < 40 = 2 分

    40 − 65 = 1 分

    > 65 = 0 分   小計 ＿＿＿＿＿＿＿

你的腰尺寸是？（請測量肚臍部位的腰圍）

如果是女性，< 35 英吋（< 88 公分） = 2 分

             35 英吋或更高 = 0 分

如果是男性，< 40 英吋（< 102 公分） = 2 分

             40 英吋或更高 = 0 分   小計 ＿＿＿＿＿＿＿

讓我們來測量你的身體質量指數。

請填入身高（英吋或公分）：＿＿＿＿＿＿

請填入體重（英磅或公斤）：＿＿＿＿＿＿

使用線上計算器，或公式 **BMI = 體重 ÷ 身高^2**。

如果你用的是公斤和公分，得出的答案就是結果。如果你用的是英磅和英吋，必須將得出的結果再乘以 703。舉例來說，一位體重 150 英磅、身高 64 英吋的女性，BMI =（150 ÷ 64^2）× 703 = 25.7

                                              計算 BMI ＿＿＿＿＿＿＿

BMI < 18.5 = 0 分

BMI 18.5～24.9 = 2 分

BMI 25.0～29.9 = 1 分

BMI >30 = 0 分　　　　　　　　　　　　小計 _____

人口統計資料總分 _____

生活方式

在一般的上班日，你有多少小時是坐姿？

　　< 3 = 2 分

　　3～6 = 1 分

　　> 6 = 0 分　　　　　　　　　　　　小計 _____

你平常都睡幾個小時？

　　< 4 小時 = 0 分

　　5 到 7 小時 = 1 分

　　7～8.5 小時 = 2 分

　　> 8.5 = 1 分

　　我不確定 = 0 分　　　　　　　　　　小計 _____

你是否會每週五天，每天至少 30 分鐘從事中度至劇烈運動？

　　是 = 2 分

　　否 = 0 分　　　　　　　　　　　　小計 _____

你是否每天刷牙兩次以上？

　　是 = 2 分

　　否 = 0 分　　　　　　　　　　　　小計 _____

你多常使用牙線？

　　每天兩次以上 = 2 分

　　每天一次 = 1 分

　　每天少於一次 = 0 分　　　　　　　　小計 _____

你多常從事沉思類型的活動？（瑜珈、靜思冥想、正念、太極等）

　　每週 5 次或更多 = 2 分

每週 1-4 次 = 1 分

完全沒有 = 0 分　　　　　　　　　　小計 ＿＿＿＿＿＿＿

你每週喝多少酒？

　完全不喝 = 0 分

　1 ～ 2 份 = 2 分

　3 ～ 7 份 = 1 分

　> 7 份 = 0 分　　　　　　　　　　小計 ＿＿＿＿＿＿＿

你認為你需要多少睡眠才能夠在白天表現正常？

　少於 4 = 0 分

　5 ～ 6 = 1 分

　7 ～ 8.5 = 2 分

　超過 8.5 = 0 分

　我不確定 = 0 分　　　　　　　　　小計 ＿＿＿＿＿＿＿

你這輩子是否抽過超過 100 支香菸？

　是 = 0 分

　否 = 1 分

　我不確定 = 0 分　　　　　　　　　小計 ＿＿＿＿＿＿＿

　　　　　　　　　　　　　　　生活方式總分 ＿＿＿＿＿＿

健康

你認為你的健康狀況比同齡的人好嗎？

　是 = 2 分

　否 = 0 分　　　　　　　　　　　　小計 ＿＿＿＿＿＿＿

你會擦防曬乳、避免日曬，和／或缺乏維生素 D 嗎？

　是 = 0 分

　否 = 1 分　　　　　　　　　　　　小計 ＿＿＿＿＿＿＿

你是否曾被診斷出以下疾病？（每個問題回答是 = 0 分，否 = 2 分；如果不知道 = 0 分）

- 糖尿病或糖尿病前期
- 憂鬱症
- 阿茲海默症
- 癌症（任何一種）
- 多發性硬化症
- 牙齦炎
- 高血壓
- 心臟病
- 子宮頸抹片檢查結果異常（女性）
- 中風
- 季節性情緒失調（SAD）或冬季憂鬱　　　　　小計 ＿＿＿＿＿＿＿＿

你的靜止心率（坐著不動時的心跳率）多少？

　　每分鐘少於 60 下 ＝ 2 分

　　每分鐘 70 ～ 79 下 ＝ 1 分

　　每分鐘 80 下或以上 ＝ 0 分

　　我不確定 ＝ 0 分　　　　　　　　　　　小計 ＿＿＿＿＿＿＿＿

你最近一次測量的空腹血糖值是否介於 70 和 85 mg/dL 之間？

　　是 ＝ 2 分

　　否 ＝ 0 分

　　我不知道 ＝ 0 分　　　　　　　　　　　小計 ＿＿＿＿＿＿＿＿

你是否經常感冒或罹患其他感染？（例如：唇疱疹或疱疹、呼吸道感染、支氣管炎、鼻竇炎）

　　是 ＝ 0 分

　　否 ＝ 1 分　　　　　　　　　　　　　　小計 ＿＿＿＿＿＿＿＿

　　　　　　　　　　　　　　　　　　　　　健康總分 ＿＿＿＿＿＿＿

皮膚、頭髮和指甲

你的指甲是否脆弱、薄而易斷？

　　是 ＝ 0 分

否＝1 分　　　　　　　　　　　　　　　　　小計 ＿＿＿＿＿＿＿

你的指甲上是否有白點？

　　是＝0 分

　　否＝1 分　　　　　　　　　　　　　　　小計 ＿＿＿＿＿＿＿

你是否有肌膚問題，例如濕疹、皮疹，和／或痤瘡？

　　是＝0 分

　　否＝1 分　　　　　　　　　　　　　　　小計 ＿＿＿＿＿＿＿

你是否有脫髮問題？

　　是＝0 分

　　否＝1 分　　　　　　　　　　　　　　　小計 ＿＿＿＿＿＿＿

皮膚、頭髮和指甲總分 ＿＿＿＿＿＿

壓力

在過去十二個月中，你是否經歷重大生活壓力來源，例如至親死亡、離婚或分居、失業或搬家？

　　是＝0 分

　　否＝2 分　　　　　　　　　　　　　　　小計 ＿＿＿＿＿＿＿

你是否經常覺得自己總是在忙東忙西，而且因為沒時間而感到壓力破表？

　　是＝0 分

　　否＝2 分　　　　　　　　　　　　　　　小計 ＿＿＿＿＿＿＿

你認為自己的生活壓力很大嗎？

　　是＝0 分

　　否＝2 分　　　　　　　　　　　　　　　小計 ＿＿＿＿＿＿＿

在過去兩週內，你認為自己處理壓力的能力如何？

　　很差＝0 分

　　普通＝1 分

　　很好＝2 分　　　　　　　　　　　　　　小計 ＿＿＿＿＿＿＿

壓力總分 ＿＿＿＿＿＿

食物攝取

你每週食用麵粉類或糖類的食物是否超過兩次？

　　是＝0分

　　否＝1分　　　　　　　　　　　小計 ＿＿＿＿＿＿＿＿＿

你每天是否食用至少七份的蔬菜和水果？（1份＝½杯）

　　是＝2分

　　否＝0分　　　　　　　　　　　小計 ＿＿＿＿＿＿＿＿＿

你每天是否食用至少一份綠色蔬菜？（1份＝½杯）

　　是＝2分

　　否＝0分　　　　　　　　　　　小計 ＿＿＿＿＿＿＿＿＿

你每週是否食用加工食品或包裝食品、速食或含有反式脂肪的食品（例如甜甜圈、甜餅乾、鹹餅乾等）一次或以上？

　　是＝0分

　　否＝1分　　　　　　　　　　　小計 ＿＿＿＿＿＿＿＿＿

食物攝取總分 ＿＿＿＿＿＿＿＿＿

家族史

你的家族是否有以下病史？（每個病症回答有＝0分，無＝1分）

- 阿茲海默症
- 糖尿病
- 心臟病
- 骨質疏鬆症
- 中風
- 癌症　　　　　　　　　　　　　小計 ＿＿＿＿＿＿＿＿＿

家族史總分 ＿＿＿＿＿＿＿＿＿

親密感

你目前是否已婚或是與人同居？

　　是＝2分

　　否＝0分　　　　　　　　　　　小計 ＿＿＿＿＿＿＿＿＿

你是否感到孤獨或寂寞？

　是＝0分

　否＝2分　　　　　　　　　　　　小計＿＿＿＿＿＿＿

你是否對於每天生活中的一切感到熱衷或興奮？

　是＝1分

　否＝0分　　　　　　　　　　　　小計＿＿＿＿＿＿＿

你是否覺得生命中有一個人是無論如何都會關心你、愛你的？

　是＝1分

　否＝0分　　　　　　　　　　　　小計＿＿＿＿＿＿＿

你是否相信自己是個重要的人，而且在他人的生命中占有意義？

　是＝1分

　否＝0分　　　　　　　　　　　　小計＿＿＿＿＿＿＿

　　　　　　　　　　　　　　親密感總分＿＿＿＿＿＿

氧化壓力

你是否經常感到疲倦？

　是＝0分

　否＝1分　　　　　　　　　　　　小計＿＿＿＿＿＿＿

你在運動後是否會感到疲勞？

　是＝0分

　否＝1分　　　　　　　　　　　　小計＿＿＿＿＿＿＿

你對煙霧、香水、清潔用品或其他化學物質是否會敏感？

　是＝0分

　否＝1分　　　　　　　　　　　　小計＿＿＿＿＿＿＿

你是否有肌肉或關節疼痛？

　是＝0分

　否＝1分　　　　　　　　　　　　小計＿＿＿＿＿＿＿

你是否抽菸或會吸到二手菸？

　　是＝0分

　　否＝1分　　　　　　　　　　　　　　　小計 _____

你在家中或工作場所是否會接觸到環境毒素，例如汙染、重金屬或化學物質？

　　是＝0分

　　否＝1分　　　　　　　　　　　　　　　小計 _____

你是否服用處方藥物或娛樂性用藥？

是＝0分

否＝1分　　　　　　　　　　　　　　　　　小計 _____

　　　　　　　　　　　　　　　　　氧化壓力總分 _____

大腦功能

你是否每週一次或以上會在談話當中無法找到適當字眼？

　　是＝0分

　　否＝2分　　　　　　　　　　　　　　　小計 _____

你是否覺得自己在過去的五至十年中，精神靈敏度、記憶或專注力在衰退？

　　是＝0分

　　否＝2分　　　　　　　　　　　　　　　小計 _____

你是否覺得自己的腦力不如五年或十年前？

　　是＝0分

　　否＝2分　　　　　　　　　　　　　　　小計 _____

你是否在味覺、嗅覺和／或聽覺方面出現障礙？

　　是＝0分

　　否＝2分　　　　　　　　　　　　　　　小計 _____

　　　　　　　　　　　　　　　　大腦功能總分 _____

你是否相信巧克力、葡萄酒和酪梨醬有助於讓你看起來和感覺起來更年輕？

你知道嗎？它們確實可以！（回答「是」可以得到 1 分，因為你是個有幽默感的人。）

總分 ＿＿＿＿＿＿／ 100

日期 ＿＿＿＿＿＿＿＿

測驗分析

　　現在，你在那些決定老化速率方面最重要的因素上，已經有了基線測量標準：人口統計資料、生活方式、壓力、暴露因子、醫療和家族史、抗氧化狀態、親密感，以及大腦功能。下一步呢？使用下方的表格來解釋你的得分。你將在七週療程之後再次計算得分，並且在未來定期重測（我建議每六週進行一次）來確保你有望延長你的健康壽命。本章其他部分能幫助你做好準備，讓你重新掌控自己的老化過程和健康。如果將來你的得分往下掉，仔細看看是哪些部份的得分下降了，然後回去複習本書中相關的療程和療法。

得分解讀

< 40　健康壽命非常低。你正在快速老化。除了開始進行抗老療程之外，請同時向你的醫師尋求協助並負起責任，讓自己延緩老化過程。

40-49　健康壽命偏低。你老化得很快，而且健康壽命受到危害的風險極高。你已經沒有時間可以浪費了，請盡快開始進行抗老療程。

50-59　健康壽命低於平均值。你老化的速度有點快，本療程將幫助你延緩老化。

60-69　平均健康壽命。你的健康壽命介於平均範圍，但我們必須攜手合作讓它變得更好。

70-79　健康壽命高於平均值。你很多方面都做得很好，但還有一些地方需要改善。

> 80 健康壽命優異。進行抗老療程幫助你強化目前的良好做法，並且把它們變成習慣，在各方面做點小改變就能改善你的得分。

▌測量值的重要性

　　這些測量值顯示出你的基因表現狀況。每一個測量值都會影響你的基因表現，並且有助於突顯甚至優先化功能醫學的解決方案。每一部分都反映出老化過程的一個重要面向，從疾病風險到氧化壓力，進而建議你在哪些方面最需要幫助。舉例來說，如果你在各部分得分都不錯，除了生活方式之外，那麼你在七週的療程中就應該多著重在那個部分。抗老療程的每一章都能改善你的健康壽命，即使是那些你的得分已經步上正軌的部分。如果你的飲食規劃對抗老有益，但在睡眠方面卻有所不足，那麼我們就得從這方面著手。如果你的生活方式已經很完美，但你有親戚罹患阿茲海默症，那麼第十一章的內容對你而言比較重要。

　　單單一個測量值不見得能夠充分顯示全貌。舉例來說，讓我們來看看心率這方面。我丈夫的靜止心率是四十九，因為他是個運動健將，任何體育都很精通。我的靜止心率大約是六十──如果那天狀況不錯的話。也就是說，他從心臟傳送血液到全身的效率比我好，這部分原因是肌肉因素。延緩老化的關鍵就是降低靜止心率。耐力性的體能運動能夠降低你的靜止心率以及二十四小時期間的總心跳數。此外，從事耐力運動的運動健將，其神經系統的平衡性比非運動健將人士來得好，他們休息和消化的能力較佳，也能在必要時火力全開去表現發揮。

　　運動健將的健康改善並不僅限於心率，也包括心跳變異率（HRV）。HRV 指的是心跳的模式──如果你的靜止心率是六十，你可能會認為那代表每秒鐘一下，但那樣的 HRV 其實是非常慢的。理想上，變異率最好是發生

在每次心跳之間的時間；舉例來說，心跳之間的第一次間隔是 1.0 秒，第二次是 1.02 秒，下一次是 1.05 秒，以此類推，這才是好的 HRV。

我會把 HRV 想成是神經系統靈活度的測量，越靈活當然越好。某種程度的靈活度被認為是健康而且理想的狀態。變異率源自幾種不同的因素，包括外在（生活方式、行為和環境）以及內在（神經反射、神經中樞、賀爾蒙和其他賀爾蒙方面的影響）。心率較低和 HRV 較高都和長壽息息相關。（你將在第七章中學到如何測量你的 HRV。）然而，HRV 只是一個測量值。一位運動健將很可能 HRV 值很高，但依然睡眠不足，有阿茲海默症的家族史，在一間工廠全職工作因而每週四十小時都會接觸到毒性物質。因此，健康壽命評分是一種彙總的測量方式，不會只仰賴某個單一因素來反映老化的速率。

檢測你的視力

年過四十的人士將常需要戴眼鏡，但這其實並非完全無法避免的。問題通常出在老花眼，也就是當你在近距離活動像是閱讀、看手機、縫紉、編織，或是打電腦時，會感到視力模糊。即使你過去曾經有過其他視力方面的問題——例如近視——你很可能會發現當自己戴著平常戴的眼鏡或隱形眼鏡的時候，依然會出現視力模糊的現象。你可能需要把想要閱讀的東西拿到手臂長度的距離外，才能夠看得更清楚。

老花眼是老化引起的，不像近視、遠視和散光那些通常是在童年或年輕時發生的。最可能的解釋似乎是眼睛本身水晶體中的蛋白質開始老化，導致逐漸增厚、變硬、僵化。此外，水晶體周圍的肌肉纖維也會老化，而你也會注意到自己對於近距離的東西視力較難聚焦。

罹患老花眼的人數越來越多，主要是因為人口老化的緣故。此外，人們從事的工作也越來越多是近距離的工作，看看手機、掌上型電子用品和筆電使用上的指數型增長就知道了。

你可以從網路上下載視力檢查表來檢測視力，從一段距離之外檢查雙

眼，就像眼科專業人士一樣。請參見書末的「資源」部分所列舉的 APP
和其他能夠輕易測量視力的方法。

　　你該如何處理應對？我會在第九章中告訴你一些特定的練習方式，但
在你開始進行抗老療程之前，請你每週進行一次長達二十四小時的電子排
毒，也就是不要使用手機、電腦、電視和掌上型電子用品。每從事四十五
分鐘的近距離工作，就休息十五分鐘。在日光照射的環境中從事近距離工
作可能也有幫助。此外，多花一些時間到戶外去，讓你有機會能夠看看遠
距離的事物。

▍關於老化的新範式

　　六十幾歲、七十幾歲和八十幾歲的人經常問我，想要優雅地老去是不是
已經太遲。然而從事年齡研究的尖端研究人員都知道，人體天生固有的智慧
會一直根據正確的提示去進行伸縮、調整和適應，直到一個人死亡為止。所
以，想要解除細胞中的定時炸彈並且提升你的健康壽命，永遠不嫌遲。

　　遺憾的是，我們居住的世界對我們的 DNA 很不利。基因、壽命以及主
流文化——也就是那些引導教育、婚姻、工作和退休選擇的社會規範——彼
此之間失去了協調。目前，社會規範假定你的指數遞減會從五十歲左右開
始，然後在十到二十年之後退休，也就是當你無法再有生產力的時候。然而
我們的基因卻提供了獨特的其他選擇。無論年齡，只要改善你的環境，就可
以充分發揮基因的作用，就像我的同學席薇亞一樣。

　　為了達到這個目標，我們需要一個關於老化的新範式，讓我們能夠活
得更長久、更美好、感覺更加有活力。範式轉移要求你必須重新思考老化的
許多層面，從衰退的視力到你白天花多少時間久坐，再到你的人生的目的。
何不為自己做好準備，迎向更高的生活品質和更長久的生命呢？好好開始思
考，如果能夠像拔掉下巴長毛把老舊細胞拔除，可以帶來什麼樣的好處？這
就是抗老療程能夠帶給你的益處。

▌與伊卡里亞島居民同行

　　讓我們胸懷大志、放眼未來，和摩納哥、伊卡里亞島以及沖繩等地的居民並駕齊驅吧。他們不僅更長壽而且健康到老，生活品質也比我們在美國的生活品質要高。想想希臘伊卡里亞島（Icaria，有時也拼作 Ikaria）人民的生活你就會明白了。我猜他們一定可以比卡戴珊家族更長壽！

　　伊卡里亞島居民比大多數歐洲人的平均壽命多十年。他們每天都在山巒起伏的土地上東奔西跑，無論老少，而且健康狀況良好。這座島以希臘神話中的伊卡洛斯（Icarus）命名，他因為飛得離太陽太近導致人工翅膀崩壞而英年早逝，然而諷刺的是，這座島卻是世上擁有最多九十高齡人瑞的地方，每三人中就有一人活到九十歲。它也被冠上「居民忘記死亡的島嶼」之美名，但我更喜歡的暱稱是「居民不會精神失常的島嶼」，因為那裡幾乎無人罹患失智症和憂鬱症。伊卡里亞島比希臘的其他島嶼都更孤立（從雅典需要搭大約十個小時渡輪才能抵達），因此它不受大多數觀光業所帶來的煩擾，包括速食和快節奏的生活。正因如此，這座島可以說是一個很棒的實驗室，產出的是一種截然不同的生活方式，同時剛好又能延年益壽。

　　雖然我們無法用單一因素來全面解釋長壽這件事，但我們可以一窺伊卡里亞人的一天是怎麼過的，以便瞭解他們如何達到如此長久的健康壽命。關於伊卡里亞人的數據，大多數是雅典大學、哈佛大學公共衛生學院，以及記者丹・比特納（Dan Buettner）為《國家地理》雜誌調查研究世上最長壽文化時蒐集而來的。在我們開始介紹屬於你的抗老療程步驟時，這些因素也值得考慮。

　　睡到自然醒，沒有鬧鐘，也不戴手錶。伊卡里亞人不戴手錶，對時間的態度也比較隨興。

　　在有療效的溫泉中沐浴。現代醫學之父希波克拉底認為充滿礦物質的溫泉具有療效。在歐洲和日本，醫師們也普遍接受這是一種治療膝蓋疼痛、關節炎、纖維肌痛、高血壓、濕疹及其他問題的治療形式。天然溫泉中含有各種礦物質，例如硫磺被認為能夠改善鼻塞，鈣和碳酸氫鈉據稱能夠促進循

環，還有被認為能夠助消化的鹽。

食用大量魚類、綠色蔬菜及其他新鮮蔬菜。即使和標準的地中海飲食相比，伊卡里亞人食用更多魚類和新鮮蔬菜，尤其是蒲公英、茴香、奧爾塔（菠菜的近親品種）這類野菜 —— 當地有超過一百五十種野生綠色蔬菜。他們很少吃肉，通常一週一次甚至更少，而且會用橄欖油當調味品大量淋在食物上。他們豆類的攝取量是美國人的六倍，糖類則只有四分之一。多數人都有自家的菜園，也會豢養山羊這類家畜。但當地人強調長壽的原因並不僅是食物本身，而是在享受食物的同時能夠和心愛的人聊天談心。

認識你的鄰居，並且經常和親朋好友社交。強烈的社交聯繫能夠增進健康和長壽。伊卡里亞人以從不鎖門的生活方式、熱愛呼朋引伴悠閒進餐而聞名。

飲用未經高溫消毒的生羊奶。伊卡里亞人喝的是未經高溫消毒的羊奶，也會用它來製作優格和乳酪。和牛奶相比，羊奶不但屬於低變應原，而且大多數有乳糖不耐症的人也可以飲用。雖然羊奶看似比牛奶健康，但其實對健康影響最大的可能是生乳的部分。當乳品經過高溫消毒時，其過程會殺死一種叫做嗜酸乳桿菌的益生菌。你需要嗜酸乳桿菌來製造 B 群維生素，並為腸道注入健康的好菌。

學牧羊人走路，並從事園藝。伊卡里亞島上崎嶇的山陵地形，使得居民每次出門都像是在運動。伊卡里亞島上九十歲高齡的人當中，有 60% 的人都很有活動力，其他地方的人大約只有 20%。根據那裡的訪客表示，一天至少得爬二十座小山丘。

適量飲酒。當地人表示，他們的葡萄酒很純淨，沒有任何添加物或防腐劑。他們每天會喝四到六杯。在搭配大量水果和蔬菜飲用時，葡萄酒能夠幫助身體吸收更多類黃酮，這是一種經證實有益健康的植物萃取物。

間歇性斷食。大多數的伊卡里亞人都是希臘東方正教信徒，而他們的宗教信仰要求他們每年大約有六個月的時間必須進行間歇性斷食。在東方正教節日的前一天，他們會齋戒十八小時。偶爾限制食物攝取經證實有助於延緩

哺乳動物的老化過程。

每天下午午睡。伊卡里亞人的習慣是午餐後小睡三十分鐘，至少每週三次，有時候則是每天。你知道午睡可以降低罹患心臟病的風險 37% 嗎？我以前也不知道，但這種機制似乎和降低壓力賀爾蒙以及讓心臟休息有關。

避免退休。伊卡里亞人對於早上去上班這件事持非常輕鬆的態度，工作讓他們的生活充滿目的和意義。他們對退休這個觀念並不認同，並且把工作視為生活的一部分，而不是分開的。對他們而言，那些都是很神聖的時間。

飲用濃郁的高山花草茶。這種茶是由馬鬱蘭、鐵角蕨、紫色鼠尾草、迷迭香、牛至、洋甘菊、蒲公英葉、艾屬，或是一種叫做 fliskouni 的薄荷沖泡而成的茶。許多伊卡里亞的花草茶都有利尿作用，能夠排出體內的廢棄物，並且藉由排除鈉和體液達到降低血壓的功效。伊卡里亞人喜歡在一天結束時將他們的高山茶當作補品享用。

功能醫學：別繼續坐在圖釘上了

想要改善你的健康壽命，必須為你的生命騰出空間來給那些幫助你在老化時維持健康的表觀遺傳，就像希臘伊卡里亞島上的人民一樣。但在那之前，我們必須先處置那些盜走你青春的主要問題。在一般醫學中，傳統的做法是用處方藥來處置症狀，而非治療根本病因。這種方法的問題是讓你暫時感到病情好轉，實際上你的病情卻會持續惡化，你也會老化得較快。西德尼·貝克（Sydney Baker, M.D.）是一位很早就開始從事功能醫學的醫師，他常說：「如果你坐在一根圖釘上，解決方式應該是去找到那根圖釘將它移除，而不是去治療疼痛。」功能醫學的目標是分析根本原因，將生理調到最佳運作狀態，逆轉病症，長期下來健康才會好轉。事實上，功能醫學的幾項重大建議幾乎能讓每個人受惠並且延緩老化。這些建議是療程的一部分，你也將開始在本章中學到。

盜走青春的十大狀況

我對於那些讓你提前衰老的因素十分感興趣──也就是那些會造成老化發炎的狀況。如何知道自己有老化發炎的情況？你會感到僵硬、緩慢、疲倦，而且想不起來自己為何走進某一個房間。以下列舉了一些可能造成老化發炎並且縮短健康壽命最常見的問題。

- 變胖
- 久坐
- 服用某些藥物，像是抗焦慮藥物或甚至抗組織胺藥（例如 Benadryl）*
- 攝取太多碳水化合物和加工食品
- 流失肌肉（無法再增強肌力，並且經常消耗肌肉纖維）
- 睡眠縮短
- 缺乏願景和目的
- 維生素 D 攝取不足
- 感到壓力破表
- 社交孤立

* 在一項近期研究中顯示，抗焦慮藥物例如煩寧（Valium）、Xanax 和 Ativan 會增加罹患阿茲海默症的風險 50% 以上。此外，服用 Benadryl 助眠或抗敏的人應該重新考慮，如果他們能記得的話──《美國醫學會雜誌》剛發表了一份研究，指出經常和長期服用 Benadryl 這種抗膽鹼藥物和罹患失智有關。

由於抗老療程是以功能醫學為基礎的，療程把重點放在多個基因和彼此之間以及與你生活方式的相互作用，包括你的飲食、賀爾蒙、毒素、壓力、omega-3 ／ omega-6 平衡、維生素和礦物質、過敏原、睡眠和運動，以解決造成加速老化的十大根本原因。生活方式因素會影響自由基和其他有害分子的累積、粒線體功能障礙、賀爾蒙分泌下降、端粒損害，以及發炎反應或老化發炎（也就是導致加速老化的嚴重發炎和嚴重壓力反應的不幸組合）。

抗老療程的前提

在我們開始進入療程的第一週之前，你必須符合三個延長健康壽命的基本條件：

- 每晚至少睡滿六小時。如果你無法達到這個前提，請開始每天多花三十分鐘在床上。睡眠能夠清除體內的垃圾，就像是一種恢復精力的排毒。在第六章中，我將告訴你如何優化你的褪黑激素分泌，這是一種控制超過五百個基因的重要抗老賀爾蒙。

- 避免食用加工食品。如果食物不是來自天上飛的、地上走的或水裡游的，也看不出來是植物、肉類或魚類，請避免食用。當然，加工食品也分等級，夏威夷果的加工程度就不如夏威夷果油。重點是如果一個食物裡面有五種以上你無法輕易念出名字的成分，或是那種保存期限很長的盒裝「假」食品，那麼就請你避免食用。一碗蔬菜雞肉是沒問題的，或是成分含有有機亞麻籽、蘋果醋、海鹽和香草的亞麻籽鹹餅乾也是可以的；但加了糖的義大利麵醬則不行。

- 每週四天，每天運動二十到三十分鐘。是的，走路也算！請開始注意你的靜止和運動時的心率，再使用第七章的方法微調。

這三個前提都需要在第一週之前落實，即使你需要幾天至幾週的時間養成習慣。除非你打好這些基礎，否則你的身體無法從療程的其他層面受惠。對於已經做到這些基本步驟的人，準備階段應該只需要一到兩天就能取得在第一週所需的物資用品。

定義你的「為什麼」

接下來，你必須清楚表明你的「為什麼」。挖掘你對老化的看法和信念，這個看法和信念就是幫助你延緩老化的動機。這很可能就是讓你決定買這本書的試金石，而當你在養成那些幫助你保持年輕習慣的同時，也可以去培養它。這是讓你有所行動的動機，即使它很難或不方便。你的「為什麼」

遠比意志力或遵循療程強烈得多，因為你認為你應該那麼做。你的「為什麼」是非常私人的感受和選擇，而且會是長期支撐你的力量。

我「為什麼」想要抗老的理由是因為我想要和我的丈夫一起長壽，在雷斯岬國家海岸公園中我最喜歡的登山步道健行，享受那些我深深珍惜的聊天機會，看著我們的兩個女兒長成優秀、有趣的女人，如果我們的女兒將來決定生孩子的話，我們能幫忙照顧未來的孫輩。

我丈夫的「為什麼」和我不同，就像你的「為什麼」可能不會和我相似。目前五十六歲的他，想要提升健康壽命的原因是為了讓自己永保活躍。大衛想要擁有活力，因為他希望在年老時能夠去釣魚，像個正常人一樣轉動脖子。他認為很多人花了幾十年的光陰累積財富直到退休，然而當退休年齡到的時候，他們卻失去了健康，在體能上完全破產。他們完全沒有健康股本。他想要擁有健康股本。他需要減輕背部的緊繃和發炎反應，因為那讓他每個月需要去做好幾次整脊治療（或許和他打了十二年的橄欖球有關）。

他希望每天早上起床覺得有睡飽，並且開心自己活著，而非感覺到疼痛。他想要吃更多檸檬乳清乳酪鬆餅，喝世界上最好喝的無麥麩 IPA 啤酒（可惜尚未發明問世。可惡！）。他想要和女兒在她們的婚禮上跳舞。他覺得自己不太可能活到幫我一起帶孫子的時候，但如果他那時還活著，他絕對願意。對於老化這件事他比我不樂觀，更別提他的年紀比我大六歲。儘管如此，他的健康壽命評分很高，尤其是在他這個年紀。

我的朋友喬‧伊爾菲爾德四十二歲。和我一樣已婚並且家有學齡兒童；我們是在媽媽團認識的。她是這樣描述她的「為什麼」：「我想看看我的孩子長大後會變成什麼樣的人。我想要退休，去做那些現在沒有時間做的事。或者如果我不退休的話，我至少想體驗一下沒有孩子的婚姻生活。噢，我還想要擁有很棒的性生活，到死為止！」

▌療程前的準備工作

當我開始寫書時，我的朋友喬希望我能夠提供兩種途徑：一種是用最少的行動來達到成果，一種則是提供所有進階的內容。如果你會滑雪，那就像是綠道（初級）和雙黑菱形道（高手）的差別。我兩種都會告訴你。以下是幾點提示：

如果你不想要太複雜，只需執行那些標示有「基本療法」的行動就可以了。

如果你只是想知道該做什麼，但不想迷失在科學理論中，請跳過第五章到第十一章中科學的部分，直接閱讀療程的部分。

當你在未來重新執行療程的時候（我建議每年兩次），請加入一項「進階項目」。

如果你想要多挑戰自己一下，請執行基本療法並搭配進階項目。

所有的準備工作重點都放在基本療法上，另提供附註給有時間和精力從事進階項目的人參考。準備好了嗎？我也是！

第一週之前：用食物讓身體升級

- **完成健康壽命測驗**
- **去購物**
- **購買或自製發酵食物**

    德國酸菜（sauerkraut）

    發酵蔬菜（我最喜歡的是紅甜菜、蕪菁和甘藍）

    韓式泡菜

    椰子克菲爾（coconut kefir）

- **大量購買健康脂肪存放備用**

    椰子油，最好是未精製和壓榨的

中鏈三酸甘油酯（MCT）油，這是一種萃取自椰子、非常有效率的油，能快速被轉化成能量供應給大腦和身體使用，因為它不需要停留在肝臟進行處理。（不需要膽酸就能消化，對消化道負擔較輕。）

草飼奶油（用牧場上吃草的牛所生產的）或印度酥油（無水奶油）

奇亞籽

亞麻籽

酪梨

海洋脂肪，例如 omega-3 營養補充品、野生捕獲魚類（鮭魚、鱈魚、大比目魚）、磷蝦油

- **購買清淨蛋白質**，並且每餐食用約三到四盎司的動物性或植物性蛋白質，這能幫助你啟動長壽基因。理想上，只能食用那些在天然環境中飼養的動物肉類：放養雞和草飼牛肉、野牛肉和鹿肉。限制豬肉和加工肉品的攝取，例如香腸。

- **訂下低碳水化合物和慢碳水化合物的攝取目標**，以減少發炎反應和醣化。大量購買甘藷（黃皮黃肉）、番薯（紅皮紅肉）、木薯和藜麥。

- **購買或自製大骨湯。**大骨湯富含膠原蛋白，這是一種皮膚、牙齒和指甲健康不可或缺的蛋白質。你的身體製造膠原蛋白的能力會隨著年齡下降，導致皺紋、頸部鬆弛以及關節軟骨脆弱。在我們家，自製大骨湯是飲食計畫中很方便的攝取方法。如果你覺得這聽起來很噁心，可以先用雞骨、過濾水和慢燉鍋烹調，慢燉的過程會將膠原蛋白分解為明膠。非常不可思議。詳見書末「食譜」章節所列的魚骨、雞骨和牛骨湯。

- **如果你有喝酒的習慣，請購買有機紅酒。**是的，它比白葡萄酒、啤酒或雞尾酒更好（第五章中有詳盡說明）。

- **買一罐黃連素來吃。**從五十歲開始，血糖會隨著年齡而升高，黃連素是唯一經證實有助於讓血清葡萄糖正常化的營養補充品。不僅如此，黃連素也能降低體內的發炎反應、降低膽固醇、有助減重，並且具有抗氧化物的作用。如果你的空腹血糖值超過 85mg/dL，我建議每天可以食用 300-500 毫

克一至三次，因為經證實它能夠啟動一種叫做線苷酸活化蛋白激酶（簡稱AMP）的重要酵素，又暱稱為「代謝主開關」。如果你有服用其他藥物（例如某些抗生素），請向你的藥劑師諮詢以確保不會干擾藥物代謝。從第一天起，在整個療程中每天餐前或餐中食用黃連素。可以添加奶薊增強功效。食用兩個月後暫停，讓肝臟酵素有機會恢復正常。

在療程的第一週，你將學到一些看似違反直覺但容易遵循的規則，而這些規則都和食物、飲料、口腔健康及營養補充品有關，它們能夠解除細胞中的定時炸彈。重點是你能夠採取哪些行動，來創造能夠讓身體製造酵素、賀爾蒙以及其他能夠延緩老化過程的「魔棒」。能夠在療程中幫助你的資源都列在書末的附錄。你是否已經準備就緒，想要學習每天有哪些選擇能夠挑戰遺傳傾向並抗拒疾病的呢？

第五章

飲食─第一週

人類的苦難和折磨，來自於那些應該可以預防卻沒有被預防的疾病。

——法蘭西斯・柯林斯（Francis Collins），

美國國立衛生研究院院長

四十歲生日，五十歲生日，六十歲生日。這些大日子通常會激勵你想要衝刺健康，或是下定決心甩掉一個壞習慣。人生似乎變短了，變得更加稍縱即逝。突然間你會想要列一張願望清單。不能再穿比基尼或小泳褲。你會開始思考自己的人生進展得如何（或是沒有進展），以及該如何策畫餘生。你想要瓦解過去的自己，重新打造一個改良過的新版本。我今年滿五十歲的時候，變得非常積極想要延長中年的歲月——讓自己能夠感覺良好更久一點。你不需要辦一場生日派對也能夠有所省悟。現在有很多人在邁入熟齡期（定義為六十七歲以上）依然感到充滿生命力，而這也是我希望你能擁有的。有可能嗎？是的，不過有一些注意事項，而且要從你的嘴巴開始。

在抗老療程的第一週，你將學到那些和嘴巴有關的習慣如何改變你的基因表現，包括吃東西、喝東西、使用牙線、刷牙、補充營養品。一切都從食物開始，因為食物不僅是提供能量的燃料，對你的 DNA 而言同時也是有價值、可操作的資訊。每一口都具有影響力。

哪些基因是會被改變的？我們將開啟去乙醯酶（SIRT1）的長壽基因，

它能藉由活化粒線體（也就是細胞內那些會隨著年齡增長而變弱的發電廠）來保護你免於和年齡有關的疾病。你將學習間歇性斷食如何關閉雷帕黴素機理靶（mTOR）這種反長壽基因。我們將啟動維生素 D 基因（VDR）和海鮮基因（PPARγ）。我們也將關閉和阿茲海默症以及心臟病相關的基因（APOE4）。

它為何重要？

拖垮你的並不是食物，而是生活。它會以各種方式讓你壓力破表，加速體重上升、肌肉流失、認知能力下降、過度免疫攻擊你自身的組織（叫做自體免疫），並且一般都會引起老化發炎。有些人將老化發炎比喻為故障的溫度自動調節器，它會讓你體內的發炎反應過高或過低，導致細胞受損或老化，因而引發自體免疫或癌症。老化發炎是一種預設模式，事實上，要縮短壽命比延長壽命容易多了。

最快讓人老化的方式就是體重增加、搞壞血糖、節約睡眠、長時間坐著看電腦、長期感到壓力和焦慮，以及食用最容易引起發炎反應的食物：糖、麥麩和乳製品。因此，在抗老療程的第一週，我們要從吃東西和喝東西的方式著手。

如果你和我一樣有體重問題，就會明白隨著年齡增長，體重真的很容易以荒謬的速度上升，根本無須大吃大喝或是做任何嘗試──它很自然就會發生。除了前言中提及的五大因素之外，以下就是為什麼年過三十五之後容易變胖的原因。問題就出在脂肪和肌肉之間的那場冷戰。

- 三十五歲以後，身體脂肪每年會增加 1%，除非你採取特別行動去鍛鍊肌肉。

- 四十歲之後，你會逐漸流失肌肉量。到了五十歲，你會流失平均 15% 的淨體重。到了七十歲，每十年就會流失 30%！這種因年齡引起的肌肉流失有個專有名詞：肌少症。某些衰退的原因是因為睪固酮流

失，也就是負責增加肌肉和刺激生長與修復的賀爾蒙。某些肌肉流失的原因則和另一個隸屬於生長因素家族的賀爾蒙有關，也就是肌肉生長抑制素，這是一個強而有力、骨骼肌肉生長的負調節因子，所以最好不要讓它過度生長。我們也發現原來肌肉生長抑制素可能幫助老化的女性控制流失的肌肉量，雖然目前這方面的研究尚在進行中。

- 你會先流失快縮肌纖維，也就是負責腳步輕快、讓你能夠跳躍和短跑的肌肉。在你失去有氧能力之前，快縮肌纖維就會先行衰退。

- 老舊脂肪的老化狀況非常糟糕。試想把奶油或豬油放在廚房流理台上好幾個月會成什麼樣子你就知道了！噁！換言之，體脂肪並非沒有惰性。老化會讓你變胖，而你的脂肪會讓你變老，這是難以打破的惡性循環。

- 脂肪很跋扈，它會要你的大腦吃更多東西，讓你聽不見胰島素和瘦素發出的信號。

貝蒂的見證

我第一次在《時尚》（Vogue）雜誌看到關於貝蒂・弗梭（Betty Fussell）的介紹是在 2008 年，文中介紹她是一位八十多歲、成就非凡的女性。有著一頭飄逸的長髮，懷中抱著一隻年幼的小山羊。貝蒂就像引人入勝的大自然一般吸睛，讓我想起在偶爾晴空萬里的西雅圖看見雷尼爾山所帶來的那種令人欽佩的敬畏感。

貝蒂今年八十九歲，共有十一本著作，主題包括食物的歷史、食譜書、自傳。她曾任教於羅格斯大學、哥倫比亞大學和紐約大學，以及其他學府。她是一位明智而且口齒伶俐的代言人，鼓吹鐵漢作風和感性生活。貝蒂相信大多數的人都需要和他們的食物產生更大的親密感，他們需要參與自己放進口中的食物每天的製作過程。舉個簡單的例子：貝蒂最近和她的兒子去蒙大拿州狩獵，射殺了她有生以來的第一頭鹿。她用鹿皮為她的床做了一張鹿皮毯，而且很開心地在冷凍櫃中塞滿了鹿肉排、香腸和肉乾

以便過冬。

在《時尚》雜誌上看到貝蒂之後過了七年，我去參加朋友梅莉的婚禮彩排，當我一打開上西城區那家義大利餐廳的門，就感受到從餐廳一角傳出的爽朗笑聲所帶來的一陣暖意——貝蒂‧弗梭。梅莉過來迎接我，親吻了我的臉頰，然後興奮地輕語：「我安排你坐在我的好朋友旁邊，就是知名美食作家貝蒂‧弗梭！」她指著受眾人膜拜的貝蒂所坐的那張桌子，貝蒂的頭髮向上盤起宛如一位芭蕾舞首席女伶，眼中閃爍著光芒。她穿得很美，散發出令人想要親近的吸引力。

我坐下來自我介紹。當她聽說我是梅莉醫學院的室友時，貝蒂翻了個白眼。我不確定她翻白眼是什麼意思，所以我問了，然後她告訴我，大多數的醫師不是過於機械化就是還原論者，醫師們都被傳統醫學觀念毀了。她把麵包籃和奶油遞過來，我婉拒了，而貝蒂把這一點認定成我身為醫師失敗的證據。「拖垮我們的並不是食物。」她說：「而是生活。」她說得很有道理。食物其實一直被冤枉了。問題出在我們所選擇的食物以及我們和它的關係。甚至更廣泛地說，我們和許多我們放進嘴裡及不放進嘴裡的東西之間都有問題。

並非所有脂肪都是壞的。位於你頸部和背部的棕色脂肪能讓身體保暖並加速新陳代謝。但白色脂肪，尤其是堆積在腹部的內臟脂肪，會侵入內臟，注入發炎反應信號像是介白質 -6 和腫瘤壞死因子 -α，這些會導致讓你長皺紋和僵硬的低度燃燒。

這個消息可能很令人沮喪，我明白。因此，讓我們來改變你的表觀遺傳，好讓你保持苗條身材，擁有緊緻的肌膚和活力，能夠追著你的孫子跑或環遊世界。（或是兩全其美！）

你的基因和體重增加沒有太大關聯

儘管我很想把粗壯的大腿和容易變胖的體質怪罪在務農的祖先身上，然而當我開始檢測自己的基因時，我很訝異地發現我的體重只有 3% 受基因控制，這表示我有 97% 的體重是因為我的生活方式——我吃下的食物、我選擇喝下的飲料、我面臨和擺脫（或者沒有擺脫）的壓力、我的賀爾蒙平衡、我的心態、我的睡眠品質，以及我運動的方式。這種計算結果是根據一項針對十萬名歐洲裔成年人所進行的研究；研究發現有八大基因在身體質量指數的差異方面具有密切關聯。重點是體重受生活方式的影響遠超過基因。大約有 80% 的體重直接或間接與我們放進口中的食物有關，剩餘的 20% 則和運動、睡眠、壓力、賀爾蒙、微生物組及遺傳等因素有關。

食物親密感

貝蒂·弗梭顯然似乎找到了奏效的解決之道。我問她認為創造美好人生有哪些重要事物，她對於我想要制定療程抱持抗拒的態度，（貝蒂和我在這一點持相反意見。每天都有人問我，有哪些實踐步驟和指南是我認為很重要可以分享的。）儘管如此，我依然認真聆聽她的看法：「除非你參與你放進口中的食物每天的製作過程，否則你和你所攝取、食用、吸收進體內的那些食物不算有任何關係。」她解釋道，除非你和食物建立一種親密感，否則你是迷失的。「你很容易就會狼吞虎嚥、將之扔棄，或是把它妖魔化。你之所以狼吞虎嚥是因為把它當作能量，把所有的脂肪、熱量和化學物質等等之類的照單全收，卻從未看清食物的原貌，把它看成是你的一部分。」

她告訴我，除非她投入於她的食物中，否則她的一天就不算過得完整：包括組合、觸摸、嗅聞和享受食物。和許多人不同，她從不認為烹飪是一件差事。她不想要坐在餐桌前讓人端食物到她面前——這一點都不親密。

貝蒂住在聖塔芭芭拉，靠近市中心的農夫市場，她最近在那裡買了一顆原種紅番茄。「他是一顆最紅的紅番茄，但他也變得有點軟爛了，所以應該

要做成西班牙冷湯。你需要好好認識他，這顆番茄。你知道他最好的部位有何價值，而你不得不給予他尊重，因為你很期待他和你同樣從市場中買回來的可愛小黃瓜會搭配得多好，還有新鮮的生大蒜，以及新鮮的生薑。你在想像著那一切。你可以把他們都組合在一起。這就好像在導一齣戲一樣。你對所有的參與者都心懷感激，而且他們全都必須攜手合作，否則食物是不會美味的。」

我說她聽得像是打算勾引她的番茄一樣。「當然！那就像做愛；這全都是以色欲為基礎的。這是充滿肉欲的。告訴我一個男人怎麼吃東西，我就可以告訴你他是怎麼做愛的。那種狼吞虎嚥的男人，我敬謝不敏。」貝蒂和食物之間的親密感跨越了數十載，而現在輪到你和食物建立親密感了，而且是那種能夠延長健康壽命並且享受全部人生的食物。

▌第一週的科學原理：飲食

如果你對科學原理不感興趣，請直接閱讀療程部分。我個人覺得知識能夠激勵我做出行為上的改變，但並非每個人都這麼想。

上千份同行的研究報告證實，你放入口中的東西和你的健康歲月有關。你可以藉由特定方法吃東西、喝東西和使用牙線來改變基因表現，維持活躍細胞能量，並且讓免疫系統堅不可摧，但多年來我發覺大多數的人只對結果感興趣而非科學。

如果你是這種人，請直接跳到第 90 頁「第一週的療程：飲食」章節。

營養經濟學：營養／基因交互作用

營養經濟學指的是像青花菜或抹茶這類食物能夠幫助你擊退身心衰退的方法。這是一種強而有力的新科學，研究的是食物、飲料、補充品中的營養如何因為改變你的基因表現而影響你的健康。這是「個人化生活方式醫學」和未來醫學的領域——根據你的營養狀況、營養需求及基因所進行的飲食干

預。這種知識可以被應用於預防或治療癌症和自體免疫失調等疾病。

　　有一種方法對抗衰老特別有效：以食用植物性食物為主，把動物性食物當作調味料，並且選擇抗發炎反應形式的蛋白質和乳製品。我已經在前提基本條件（第四章）中要求你別再吃加工食品，包括任何不是生長在土裡或在地上跑的東西。不要吃那些會讓你血糖過度升高的食物，因為它們只會讓你暫時產生快感，緊接著就會讓你感到疲倦。諷刺的是，當你精疲力盡的時候你會很想吃糖和加工食品，但那些都是很糟的選擇。不要太糾結於升糖指數或升糖負荷，因為它們尚未被證實對減重、血糖穩定、認知能力、甚至運動表現有實質幫助，頂多就是來自於大型、長期、尚無定論的研究結果罷了。其實，只要避免食用加工食品和碳水化合物過高的食物，像是薯條、冰淇淋和巧克力蛋糕就可以了。請食用真正的碳水化合物，例如南瓜、藜麥和甘藷等。

　　現在我們來看看你應該要吃哪些食物。

目標：食用更多蔬菜，每天大約 1 至 2 磅或 5 到 10 杯的量。減少精緻碳水化合物的攝取。避免食用糖和加工食品。

療程：飲食目標制定為 80% 的蔬菜和 20% 的蛋白質。省略精緻碳水化合物。食用少量的真正碳水化合物：澱粉類蔬菜像是南瓜和根莖類蔬菜、堅果、種籽，以及塊莖類。

科學基本原理：降低血糖和胰島素阻抗以關閉那些和空腹血糖有關的基因，例如 G6PC2，以及和胰島素分泌有關的基因，例如 TCF7L2。如果你有功能不全的問題（SLC30A8 基因），務必維護胰臟 β 細胞的功能，因為胰臟會分泌胰島素。恢復粒線體功能。

目標：避免食用那些最可能導致不耐的食物來減少不必要的發炎反應。

療程：避免食用麥麩和乳製品；減少穀類（如果你想減重或是自體免疫病症

請完全不要食用）。

科學基本原理：關閉 IL-6、TNF-α 以及 CRP 基因，那些都會導致低度發炎反應。

目標：攝取 omega-3。

療程：每週一至兩次食用野生捕獲的魚類（女性攝取量為每份 3 到 4 盎司，男性為 6 盎司）。避免食用含汞的海鮮。

科學基本原理：開啟 PPARγ 和維生素 D 基因。

目標：食用更多中鏈三酸甘油酯（MCT）並且避免攝取有毒脂肪，像是反式脂肪、玉米油和棉花籽油。

療程：用椰子油烹調；MCT 油和橄欖油製作沙拉醬，淋在清蒸蔬菜上。

科學基本原理：MCT 比蔬菜油中的長鏈脂肪酸能帶給你更多飽足感，並且能幫助你調節胖子基因。此外，MCT 能關閉阿茲海默症和不良心臟基因。

目標：減重以及限制熱量攝取。

療程：每週一至兩次間歇斷食 12 至 18 小時。舉例來說，如果要進行 18 小時斷食，請在晚上六點停止進食，並於次日中午再次進食。大多數的女性都能夠順利做到。請務必在斷食前食用營養豐富的一餐，並確保攝取你所需的營養素。

科學基本原理：啟動 SIRT1 並關閉 mTOR 長壽；促進細胞自噬。

目標：預防糖尿病和肥胖。

療程：食用自己烹調的餐點，每週食用 11 到 14 份的午餐和晚餐。

科學基本原理：食用較多自己烹調的餐點有助於中年人降低 13% 的糖尿病罹患風險，以及 15% 的肥胖風險。

目標：減少有毒紅肉和脂肪的攝取。

療程：避免食用加工食品，像是香腸、熱狗、熟食肉及培根。限制草飼紅肉的熱取量為每週 18 盎司或更少。草飼牛肉的 omega-3 含量比穀飼牛肉更高。

科學基本原理：紅肉可能導致男性和女性罹患心臟病和癌症的風險增高。加工肉品可能導致罹患心臟病和糖尿病。關於草飼肉品的數據資料則不足。

▍營養經濟學：飲料／基因交互作用

你或許不常思考喝下的飲料是什麼以及為什麼。某些飲料有助於延緩老化，有些則會加速老化。首先，避免飲用含糖、人工甜味劑及高咖啡因的飲料。別再喝健怡汽水或果汁。別再喝紅牛能量飲料。這些都會破壞你的粒線體。

我的體內有一個基因，它所寫的一個酵素版本的密碼導致咖啡因分解過慢，以至於早上喝下一杯咖啡時，我會變得緊張、因焦慮而顫抖和暴躁。此外，當晚我也會睡得不好。一般而言，如果你的基因在設計上讓你較慢分解像是酒精和咖啡因等物質，那麼藥物在你身上的影響也會較大。因此我必須找出我在哪些情況下可以喝這些東西。像我這樣的人如果喝咖啡，罹患心臟病的風險比較大，而那些能夠較快代謝咖啡因的人則能夠享有長壽的好處。酒精也一樣。

關鍵是找出咖啡因是否會讓你老化。你可以進行這個簡單的實驗來找出答案：從本週開始，早上改喝咖啡因含量少一半以上的飲料，例如綠茶、白茶、瑪黛茶、超級樹葉茶（guayusa，一種來自亞馬遜的「清淨能量」草藥）。詳見圖表，查閱各飲料的咖啡因含量。注意你的能量在一天中的變化，以及你的睡眠品質。如果你覺得自己沒有那麼興奮，睡眠品質也提高的話，你或許和我一樣在咖啡因代謝方面較為緩慢。

飲料的咖啡因含量

咖啡，1杯⋯⋯⋯⋯⋯⋯⋯⋯咖啡因：100毫克

綠茶，1杯⋯⋯⋯⋯⋯⋯⋯⋯咖啡因：40-60毫克

綠茶，1杯⋯⋯⋯⋯⋯⋯⋯⋯咖啡因：40-60毫克

超級樹葉茶，1杯⋯⋯⋯⋯⋯咖啡因：30-66毫克

　　我還有一個基因是黴菌易感性，遺憾的是，咖啡是我們的飲食中最大的黴菌毒素來源。研究顯示，52% 到 92% 的綠咖啡豆都是發霉的。咖啡控的另一個選擇是改喝低黴菌咖啡豆來取代含黴菌的咖啡，例如防彈咖啡（詳見「資源」章節）。

　　酒精也會讓我的記憶和睡眠變糟，部分是因為我已經五十歲了，另一個原因則是我有甲基化的障礙基因 MTHFR。喝酒在許多方面對我而言都是一大問題，我雖然很愛喝有機紅酒，但每週超過兩杯會讓我睡不著、水腫和腹脹，並且導致我的肝臟酵素上升因而變得行動遲緩，而這都是因為我無法好好代謝賀爾蒙及體內其他化學物質。我最好還是不要喝酒。肝臟的功能是清除體內垃圾，如果你一直喝酒讓它忙不過來的話，它就無法盡忠職守。這也是年紀越大宿醉越嚴重的原因。

　　祕訣是辨別出你最適合喝哪些飲料。在喝酒方面，請用嚴格的態度誠實面對。很多人經常否認喝酒所帶來的健康問題，像是睡眠品質不佳、宿醉、頭痛、精神不振、夜間盜汗、熱潮紅以及體重增加等。請用科學偵探的客觀精神來追蹤你的反應。

目標：安定你的神經系統。

療程：將咖啡因攝取量減半，改喝綠茶或一半無咖啡因一半含咖啡因來取代咖啡，看看睡眠是否有改善。

科學基本原理：解決咖啡因代謝緩慢問題（CYP1A2）。

目標：避免攝取到黴菌。

療程：停止飲用傳統咖啡，選擇低黴菌品牌。

科學基本原理：降低黴菌暴露機會，並關閉黴菌易感性基因（HLA DRB1、3、4、5、DQB1）。

目標：改善微生物組；停止飲用含糖飲料，包括缺乏纖維的果汁。

療程：避免食用糖和人工代糖。

科學基本原理：糖和人工代糖會對微生物組及新陳代謝造成傷害，並且可能導致粒線體功能障礙。

目標：減重和延緩老化。

療程：攝取白藜蘆醇或適量飲用有機葡萄酒（女性每次 1 杯，每週兩次）。

科學基本原理：啟動 SIRT1 長壽基因。3 杯以上的酒精可能導致罹患乳癌風險增加 15%。

▌抗老療程靈丹：膠原蛋白拿鐵

我依然會喝咖啡，但現在我只喝低黴菌版，而且會搭配那些能夠幫助我代謝的成分，讓我得以享受咖啡因的好處又不受缺點所影響。幾年前我出版第一本書《賀爾蒙調理聖經》時，開始喝膠原蛋白拿鐵。當時我必須早起去

電台的晨間節目受訪，但我實在無法逼自己在清晨五點半吃早餐，香醇的膠原蛋白拿鐵是很好的選擇。我不想喝傳統的拿鐵，因為乳製品會在我的腸道穿孔並且加速老化。

一旦養成了每天早上喝膠原蛋白拿鐵的習慣，我注意到自己中午前都不會感到飢餓，皮膚也開始煥亮起來。因此我研究了數據資料，很驚訝地發現從明膠萃取的膠原蛋白，食用後能在血液中取得可以測量的數值。膠原蛋白的益處如下：

- 富含抗氧化物
- 降低血壓
- 改善骨質密度

長期以來，我一直在實驗改良我的食譜，其中包括普通咖啡（像是戴衛・艾斯普利〔Dave Asprey〕的低黴菌防彈咖啡豆，或大衛・沃夫〔David Wolfe〕的低酸度長壽咖啡豆）、無咖啡因咖啡，有時則是菊苣或蒲公英製成的花草茶。我也會加幾滴巧克力或英國太妃糖口味的甜菊萃取。

如果你對膠原蛋白不熟悉，這是一種很容易消化的蛋白質，能夠改善皮膚、頭髮和指甲狀況。隨著年齡增長，你所消耗的膠原蛋白會超過身體所製造的，導致肌膚鬆弛、指甲龜裂、髮色無光澤以及皺紋。

如何製作膠原蛋白拿鐵

1 杯低毒素咖啡、無咖啡因咖啡或茶
1 至 2 大匙膠原蛋白粉（詳見「資源」章節中所列的推薦品牌）
可自行添加：1 大匙的椰子油或中鏈三酸甘油酯油
可自行添加：4 至 6 滴的甜菊萃取

1. 將煮好的咖啡和其餘成分加入果汁機中。
2. 攪打 5 至 15 秒直到起泡似拿鐵狀。

飲用有機葡萄酒

如果你有喝酒習慣，根據一份綜合十六項研究的整合分析顯示，紅酒能降低死亡率 30%。事實上，我建議戒除或限制所有酒精的攝取，除了紅酒之外。

我很愛葡萄酒，但最近與人交談之後卻永遠改變了我的喝酒習慣。我在舊金山的一個在地食材活動中發表演說後，和一位設有攤位的葡萄酒釀造商交談。他告訴我大多數市售葡萄酒的生產過程中都添加了農藥，包含一長串的添加物像是糖、單寧（除了橡木桶熟成所產生的單寧之外）、酸性物質、酵素、硫酸銅、著色劑、碳酸二甲酯（DMDC，一種專門設計用來殺死微生物的微生物控制因子）以及澄清劑。他從攤位架上拿出一瓶琥珀色的五水硫酸銅，看起來具腐蝕性而且充滿毒性，他說這東西經常被添加在葡萄酒中作為澄清劑，專門用來移除難聞的硫磺氣味，特別是硫化氫。五水硫酸銅會損害魚類的腎臟，對鼠類的肝臟和腎臟也會造成傷害；對於人類，則會造成肝功能和腎功能衰竭。這使得我對葡萄酒的熱愛產生的動搖，而我也繼續自行研究，發現葡萄在「環境工作組織」（Environmental Working Group）所發表的十二大含農藥骯髒蔬果清單上名列第五，因為上面有大量農藥殘留。

我學到了其他方法。葡萄酒是葡萄做的，因此我們應該選擇使用有機葡萄釀造的酒——只要酒好喝就行了。我試過有機葡萄酒，甚至生物動力（biodynamic）酒。並非所有的有機葡萄酒都是生物動力酒；生物動力酒是根據生物動力自然農法的原則所釀造的酒，這是一種不會留下太多碳足跡的有機農業。

魯道夫‧史坦納（Rudolf Steiner，1861-1925）是生物動力自然農法之父，他相信每個農場都應該是一個自我再生的單位。生物動力農耕方式反對使用肥料、殺蟲劑和除草劑。這些農場偏好使用動物糞肥和堆肥，而非化學添加物。重點是土壤健康、植物生長以及家畜之間的相互依存性，以便農作物能夠反映出每個農場的風土條件（terrior）。

我尚未見過有資料顯示生物動力酒比有機葡萄酒優異，因此有機和生物動力酒兩者都是很好的選擇。當你避開添加物時，你就能夠盡享葡萄酒的好處，而不用擔心它所帶來的缺點。你或許在想有機葡萄酒好不好喝的問題。其實有機葡萄酒除了對你的健康和地球有好處之外，同時也非常美味，不過你可能需要調整一下自己的味蕾，多方嘗試找到最好的品牌。幾個和我以前喜愛的酒味道相似的品牌包括 Quivira、Preston、Truett-Hurst、Lambert Bridges，以及 Emiliana Coyam。

每週兩次喝上一杯，每杯大約是五到七盎司的量。別忘了三份或以上的酒精攝取可能會稍微增加罹患乳癌或其他癌症的機率，差不多是 13% 到 15% 左右。如果你無法做到每週只喝兩杯以下，那麼請學我乾脆不要喝。哪種紅葡萄酒最好？黑皮諾（Pinot Noir）的白藜蘆醇含量最高——這是一種存在於紅葡萄（以及藍莓）中的化合物，具有好幾種抗老功效，包括能預防第二型糖尿病、心臟病及癌症（在人類身上的數據資料則好壞參半）。有三項研究甚至顯示白藜蘆醇可能模仿限制熱量攝取的促進長壽效果（雖然那是不受歡迎的手段）。效果在肥胖人士身上最為顯著，也就是那些 BMI 超過三十的人。

黑皮諾的白藜蘆醇含量高於全世界其他品種的葡萄酒，除了義大利的特倫蒂諾區（Trentino），因為那裡的卡本內蘇維濃（Cabernet Sauvignon）含量更高。一個可能的解釋是黑皮諾比其他品種的葡萄更早採收。白藜蘆醇含量最高的酒來自較寒冷的地區。一項康乃爾大學所進行的研究發現，來自紐約的黑皮諾白藜蘆醇含量高於來自加州的黑皮諾。因此想要白藜蘆醇含量最高的葡萄酒，請選擇：

- 來自加州或紐約的黑皮諾
- 來自加州或紐約的卡本內蘇維濃
- 義大利的桑嬌維塞（Sangiovese）
- 澳洲的希拉茲（Shiraz）
- 法國的勃根地（Burgundy）

改善你的口腔健康

雪莉嚴厲地瞥了我一眼，我坐在她開設於奧克蘭蒙克萊爾村的口腔護理診所的椅子上。「你確定你有每天使用牙線和電動牙刷？你有很多牙菌斑，而且我三個月前才幫你洗過牙。」這時她臉上的表情突然一亮，顯然是想到了什麼。糟了。

「示範給我看看你是怎麼使用牙線的。」

我照做了，示範我是如何將牙線放在正確的角度，小心翼翼讓牙線不去割到牙齦。我上上下下從一個牙縫剔到另一個牙縫，就像她上次示範給我看的一樣（至少我是這樣以為的）。

「你只能拿到 C-。」她斥責道。這出乎我意料之外，而我也開始心想她該不會根本是個完美主義教官吧？「隨著年齡增長，唾液會以更快的速度鈣化牙菌斑，這可能是你唾液中的礦物質或口腔中的微生物組造成的，你需要改善使用牙線的方式和次數。開始每天使用牙線兩次，每天使用電動牙刷三次。」

真的嗎？她手上拿著尖銳的工具在我口腔旁邊揮舞著，我不打算在此時此刻和她爭辯，不過我決定要用詳盡的文獻研究來證明她是錯的。

然而，我所找到的所有資料都支持她的說法。而我猜想應該沒有人知道如何正確使用牙線。除了刷牙和每年至少去看兩次牙醫（我都是每三個月去一次）之外，使用牙線有助於長壽。如果你不使用牙線，死亡風險將會提升30%，而如果你一年才看一次牙醫，死亡風險將提高 30% 到 50%。如果你在想這是什麼道理，也許會對以下幾點感興趣：

- 你的口腔中有超過七百種細菌。
- 舌頭經常是生物膜生成的地方──生物膜是一群表現得像黑道份子的微生物，它們會群聚在一起以薄膜的方式黏在表面，可能會引發壞口氣、發炎反應（牙齦炎）、牙菌斑、蛀牙以及提早老化。你知道嗎？22% 到 50% 的人有口臭。其實我之前也不知道。讓我們一起攜手合作，讓世界變得更清新。

- 你口中有更多壞菌可能造成頸動脈增厚。這是一種動脈粥樣硬化的徵兆，同時也是中風的先兆，因為它會減少流往大腦的血液量。
- 電動牙刷無論是短期或長期都比一般牙刷更有助於減少牙菌斑和牙齦炎。請用電動牙刷每天刷牙兩次，每次約二到三分鐘。
- 男性較常罹患牙周病，並且可能導致早期罹患動脈粥狀硬化以及心臟病。
- 油漱口其實沒有聽起來那麼詭異。每週五次，每次五到二十分鐘，用一至兩小匙的椰子油或芝麻油含在口中快速漱口。油漱口能減少牙齦炎以及口中厭氧細菌的總數量（這是好事，能幫助你口氣清新並且活得更長壽！）
- 只要定期使用牙線一個月，就能有效預防牙周病。

每天至少使用牙線兩次。買一支電動牙刷，每天使用兩次或以上。每天用油漱口一次。

▎第一週療程：飲食

現在你知道食物和飲料如何能影響你的基因，可以開始進行第一週的每日範本計劃了。接下來的七天，請盡可能遵照這些指導方針去做，並且注意那些正在發生的微妙而深刻的改變。

第四章中提到的席薇亞是我的榜樣，她每天都採用地中海式飲食，午餐吃生菜和酪梨沙拉，搭配魚、雞肉、水煮放養雞蛋或豆類等蛋白質，晚餐則吃清蒸蔬菜搭配雞肉或鮭魚，並吃堅果當甜點。她每週在當地的市場購物三次，吃的是生菜、番茄、酪梨、花椰菜、胡蘿蔔、甘藷、番薯、洋蔥、大蒜、蘋果，以及任何當季蔬菜，像是蘆筍、四季豆或紅甜椒。席薇亞過去每週會喝大約三杯葡萄酒，但在兩年前戒掉了，因為那會讓她太早想上床睡覺。她會使用牙線，並且每天三次用電動牙刷刷牙。

基本流程

- 每天至少食用綠色蔬菜兩次。我每天都會先喝含有一杯綠色蔬菜外加一瓢蔬果粉的綠色冰沙，這可能是攝取大量綠色蔬菜最容易的方法。請參閱附錄的「食譜」，其中列有一些我最喜愛的食譜。

- 本週一至兩次，食用野生捕獲的魚類像是鮭魚，或是植物來源的 omega-3，例如奇亞籽、亞麻籽或馬齒莧。

- 請選用椰子油、酪梨油、葡萄籽油、印度酥油和橄欖油。請用壓榨的有機椰子油烹飪。精煉油通常是仰賴刺激性溶劑並使用化學蒸餾法或是氫化製成的，因此會產生反式脂肪——請避免使用這些油品。市面上有一些很好的椰子油是非氫化並且以天然不含化學物質的淨化過程所製成的精煉油品，讓油更適合用於烹調（更高的發煙點）、無味、無嗅，可能適合你的需求，如果你不喜歡椰子味的話。未精煉（初榨）、有機、壓榨的椰子油是最安全的，因為在生產過程中並未使用合成化學物質。

- 請勿使用工業製程的油品，像是芥花油、玉米油、棉花籽油、大豆油及葵花油。避免使用所有氫化或部分氫化製成的油品。

- 堅持本週在家用餐，請自行烹飪或是自己製作沙拉、湯品和餐點。開始和食物發展出親密關係。

- 就寢前至少三小時不要飲食。對我而言，那表示晚上七點以後就不要進食，如果我在進行間歇性斷食則更早。

- 每天泡一杯富含多酚的熱花草茶。我最喜歡的茶包括抹茶、聖羅勒甜玫瑰茶（Tulsi Sweet Rose Tea），以及由靈芝、茴香、甘草和甜菊製成的靈芝茶。你也可以試試用超級樹葉（guayusa）製成的 Runa 茶，這是一種來自亞馬遜的茶葉，能幫助你倍感活力充沛，它所含的抗氧化物是綠茶的兩倍。

- 在一天中飲用八大杯的過濾水。

- 可以每週兩次喝一杯有機葡萄紅酒，只要你不會因此喝過量。

- 提升口腔衛生習慣：每天使用牙線兩次並刷牙三次。
- 需要建議嗎？請上網 TheYoungerBook.com 參考其他資源。

營養補充品

請記住，營養補充品並不是要取代健康天然完整食物，而是補充飲食中所欠缺的某些微量營養素。劑量和功效很重要，因為營養補充品是未受管制的市場。

- 攝取白藜蘆醇。它經證實能在細胞層面對抗老化，並且模仿限制熱量攝取的益處。劑量為每天一次 200 毫克。

進階項目

- 開始用椰子油或芝麻油漱口，這是一種叫做油漱口的療法。將一至兩小匙椰子油含入口中使其融化（椰子油在室溫下呈固態，但遇上體溫就會融化；芝麻油在兩種溫度下都是液態），然後閉上嘴巴，以漱口方式含在口中五至二十分鐘。不要吞下去。漱好後吐在垃圾桶或堆肥桶中，因為它可能會阻塞水槽。
- 練習間歇性斷食，在晚餐和早餐之間等十二至十八小時再進食。想要減重的人每週請進行間歇性斷食兩次。若只想達到抗老效果，從本週開始每週進行一次即可。
- 製作或購買大骨湯，每天喝一杯溫的。喝大骨湯是補充體內膠原蛋白的最佳方式，能讓頭髮重新恢復亮澤，指甲、關節和牙齒強健，腸道細胞之間的漏洞縫隙也能得到癒合（詳見附錄的「食譜」章節）。
- 測量並重整血糖。糖、壓力和不良基因都可能讓你的血糖失調，而想要知道是否失調的最佳方式就是請你的醫師替你測量空腹血糖值。詳情請參見附錄的「資源」章節。

摘要：第一週的益處

從本週開始，你將應用一種新科學在你的基因上，改變它們對環境投入因素的反應，像是營養豐富的食物、飲料，以及專門用來讓基因改變方向進而延長健康壽命的營養補充品。你會逐步增加抗氧化食物的攝取量並且重新制定酒精適當攝取量，讓你的甲基化和氧化壓力基因不會負荷過重。對你而言，本週喝兩杯或許算適量，但也請你誠實面對自己是否能夠戒掉。你也開始預防癌症和其他退化性疾病。你會增加總纖維攝取量，這對成功老化有很大的幫助。你會在未來七週中持續進行飲食療程。

總結

食用和飲用能夠改善環境暴露因素的食物，有助於改善目前和將來的身體老化狀況。此外，當你飲食得當，免疫系統就能夠抵抗疾病，你也會提升大腦功能、成功減重、感到精力充沛。讓你的食物升級，是幫助你重整內在和外在的最佳方法。它所帶來的顯性和隱性的好處，是任何生活方式／表觀遺傳的改變都無法超越的。第二週的療程將從表觀遺傳的另一個角度，幫助你擁有加倍的精力和大腦功能：睡眠。

第六章

睡眠——第二週

在早晨思考。在中午行動。在傍晚進食。在夜間睡眠。

——威廉・布萊克（William Blake），

英國詩人兼畫家

　　我有睡眠不足的問題。其實很多人都這樣，今日的美國人和一百五十年前工業革命之前的人相比，每天的睡眠時間縮短了約三小時。忙碌的生活、咖啡因、令人精疲力竭的辦公室工作、夜晚的人工照明以及時時刻刻看電腦手機螢幕的習慣，都是造成睡眠減少和老化增加的原因。當你的生理時鐘受到干擾，你的細胞就會生氣。你的生理時鐘是一個分子計時系統，存在於幾乎所有細胞中，並且強烈受到基因遺傳以及環境的影響，尤其是睡眠。

　　你或許以為睡眠不足對你而言不是問題，甚至誇口自己天生就不需要睡很久，六個小時的睡眠一樣能夠讓你有正常的表現。事實是，只有 3% 的人擁有睡眠短暫基因 hDEC2-P385R（簡稱 DEC2），這是其中一個主掌晝夜節律的基因。有這種基因多型性的人每天晚上需要的睡眠時間可以少於建議的七到八個半小時。

　　里奧・托爾斯泰（Leo Tolstoy）有一句名言：「幸福的家庭都是相似的，而不幸的家庭則各有各的不幸。」同樣的道理也可以運用在睡眠上。那些擁有幸福睡眠的人情況都很相似，你會感到精神抖擻，準備泰然自若地面對新的一天；不幸的睡眠則各有各的慘處，它會大肆摧殘你體內的生物化

學，你不僅出意外的風險會大增，短期記憶也會變糟，同時也會影響你的集中力和注意力，你更有可能會飲食過度和感到憂鬱。睡眠不足可能導致肥胖、糖尿病、心臟病、中風和提早死亡。我現在就想要上床睡覺！

哈佛醫學院的睡眠專家查爾斯・賽斯勒（Charles Czeisler）表示，連續五年每晚睡不滿五小時的人罹患動脈硬化的風險會提高300%。雖然動脈硬化很難逆轉，但短短幾週的恢復性睡眠，就能夠降低血壓並改善細胞修復，進而可能產生間接的幫助。

我從個人經驗深知這些嚴重的睡眠數據是真實的。2012年，我在寫第一本書《賀爾蒙調理聖經》期間，我經常久坐寫書，而且累積了巨額的睡眠債務。當時，我在我的功能醫學診所全職為患者看診，然後我會回家做我的第二份工作：準備晚餐、看小孩的功課，並且以最快的速度和家人在情感上進行交流。最後，則是我的第三份工作：趁小孩上床睡覺後以及早上尚未起床之前，在三更半夜和大清早寫書。很快地，我的好習慣就變差了；我錯過了瑜珈課以及週末和好友相聚的機會，我的咖啡越喝越多，晚上需要靠喝酒讓自己放鬆才能夠入睡。我根本完全拋棄了我可憐的丈夫。

我的書準時交稿了，但我個人卻付出了高昂的代價。在那段時間中，我的家人感到他們被忽略了，而我丈夫說我是個工作狂。（他說得沒錯。）我每晚睡四到六個小時。我的體重增加了，更糟的是，我感到壓力越來越大而且僵硬，同時覺得自己比實際年齡老了許多。

當我檢測我的端粒，也就是生理性老化的指標時，感受到當頭棒喝。檢測結果令我瞠目結舌。四十五歲的我，端粒的年齡卻跟六十五歲的女人一樣。我明白沒有任何藥丸或注射救得了我，我需要修復身體和端粒，而且是用傳統的方法，也就是睡眠和運動。你將在本章及下一章讀到更多資訊。

睡眠就像是一位天賦異稟的清潔管家，當你外出時到你家來打掃整理，讓你放心無憂，同時帶給你乾淨的環境和整潔的床單。簡單地說，就是在生理上重新進行整理，一個再出發的新開始。除了整理之外，睡眠時所發生的修復也會在生活中的各個層面帶來不可思議的效果。這是你所能找到最棒的

萬靈丹了。精通睡眠，你就會發現自己能夠更輕而易舉地平衡你的賀爾蒙，激發意志力做出更好的選擇，並且最終達到延長健康壽命的目的。

在本週療程所列舉的特定技巧中，你將學到如何調節晝夜節律基因，像是生理時鐘基因（CLOCK）、長壽基因 SIRT1 和 mTOR，而你也將關閉和睡醒週期功能障礙相關的不良基因。

它為何重要？

雖然你一生中會用三分之一的時間睡覺，多數人都不太會去思考這件事，或是獲得足夠的睡眠。美國國家睡眠基金會（National Sleep Foundation）建議成年人每天睡滿七至九小時，但在美國將近有 30% 的人每天只睡六小時甚至不到。睡眠是通往生理到健康世界的重要窗口。如果你是那種平日夜晚連七小時都睡不滿，只能期望週末補眠的人，我有好消息和壞消息要告訴你。

先說好消息：你可以改變你的睡眠方式，就從今晚開始。由於受到電燈泡、電視螢幕、電腦螢幕以及其他人工照明的影響，現代人睡得越來越少，因為這些都會讓我們分心，不去注意身體的內在時鐘所發出的微妙信號。

壞消息：週末是不可能補眠的。如果你連續五天每天睡四小時，你就累積了二十四小時的睡眠債務，而你是不可能在週末補上的。這個被稱為社交時差的問題，也就是當你次日無須早起的夜晚睡眠的中間點，和次日必須早起的夜晚睡眠中間點之間的差距，其實有其他策略可以幫忙解決。其中一個策略就是小睡片刻。小睡二十分鐘對身體的療癒效果，可以和夜晚一小時的睡眠一樣，雖然研究結果可能略有差異。根據針對長壽人口的研究顯示，小睡片刻有助於降低壓力。是的，我就是在允許你替自己安排成人的午睡時間。

「數」說睡眠

- 睡眠不足會讓你的基因離經叛道，97% 的節律基因會變得節律失常，這對你的 DNA 而言是一種很危險的變動，因為它可能導致癌症這類疾病。
- 連續三天比正常時間晚四小時上床睡覺，會導致晝夜基因訊息減少六倍。
- 每三個基因中就有一個的表現會因睡眠不足而改變。
- 根據哈佛公共衛生學院（Harvard School of Public Health），每晚睡不到五小時等同於老化四到五年。
- 多睡不見得是好事。一項研究顯示睡七小時的女性在認知測驗方面表現最好，但超過八小時的睡眠認知得分反而降低，等同於老化了五到八年。

睡眠不足的負面影響不僅如此。在飲食方面，睡眠不足時飢餓肽和瘦素這兩種飽足賀爾蒙也會出現失調的現象。如果你每晚睡五小時或不到，你會分泌較多告訴你多吃的飢餓肽，而告訴你不要再吃的瘦素則會分泌過少。簡言之，當你睡得較少時，你的飢餓感也會上升。飢餓肽和瘦素的問題，外加其他重要健康壽命賀爾蒙的干擾，像是褪黑激素、皮質醇、胰島素及生長激素，都可能是睡眠不足為何會導致變胖的原因。不僅如此，你的意志力就像是一個油箱，也無法重新注滿。當然，睡眠債務也會導致許多其他的不幸後果。你的晝夜節律會負責調節 15% 的基因體，因此讓自己的睡醒週期保持健全對你的健康至關重要。如果置之不理，你就可能會沒有精力去運動，進而提高罹患某些失智疾病的風險，包括阿茲海默症。

現在你應該對我那平庸的基因有點概念了。我有生理時鐘基因的多型性，讓我必須每晚睡滿八小時才能夠減重。如果我睡不滿的話，血液中飢餓肽值就會升高，向我發出「快餓死了」的訊息。所以我非常積極想要啟動生理時鐘基因讓它為我效勞，而非與我作對。你或許也一樣。（除了睡眠充足

之外，還有其他權宜之計，像是在一大早醒來後立刻攝取蛋白質──蛋白質奶昔或膠原蛋白拿鐵都可以──因為那可以幫助生理時鐘基因適當地繼續運作。）

奈特，八十歲的北歐滑雪賽好手兼鐵人三項選手

我正在跑步機辦公桌上編輯這本書的時候，一位朋友用簡訊傳來了一張照片。照片中是她父親奈特在太浩湖舉辦的北歐滑雪賽的英姿，胸前貼著135 這個號碼。我一點也不驚訝。

幾年前的一個夏天，我去太浩湖拜訪朋友時認識了奈特。一天早上，我在他們家的廚房閒晃，倒咖啡，這時奈特走進來告訴我們，他剛完成了太浩湖的鐵人三項競賽。當他完成之後，覺得實在太棒了，於是又跑了整段路程兩次──而那時我正在睡覺。我盯著他。我壓根沒聽過這種事。他和我四目交接，然後說道：「想要贏賽馬一定要先做好預測。只要準備得當，有志者事竟成。」我眼前的這位儼然是個超級老人。

奈特完成過十三項鐵人競賽，跑過五十場馬拉松，通常是他年齡層的冠軍（除非有一位七十歲的猛男超越他。他很討厭發生那種事）。我開始感到好奇，於是問他每天有哪些習慣。他說他的一天都從一杯咖啡開始，每天喝八杯水（顯然啤酒也算水的一種），每天晚上下西洋棋，每天刷牙三次，每天至少花十五分鐘小睡一回，晚上十點就寢，至少睡滿七小時。現在奈特八十歲了，看起來比他在競賽場上擊敗的六十歲人士還年輕。他的靜止心率是多少呢？五十。

睡眠不足的官方定義

說了這麼多關於睡眠不足的事，你或許在想它究竟定義為何。是否有可能一個人只需要七小時的睡眠，而另一個人卻需要九小時？是的。簡言之，睡眠不足指的是一個人未獲得足夠睡眠在白天保持清醒，狀況也因人而異。

睡眠研究人員是藉由精神運動警覺性任務（PVT）來判定一個人是否睡眠不足。（詳見「資源」章節。）在檢測過程中，螢幕上會出現靶心，而受試者必須按下一個按鈕。當一個人睡眠不足時，在幾分鐘之後，他或她就會失去專注於任務的能力因而忘記按下按鈕。有些人只睡七小時就能通過檢測，其他人則需要八小時的睡眠，否則他們在檢測過程中的表現就會變差。

克服睡眠問題的失眠者

當我拿回羅莎莉的檢測結果時，不禁感到瞠目結舌。我在腦海中想像著羅莎莉：銳利的藍眸閃爍著機智的光芒，一頭俐落的短髮，柔韌的身體和關節。對她這個年紀的人而言，羅莎莉顯得異常年輕。她已經七十歲了，但她的端粒卻顯示只有五十歲，和我目前的年紀一樣。我搔著頭百思不解她為什麼在老化的藝術上能夠表現如此優異。

你可能會想到那些常見的理由，像是感恩的心態或缺乏壓力知覺等。

不，事實上羅莎莉的職業非常令人心力交瘁。她是一位新聞工作者，歷年來快速晉升，現在已是業界領導人物的地位。她幾乎永遠都在面對截稿壓力。在一個傳統上以男性為主的行業中，身為全職媽媽的她根本沒有要求遷就的空間。東岸西岸長途搬家，加上離婚——全都是常見的高壓來源。

她是否睡眠充足，每晚都能睡七到八個半小時呢？

這個嘛，可以說是，也可以說不是。有意思的地方就在這裡。二十年來羅莎莉一直都有睡眠方面的問題，從她五十多歲更年期開始。她先接受了針灸治療，稍微有點幫助。然後她去了位於康乃狄克州德比市葛瑞芬醫院整合醫療中心（Integrative Medicine Center at Griffin Hospital），該中心是由名醫大衛·凱茲（David Katz, M.D.）所經營的。同樣地，這也稍微有所幫助。當羅莎莉搬來灣區的時候，她來找我，而我們也平衡了她的賀爾蒙：皮質醇、雌性素、黃體素和甲狀腺。我們紓解了她的壓力系統，她的睡眠改善了。從那時起，她就開始在睡前於舌下滴大麻二酚油，同時聽本篤會修道士誦經的CD。所有這些改變都讓她獲得了逐步改善，但最令人不可思議的是，在每

晚無法獲得理想的七至八個半小時睡眠的情況下，她的端粒居然能夠維持在很好的狀態。

　　我之所以提到羅莎莉不是希望你在睡眠方面偷工減料，而是因為她是靠循序漸進的方式讓自己延長了健康壽命。我也注意到她是個凡事都保持好奇心的人，而這一點在預測長壽方面或許和使用牙線或和好友保持聯絡一樣重要。她有一種核心意識，知道有很多事情等著她完成，無論是在撫養孫子這件事上扮演舉足輕重的角色，或是自告奮勇在她的社區擔任一位社運者。或許最重要的是，她對於人生中的基本原則抱持著既定的哲學。她不期待會有什麼仙丹可以幫助她入睡。然而，當你和她相處時，自然而然就會感到稍微放鬆，因為她早已知道自己在這個世界中所扮演的角色。這是一種令人耳目一新的體驗，不僅對我而言是這樣，對她的端粒而言也一樣。

安眠藥通常無效

　　安眠藥（sleeping pills）並不是解決之道。雖然 5% 的美國人有服用安眠藥的習慣，而這個數字在過去二十年以來增加了一倍，但安眠藥其實只能延長二十到三十七分鐘的睡眠時間，而且睡眠品質不見得是最好的。安眠藥讓你能夠快速入眠，但代價也相當高昂——因為它們會上癮；它們會導致記憶喪失、白天嗜睡，以及腦霧；它們會讓睡眠品質變糟；它們可能導致癌症；它們會提高死亡率，即使你每年只服用二十顆藥。就連 FDA 核准、最頂尖的非苯二氮平安眠藥，其實有高達 50% 的藥效要歸功於安慰劑效應。研究人員不確定安眠藥是否會導致癌症或提高死亡率，或者這些問題是否和缺乏睡眠有關而非藥丸本身，但我猜測缺乏睡眠會在你的體內營造「惡劣環境」——即使一個晚上沒有睡滿七小時都可能提高皮質醇值，而那會引發體內不必要的發炎反應。

你的任務——如果你選擇接受它的話

正如我們想要啟動好的睡眠基因讓你的晝夜節律保持愉快，我們同時也要避免那種可能扳動基因開關讓你面臨疾病風險的不良睡眠——即使你只有失眠一個夜晚。失眠一晚可能導致開車表現不佳以及反應時間不良。當你失去過多睡眠時，你很可能會成為一萬至兩萬名因疲勞駕駛而出事故的人之一，更別提工作表現不佳以及學習能力降低了。從本週開始，你的目標就是瞭解自己需要多少睡眠才能夠精神飽滿並且延緩老化。以下是幾個我們需要考慮的問題，以便優化你的睡眠、精力和老化過程：

- 多少小時的睡眠能夠讓你感到精神抖擻並且充滿警覺？
- 暴露在日光下，尤其是在正午之前，是否能幫助你在晚上更好睡？（這麼做可以提升你在夜晚的體內褪黑激素值。）
- 如果你不喝咖啡因或酒精，睡眠是否會改善？
- 避開壞男友阿倫（ALAN，夜晚人工照明的英文縮寫）是否能夠改善你的睡眠？
- 睡前從事燭光下的靜態活動是否能夠改善睡眠？例如舒緩的瑜珈練習或引導式的意念形象法？或是像羅莎莉一樣聽修道士誦經？

第二週的科學原理：睡眠

睡眠問題經常未獲認知、被低估，而且老實說也被主流醫學和雇主所忽視。這表示我們需要自力救濟，成為睡眠的福音傳道者，並且多加注意哪些原因會讓我們的睡醒週期失常。你的晝夜節律和睡眠可能會以幾種方式出問題。以下是已知的晝夜干擾因素，其中一些在因果方面是雙向的：

- 輪班性質的工作——例如你是上夜班的——現在已經被世界衛生組織（World Health Organization）認定為一種可能的致癌原因。
- 長期壓力。在長期壓力下，有些人能夠維持正常運作，有些人則會容易罹患精神疾病，包括成癮和憂鬱症。

- 咖啡因。
- 時差和時區改變。
- 精神障礙。
- 來自電燈和電子產品的夜晚人工照明（ALAN）。
- 太空旅行，僅供所有有志成為太空人以及伊隆·馬斯克（Elon Musk）和理查·布蘭森（Richard Branson）的追隨者參考。

努力讓你的睡眠債務歸零吧。

你的睡眠架構

　　量固然重要，品質也不能輕忽。睡眠分為兩種：快速動眼睡眠（REM）和非快速動眼睡眠（NREM）。NREM 又根據睡眠的深淺程度而細分為一、二、三、四階段。在本週中——以及你未來一生中——你都應該改善並延長低頻率睡眠（深度睡眠，第三階段），因為那時的心率會降低，器官、機構以及骨骼會重建，精力和意志力儲備會得到補充，你的免疫系統會重整。你需要 REM 睡眠是為了情緒方面的再生，而 NREM 低頻率睡眠則是為了肢體方面的重建。每一階段的睡眠都很重要。如果你能夠讓每晚的模式在開始、深度和過程中都保持一致的話，就能獲得最大的益處。

　　在一個晚上的過程中，若所有的睡眠階段都能夠在九十至一百二十分鐘週期，恢復性的效果是最強的。在睡眠的階段中，你將得到以下好處：

- 生長激素和褪黑激素值會升高，皮質醇則會降低。（睡眠不足會導致下午和傍晚時皮質醇值升高，血糖值也會上升，和老化過程中所觀察到的一樣。）
- 記憶的穩定和擴充，包括夜間睡眠和小睡片刻。
- 低頻率睡眠能夠增進陳述性記憶，也就是那種有意識回想起的記憶，像是那些你可以用言語陳述的口頭或事實性的知識。
- REM 睡眠對於情緒的重新校準及非陳述性或程序性記憶的形成最重要，因為那是以技能為基礎的（例如學習如何騎自行車）。

總而言之，睡眠對於減緩老化不可或缺，因為生長激素就是在那個時候在體內進行修復工作。略過一個或多個階段會讓你老化得更快，並增加你提早死亡的風險。所有的賀爾蒙都根據晝夜節律分泌，而睡醒週期會制訂你的節律，好讓你能夠在夜晚製造褪黑激素及生長激素。褪黑激素控制著體內超過五百個基因，包括那些和免疫系統有關的基因，因此管理好你的褪黑激素是必要的投資。當你犧牲睡眠時，你的生長激素值會降低，導致你可能較無法修復傷害，同時也較容易堆積腹部脂肪。

和睡眠不足有關的健康問題

免疫功能

如果你沒有睡滿七小時，免疫系統就可能受到傷害。在一項研究中，受試者被限制睡眠時間為七小時或少於七小時長達一週，然後暴露在感冒病毒中，那些睡眠較短的人感冒的機率是其他人的兩倍。這表示你或許可以從本週開始，藉由睡眠來降低罹患感冒的風險。

癌症、糖尿病、中風，和心臟病

由於睡眠不良會導致褪黑激素生成受到干擾，如此一來罹患癌症的風險也會上升。最常見的情形就出現在上夜班的女性身上，像是護士和空服員，但兩者之間的關聯強度則持續在爭議中。那些上夜班的人可能在認知退化、心血管疾病、中風、糖尿病（尤其是女性），以及某些癌症像是乳癌、卵巢癌和前列腺癌的風險較高。這些風險大多數是經過一段時間累積而成的，一般而言是十五至二十年。國際癌症研究總署（IARC）於 2007 年指出：「干擾晝夜節律的輪班性質工作可能會致癌。」在一項研究中，睡眠週期較短和頻繁打呼會大幅降低乳癌患者的存活率。對於那些每晚睡不到六小時的女性而言，死亡風險則增加兩倍。顯然地，我在接受婦科醫師醫療訓練的那些年睡得比較少，因此避免睡眠債務現在對我而言是當務之急。

認知退化

　　睡太少或睡太多都可能導致腦力變差。事實上，睡得過少或讓你的大腦功能下降，而認知退化則會讓你的睡眠變差。女性每多花三十分鐘在夜晚嘗試入睡，認知障礙的機率就會增加 13%。此外，那些每天小睡兩小時以上的女性也會增加障礙風險，所以請不要小睡太久（大約二十至六十分鐘）。

　　在距離我出生地不遠的馬里蘭州，一項叫做「巴爾的摩老齡化縱向研究」（*Baltimore Longitudinal Study of Aging*）的調查持續在進行中。該研究於 1958 年始於約翰霍普金斯大學，是關於老化時間最長的一項研究。最近，該團隊發現睡眠少於五小時（或睡眠品質不佳）會導致 β - 類澱粉蛋白值升高，也就是那種會在你器官內堆積的糟糕異常蛋白質，它會使你體內組織的架構和功能運作不正常並堆積在腦部，最終會形成斑塊並導致記憶和認知障礙。可想而知，β - 類澱粉蛋白堆積會干擾你的 NREM 睡眠和記憶。因此，睡醒週期受到干擾可能是阿茲海默症的先兆，甚至可能是引發罹患該疾病的原因。

▊早鳥和夜貓子

　　你或許在想，如果你是個愛早起或愛晚睡的人，這些科學原理對你而言代表什麼。身為早鳥或夜貓子是你遺傳基因決定的偏好，而這也代表不同的晝夜階段。

　　當我和我丈夫熱戀的時候，我們在一起時我根本不會注意到時間。但在一起十五年之後，我知道我比他早起也比他早睡。原來女性是比較容易早起的，也就是科學界所說的「晨型」（morningness chronotype），而男性則比較屬於「夜型」（eveningness chronotype）。時型（chronotype）是一種生物編碼上傾向於晨間和夜間的差異，一個在「中間型」之間的連續體（好吧，最後那個名詞是我編的）。

　　每個人都有晝夜節律，但大多數人的節律節奏都不相同，平均長度則

是二十四小時。早鳥的晝夜節律比二十四小時短，夜貓子的則稍長。一般而言，女性的節奏比男性快六分鐘。或許聽起來是小事，但試想一下一個每天快六分鐘的時鐘。十天後，女性可能就和男性差了一小時之多，因此定期重設是很重要的（除非你一個人居住在洞穴裡）。即便你和同性別的人住在一起，你們的時型也可能不相同。

日光是幫助你體內的二十四小時晝夜時鐘和環境對準的主要提示，又稱為定時因素（zeitgeber）。這表示你可能需要調整自己暴露在白天和夜晚的光線，以便和你的晝夜節律以及和你相反的人和諧共存。我稍後會在第二週的進階項目中詳述。

想知道你屬於哪種時型嗎？去度假一週，想睡覺的時候再睡，想醒來的時候再起床，理想上不要受到咖啡因或酒精的影響。一週結束之後，你就會知道你的時型了。或者，另一個比較不好玩的方法是回答「慕尼黑時型問卷」（Munich ChronoType Questionnaire）中的問題。

睡眠和維生素 D：完美搭檔

對於想要改善睡眠的人，有一個輕而易舉的方法。維生素 D 不僅對骨骼有好處，專家表示，維生素 D 對於大腦調節睡眠有直接的影響，尤其是在間腦（也就是大腦中下視丘的所在部位，能調節賀爾蒙）和腦幹（大腦的枝幹）。有些人認為睡眠障礙逐漸盛行的原因是人們普遍維生素 D 攝取不足，我也同意。如果你像我一樣有不良的維生素 D 受體基因（參見附錄），你的罹患風險可能會更高。請讓血液中的維生素 D 值保持在 60 至 90 ng/mL 之間。如果你依然心存懷疑，讓我分享更多資訊來說服你。

- 缺乏睡眠、晝夜節律受干擾和維生素 D 值過低都可能會阻礙復原和修復。
- 低血清維生素 D 可能讓你必須花更多時間才能入睡。
- 調查一群更年期後的女性，維生素 D 濃度較高能有助於較佳的睡眠維持，意味著較容易保持在入睡狀態。

- 較年長的男性（六十八歲以上）血液中的維生素 D 值較低的人，容易出現睡眠時間較短、睡眠效率較差、較常在睡眠中出現干擾的情況。事實上，數值低於 20 ng/mL 的受試者睡眠時間少於五小時的機率是那些數值高於 40 ng/mL 男性的兩倍。
- 維生素 D 值過低可能導致睏倦。
- 維生素 D 對於身體疼痛能帶來賀爾蒙、神經和免疫方面的影響，在長期疼痛和失眠等問題方面扮演舉足輕重的角色。
- 維生素 D 值過低可能導致不寧腿症候群，而這可能會讓你產生睡眠障礙。

其他營養素的缺乏，包括維生素 B9 和 B12 過低，也會導致睡眠問題。想要補充 B9（葉酸），可以食用黑眼豌豆、扁豆、菠菜、花椰菜、豌豆和秋葵。想要補充 B12，可以食用草飼牛肝、鯖魚、沙丁魚，和鮭魚。持續食用你的 B 群維生素，理由在前言和第四章中都有提及，若想提高睡眠品質，請在整個療程中持續補充。

▌睡眠是大腦的沐浴時光

你的大腦在晚上睡覺時會歷經一場沐浴時光，移除那些會導致神經退化（基本上就是大腦衰變）的有害及有毒分子。

大腦沐浴是這樣進行的：睡眠時，大腦細胞之間的空隙會比清醒時擴張 60%。這使得大腦能夠用腦脊液（CSF），也就是大腦和脊椎周圍的透明液體，來排除那些堆積的毒素。這稱為膠淋巴系統。一項研究顯示，當你在睡眠時，膠淋巴系統清除 β - 類澱粉蛋白（也就是那種可能導致阿茲海默症的蛋白質）的速度比起你在清醒時還要快。你的膠淋巴系統在你側睡時效果最佳，而非仰睡或趴睡。我會在我彎曲的雙腿之間放一個枕頭，讓自己保持側躺的姿勢，以便讓我的大腦好好地沐浴一下，同時幫助我的下背部紓壓。

▌藍光的邪惡面

聽到這些應該就足以讓你想要改善睡眠了吧？然而，問題是現代人的生活——尤其是人工照明——經常會帶來阻礙。醫師兼名劇作家安東・契科夫（Anton Chekhov）有一句名言：「醫學是我的合法妻子，文學是我的情婦；當我厭倦一方的時候，我就會去和另一方過夜。」同樣地，我也喜歡在晚上九點左右，當孩子們都上床睡覺後（而且希望沒有在看手機！），蜷縮著身體在我的 iPad 上看書。這樣好嗎？可能不太好。我的習慣讓我無法完整經歷睡眠的五大階段，同時也可能導致罹患癌症、糖尿病、心臟病和變胖的風險。

莎拉醫師的病例檔案：維生素 D 和我

維生素 D 對於體內鈣質的有效運輸是很重要的，能夠幫助你維持骨骼強壯。我遺傳到一個不良的維生素 D 受體基因，這表示我的身體無法良好地吸收和運輸維生素 D，因此我血液中的維生素 D 值通常很低，導致我快速骨質流失、骨量減少、骨質疏鬆症、多發性硬化症，以及某些惡性腫瘤像是大腸癌等方面有更高的罹患風險。

當我在 2006 年得知自己有維生素 D 不足基因時，便開始攝取更大量的維生素 D。美國國家醫學院（The Institute of Medicine）建議每天攝取 600 IU 的維生素 D，但如此低的劑量很可能導致我骨質流失的風險增加，同時讓我的維生素 D 受體基因保持在關閉狀態。攝取較高劑量的維生素 D（我每天攝取 5,000 IU）能幫助我避免過度骨質流失和罹患骨質疏鬆症，或許還能避免罹患在老婦人常見的駝背。攝取更高的維生素 D 劑量就是一種表觀遺傳改變，它讓我能夠將我的身體使用維生素 D 的能力保持在啟動狀態。

讓你的生理時鐘失調最快的方法就是用夜晚人工照明（ALAN）來傷害你的眼球。電子螢幕所散發的藍波長在白天沒有問題，因為它能增進你的注意力、反應時間以及心情，但在夕陽西下之後它就會背叛你。並非所有顏色都是一樣的，從電子螢幕散發出來的藍光，像是智慧手機或電子書，會比其他顏色的光更容易抑制褪黑激素的分泌，青春期的孩子尤其容易受影響。光線越強，對褪黑激素生成的影響就越大，即使只花一點點時間看電子螢幕也會造成睡眠不足的後果。

螢幕並不是夜晚人工照明唯一的罪魁禍首。去年，我丈夫把我們家的每一個燈泡都換成比較環保的日光燈或 LED 燈。總共一百多個花俏的節能燈泡，唉，雖然對環境有利，卻不見得對我們的健康有益。這些燈泡雖然能夠節能，卻比傳統白熾燈散發出更大量的藍光。慘了！

所以，如果你家有個環保人士，或者你是個夜貓子、從事輪班性質的工作，或是一位太空人，請花點錢去購買能夠阻絕藍光的室內玻璃，並且確保你在上床前至少一小時不要再看那些螢幕了。（詳見「資源」章節。）

▍第二週療程：睡眠

以下是第二週療程的範本計劃。接下來的七天（以及整個療程直到結束），請盡可能遵照這些指導方針。你應該會開始注意到，你在情緒和身體方面都漸漸感到神清氣爽，而且面對壓力也能處理得更好。在幾週內，你的免疫系統將會變得更強健，而你感染一般疾病的機率也會越來越低。

請先開始進行精神運動警覺性任務檢測來評估你的睡眠債務。這是一個很簡單的測試，你可以在電腦或手機上進行。（詳閱「資源」章節。）

將得分＿＿＿＿＿以及日期＿＿＿＿＿記錄在這裡。

基本流程

- **臥室裡不要放置電子產品**；如果無法做到的話，在就寢前至少一小

時，將它們放置在距離身體至少五英尺遠的地方。這樣做能夠改善你睡眠的質和量。

四十歲和以上的女性：

- **夜晚房間內的溫度保持在攝氏 18 度以下**，將溫度干擾減少到最低。夏天要這樣做可能不容易而且花費高昂——盡力而為就好。

- **解決熱潮紅和夜間盜汗問題。**你可能需要考慮短期使用生物同質性賀爾蒙療法來改善睡眠。特別是天然黃體素，100 至 200 毫克，有助於改善近更年期和更年期婦女的睡眠。

- **避開刺激物。**不要接觸咖啡因和焦慮人士，兩者都會過度刺激你的神經系統，讓你難以入眠。是的，我就是在建議你減少和有焦慮症的人士接觸，尤其如果你本身是個極度敏感或善解人意的人。你是你身邊五個人的平均（譯註：五人平均值理論），讓他們都保持在放鬆狀態，如此一來你就不用在上床睡覺時還要糾結於如何取悅他們。

- **在早晨運動**，或至少在中午一點前。如果你不得不更晚運動的話，請注意你的睡眠時間長度和品質是否會因此下降，然後進行調整。

- **創造一個有利於睡眠的環境**，幽暗、安靜、舒適、涼爽。你的房間應該要暗到伸手不見五指的程度。

- 如果你前一晚未睡滿七小時或是感到疲倦，請花至少二十分鐘的時間小睡片刻。本週至少一次，**花二十至三十分鐘時間小睡。**

- **請注意你是否每晚睡眠超過八個半小時。**必要時可以設定鬧鐘。

- **讓自己白天時暴露在大量的明亮光線下**，這將有助於改善你在夜晚入睡的能力，以及你在白天的心情和警覺性。

- **讓自己做個小小的大休息（savasana，瑜珈體式）。**大休息，又稱癱屍式，指的是躺在地上，掌心向上，雙腿與臀同寬，完全放鬆全身每一道肌肉的姿勢。這個姿勢能夠幫助我徹底放鬆，不僅是在上完一堂困難的瑜珈課之後，在白天也一樣。我的身體對於日常生活的喧囂容

易產生劇烈反應，因此，讓自己做二到五分鐘小小的大休息，讓我能夠擺脫一天的煩憂。

- **在十點前上床**，或至少比平常就寢時間提早半小時，並睡滿七至八個半小時。一週七天，每天晚上同一時間就寢，每天在同一時間起床，即使週末也一樣。大睡補眠是沒有用的，因為你會失去正常的睡眠架構，睡眠品質也會受損。試著在本週讓每晚的睡眠架構維持一模一樣。你的目標是盡可能在十點前上床（夜貓族請盡可能比平常提早就寢），準備睡覺，不要和你的伴侶聊天或回覆臨時收到的電子郵件。

重新設定你的睡醒週期。

- **化合物**不是杯子蛋糕，而是藜麥、甘藷以及木薯，這些都會消化得比較慢，而且不會過度讓血糖升高。就寢前三小時請勿進食，所以晚上七點以後就不能吃東西。在晚餐時攝取碳水化合物能有助於啟動減重基因，包括那些為瘦素、飢餓肽和脂聯素編碼的基因。

- 在就寢前三小時，對大多數人而言也就是晚上七點，**限制使用電子產品螢幕以及夜晚人工照明**。至少在就寢前一小時關閉電子產品，像是電視、電腦、手機和平板等。這表示不能在臥室裡看電視或是邊看電視邊睡著。

- **固定養成一套就寢前放鬆的流程**，像是用浴鹽泡個熱水澡或聽舒心的音樂；在你打算入睡前至少一個小時開始。

營養補充品

　　維生素 D。矯正你的維生素 D 缺乏症不僅能夠強健你的骨骼，也可能有助於讓你好眠。維生素 D 會影響至少三千個基因。一般而言，我建議每天攝取 2,000 至 5,000 IU，但因為有很多基因都和維生素 D 代謝有關，因此最佳

策略是長期追蹤你的血糖值，攝取足夠的維生素 D 讓你的數值保持在 60 至 90 ng/mL 之間。這個目標範圍會因為研究更新而稍微改變，所以未來這個範圍可能會變動。如果你的血清維生素 D 通常少於 60 ng/mL，別擔心，因為更高濃度是否對你的端粒有所助益目前尚不可知（尚未有針對更高濃度和端粒長度關聯進行的研究）。和許多營養素一樣，維生素 D 和健康之間的關係呈 U 型曲線，因此太少固然對健康有害，但太多也不好。對你的體內生態而言，適量才是王道。

進階項目

- **使用光照療法。**每天花一段時間坐在一個燈箱旁邊。燈箱會散發出模仿室外光線的可見光，對於調節你的晝夜節律很重要。根據你的使用方法，它也可能幫助你在早上較晚起床，或是在夜晚早點入睡。

- **在太陽下山後配戴琥珀色的眼鏡。**這是一種新發明的老花眼鏡，能幫助那些想要逆轉老化的女性，不過請選擇可以抗藍光（不是其他顏色光線）的室內款。從太陽下山到睡前配戴，能幫助你分泌更多褪黑激素，同時也睡得更安穩。

- **評估你的深層睡眠。**有一個基因是專門負責深層睡眠的，而它的變異體可以幫助你睡得更熟。單一核苷酸多型性（SNP）的代號為 rs73598374。我丈夫的是典型基因（不是變異體，C;C），而我的則是深層睡眠變異體（C;T）。比較我們的睡眠週期紀錄，你就會發現我在同一個晚上的深層睡眠是他的兩倍。想要評估你的深層睡眠，請參閱列在「資源」章節中的睡眠週期追蹤器。

- **檢測你的褪黑激素，或試試這種花費低廉的褪黑激素重整法。**我的褪黑激素值屬於低至正常，所以我會定期進行褪黑激素重整，方法是在睡前四小時服用少量（0.4 毫克）的褪黑激素。在我服用這個微小劑量之後，我的褪黑激素值一開始會上升，之後則會開始下降。我的身體會偵測到它下降，讓我的松果腺製造更多褪黑激素，使我在四小時

之後能夠睡得更安穩。

- **晝夜對手的調適。**由於女性的晝夜時鐘比男性快六分鐘，而且女性通常比男性早起，你或許需要調整生活來配合你的晝夜對手。你可以藉由在環境中設置提示來轉變你的天生體質傾向。比平時早起或晚起一個小時來配合你的伴侶通常並非難事。早晨的明亮光線能作為喚醒夜貓子的提示，而夜間的遮光窗簾則能提示夜貓子準備就寢了。在下午或傍晚時於明亮的健身房中舉重也能作為早鳥晚點上床的提示。

你的日常活動流程

以下列舉了一份日常活動流程，包括第一週和第二週的基本流程。這對我而言就是典型的一天——充滿更加選擇的日常。你可以隨意自行調整。

抗老療程
典型的一天：莎拉醫師

早上 6:00	・起床，使用牙線，用電動牙刷刷牙 ・空腹服用營養補充品
6:05	沖泡並飲用綠茶膠原蛋白拿鐵
6:10	靜思冥想 10-30 分鐘
6:45	飲用早餐奶昔，如果在進行間歇性斷食則略過不吃
7:30	送孩子去上學
8:00	・運動（barre 間歇運動課程、瑜珈或快走） ・啜飲／飲用支鏈胺基酸（詳見「營養補充品」段落） ・運動後喝一公升的過濾水
10:00	工作
正午	・吃剩菜當午餐（例如雞肉、青花菜、生吃蔬菜沙拉或綠色冰沙） ・刷牙並使用牙線 ・午餐後邊走邊工作（在我的跑步機辦公桌上走大約 2-7 英里） ・喝一公升的過濾水
下午 3:00	接孩子，喝更多水

3:30	‧把孩子拉去健身房裡蒸桑拿浴，如果他們願意的話（原因將在第八章中解釋）
4:30	靜思冥想十分鐘或打電話給朋友
5:00	準備晚餐（準備雙倍份量，剩菜次日可以當午餐）
6:00	晚餐
7:00	個人時間或家庭時間——這是你代謝食物和一天的時候
9:00	‧關閉背光螢幕和夜間人工照明 ‧刷牙並使用牙線
10:00	上床睡覺，關燈

摘要：第二週的益處

　　睡眠改善能夠帶給你許多好處：重整你的賀爾蒙，強化你的免疫系統，同時你也會發現減重變得更容易。睡眠過少會毀掉你的血糖控制並提高壓力賀爾蒙值，例如皮質醇。它也可能會永久地讓你的飢餓按鈕停留在啟動狀態，而隨著年齡增長，這對於改善淨體重是有害無利的。

　　良好的睡眠能啟動生長激素，讓你不容易囤積腹部脂肪，同時也更能夠在夜晚修復你的肌肉。你立刻就會注意到記憶變好，感冒的抵抗力也會變強。長期來說，你會發現罹患糖尿病、高血壓以及肥胖症（這些都和死亡率有關）的風險降低了。你也會注意到發炎反應和僵硬情況減少了，而這全都是因為多休息的緣故！

總結

　　達賴喇嘛說睡眠是最好的靜思冥想，我也同意。雖然睡眠通常不受主流醫學重視，但那並不表示你也應該忽視它，等到以後才去承擔後果。現在做點小努力，在表觀遺傳上就能得到極大的改變。由環境所誘發的分子適應可以改善你的長壽和體重基因。所以，把睡眠時間看得跟飲食一樣重要，現在就開始讓自己睡得飽又睡得好。

第七章

活動——第三週

從進化的觀點來看，運動能夠誘騙大腦讓它保持在生存狀態，
儘管種種賀爾蒙的跡象顯示它已經在老化。

——約翰·瑞提（John Ratey），

《運動改造大腦》（*Spark: The Revolutionary New Science of Exercise and the Brain*）

　　我醒來上廁所，摸黑走進浴室。我看了手錶一眼，時間是清晨 5:30。我很慶幸還能再爬回床上睡一個小時。一瞬間，我想到住在離我幾英里遠的好朋友艾莉森。毫無疑問，艾莉森這個全職媽媽，現在應該已經在她家中的健身房上飛輪課，明亮的光線照耀在她健美的身材上。

　　艾莉森的長壽基因——例如 mTOR——靠她的高強度運動在調節。她在啟動她的腦源性神經營養因子（BDNF），就像是提供給大腦的專注力和執行功能能力的植物花肥 Miracle-Gro。艾莉森並沒有遺傳到最好的基因，她的家族有肥胖和糖尿病史。儘管有這樣的遺傳，但她知道祕密的解決方案：紀律、意志力以及聰明的習慣，尤其是在睡眠、運動以及有機的植物性飲食方面。

　　艾莉森今年四十一歲，身高五呎六吋，而且從高中開始就保持同樣的體重：一百二十五磅。她在三次懷孕期間體重都增加了二十七磅，但每次都在生產後約五分鐘就減去了那些體重（好吧，其實應該是八週左右，但你知道

我的意思）。她每天九點半上床，儘管她丈夫會在三更半夜從事一些活動。艾莉森很積極調整她的生活方式，以關閉她的不良基因同時啟動她的長壽基因。艾莉森看起來既健康又強壯，這都是她努力而來的成果，你也可以辦到，即使你不喜歡早起或是厭惡流汗（或兩者皆是）。

遺憾的是，在過去的一個世紀中，美國人已經逐漸把活動這件事從生活中排除了。今天，我們久坐和少動的習慣比過去任何時候都嚴重。雖然我們很清楚運動的好處，只有大約 20% 的人有運動的習慣。此外，70% 的美國人從事辦公桌工作。通勤、坐在辦公桌前、回家坐在餐桌前吃晚餐或坐在電視機前，美國人平均每天花八小時的時間坐著。難怪肥胖症像流行病般蔓延。

揮動你的雙臂

指揮家是所有行業中最長壽的。大多數的指揮家都活到八十多歲、九十多歲，甚至更久。他們並不像伊卡里亞人一樣住在沒有壓力、山巒綿亙的島嶼上，採集野生綠色植物和泡茶。如同最近以一百零二歲高齡辭世的白蘭琪・韓尼格・莫伊瑟（Blanche Honegger Moyse），他們環遊世界，並且熬夜排練或表演。當他們在指揮時揮動著雙臂，在演出中表現出來的是強韌的體力、魅力以及熱情。

李奧波德・安東尼・斯托科夫斯基（Leopold Anthony Stokowski, 1882-1977）或許是以指揮迪士尼的電影《幻想曲》（Fantasia）而聞名的，但在我心中他的傲人之處是他一直指揮到辭世，享年九十五歲。真不愧是大師！

其他在長壽方面表現不凡的行業都是那些不太常坐的職業：考古學家、牧師、老師及醫師。在長壽方面表現最糟的行業則包括製錶業和紡織業，或許是因為需要長時間久坐並且接觸有毒化學物質的緣故。

讓我開門見山地說吧：久坐會加速老化。如果你是女性，以下就是你可能遇到的狀況：每天久坐六小時以上，罹患癌症的風險會增加 10%，而

提早死亡的風險則會增加 34%。（在同一份研究中，每天久坐六小時的男性提早死亡的風險比那些不常久坐的多出 17%。）

　　運動能夠減輕部分的損害，那些久坐並且不常運動的女性提早死亡的機率是那些每天坐不到三小時並且活動量充足女性的兩倍。

▌它為何重要？

　　是的，久坐就像過去的吸菸一樣，會提高你罹患糖尿病和心臟病的風險。它也會讓你可憐的髖屈肌變緊，同時增加你的腰圍，讓你的小腹看起來變胖。當你坐在椅子上時，腹部肌肉會放鬆，下背部肌肉則會緊繃，導致背部凹陷。下背部的凹陷會讓腹部突出，而你的髖屈肌因為太緊所以無法把腹部拉回核心，結果就是小腹突出。在下一章中，你將學到一個基本活動方法，能夠讓髖屈肌再恢復次正常運作，把你的小腹縮回腹肌後方的正確位置。

　　除了美觀的問題之外，當你太常久坐，就會引發一連串的不良後果。

- 骨骼虛弱——久坐是導致骨量減少（骨骼變薄）以及骨質疏鬆症越來越常發生的原因之一
- 心臟、胰臟和大腸器官損害
- 肌肉衰退
- 賀爾蒙問題（僅僅久坐一天就會降低你的胰島素反應）
- 背部問題（椎間盤壓迫、脊椎僵硬）
- 腿部循環不佳（靜脈曲張）
- 整體而言，久坐會增加罹患糖尿病的風險高達 112%、罹患心血管疾病的風險高達 147%、癌症風險 29%，以及各種原因的死亡率 50%。

即便你每天運動一小時，卻無法彌補過度久坐所帶來的所有傷害。幸虧，即使只花十分鐘將靜態時間改為從事中度至劇烈活動，就能夠大幅減少腰圍，更別提它還能帶來其他好處了。讓我們來對抗久坐所帶來的傷害，持續朝你的使命目標努力，擊敗老化和提早死亡。

擊潰提早死亡

整體而言，體能活動能夠讓男性降低 30% 的提早死亡風險，女性則是42% 至 48%。在三十八項研究當中，每一項都顯示從事體能活動的女性比那些活動力少的女性更長壽。

適度運動就足以預防提早死亡，雖然高強度運動能達到更佳的短期效果。從長期的角度來看，兩者都是有益的。

- **現在開始是否太遲？** 如果你等到六十五歲以後才開始健身，是否已經太遲？那些六十五歲以後才開始變得活躍的女性，在死亡率方面依然是有幫助的。所以即使你已經七十歲，而且從未運動過，想要延緩提早死亡永遠不嫌遲。萬歲！
- **如果我很胖怎麼辦？** 即使你的體重過重，運動依然能夠降低你提早死亡的風險。雖然能夠擁有苗條的身材且運動是最佳選擇，但肥胖又不運動才是最糟的。此外，運動也能幫你變瘦，甩去多餘的體脂肪。

活動的動機

運動的一個好處是，你可以把囤積在腹部和皮下（皮膚下方）組織的醜陋白色脂肪轉化為近似那些位於頸部和肩膀，有助於燃燒熱量及發熱的有益棕色脂肪。白色脂肪會增加你罹患糖尿病和心臟病的風險。運動能夠縮小白色脂肪的大小，並且最終將它轉化為米白色（兩者的混合）。

運動也會改變上千個基因的表現。某些活動會啟動長壽基因，像是 ADRB2 這種基因能夠回應運動進而調節你的體重改變。當你每週運動超過三小時，你就能夠啟動 APOA1 這種和高密度脂蛋白（HDL），也就是好膽固醇的生成相關的基因。

我有一群良好的遺傳變異體——LPL、PPARD 和 LIPC——這些基因在耐力運動方面能夠帶給我額外的好處，所以我需要中強度的長時間散步和健行，才能完全善用發揮我的 DNA。幸運的是，我的健身夥伴和我一樣擁有相同的耐力基因，所以我們是很理想的搭檔。無論你的基因組合為何，本章中的運動都能夠啟動和關閉那些在抗老方面最關鍵的因素，讓你能夠真正常保一顆年輕的心。

▋女性不運動的十大理由（及其反論證）

如果我們都知道運動對身體有益，為什麼 88% 的美國人都不運動呢？或許很多人和我一樣——我真的不愛。我天生就對運動無動於衷，而且總是有更想要做的事。運動，尤其是那種很難的，像是混合健身（CrossFit）或任何高強度間歇性訓練，真的讓我感到精疲力竭。有些人對運動的反應很好，他們會變得精瘦而苗條，但我不是那種人。每週六天，我運動得很努力，真的非常努力，而你看看我的身體就知道，我跟那種整天躺在沙發上的沙發馬鈴薯根本沒兩樣。所以我何苦呢？

以下就是我聽過女性為何不運動的十大理由，以及那些激勵我繫上慢跑鞋的鞋帶或出門去上 barre 課的反論證。

女性不運動的十大理由
（及其反論證）

❶「沒時間。」
Rx 在你的一天中擠進一些小活動，因為每一分努力都算數。嘗試從事一些小運動，例如在講電話時來回走動，或是在煮咖啡時跳個兩分鐘的舞。理工男把這類運動稱為「非運動性的熱量消耗」（NEAT），也就是說，坐立不安、來回踱步以及把車停遠一點走路回家都是讓你能夠多消耗一點熱量的方式──這些全都算是運動！

❷「很容易就覺得無聊。」
Rx 讓運動計劃更多變化。試試「菜單法」，從清單中挑選出一道最適合你當下口味的「菜」：Zumba、barre 課、氣功跑步（Chi running）、混合健身（CrossFit）、氣功。從事那種感覺比較像在玩耍而非為了明確目的而做的運動。

❸「早上很難爬起來。」
Rx 從事時間較短的運動，在午餐時間運動，或是在下午或傍晚找朋友一起去。

❹「這樣會忽略家人。」
Rx 帶他們一起去。激勵孩子們和你一起去健行（聽說過地理藏寶嗎？），或是拉你的伴侶跟你一起去上瑜珈或舞蹈課。

❺「下班後太累沒力。」
Rx 下午五點之後，當我已經失去意志力，我覺得用「如果／那麼」這種句子告訴自己還有其他選擇對我而言很有幫助，例如我會說「如果我太累，那麼我可以和我丈夫一起在夕陽下散步」。

❻「笨手笨腳、沒能力、不知道怎麼運動。」
Rx 上課，或是找一位健身教練。不要去上那種進階嘻哈舞課，那只會讓你感覺更糟。相信我，我從個人經驗學到 barre 課很適合沒有運動細胞的人。如果你對重量訓練、伸展方面一無所知，去上基礎班或新生班。

❼「生病（或受傷）。」
Rx 你可能需要找一位可以幫你適應以符合個人需求的運動專家。把重點放在制定學習目標上，而非表現目標。不要在短期間內做太多。放自己一馬。

❽「不能持之以恆（或堅持到底）。」
Rx 研究顯示，當你「一開始想要貫徹到底」後來卻突然失去動力，這時最好把重點放在立即獎勵上，像是更有精力、壓力減輕以及心情變好等。問責制，也就是和一位搭檔或家人一起運動，也能夠讓效果雙倍或三倍加乘。舉例來說，無論晴天或雨天，我每個星期日都會和我的朋友喬一起跑步。

❾「流汗很噁心。」
Rx 兩個字：吸汗。搜尋關鍵字像是「除臭神器」或「彈性透氣」。購買高科技的透氣運動衣，並選擇那種讓你比較不會流汗（或不會注意到）的運動，像是游泳、快走以及 barre 課。

❿「懶惰。」
Rx 你需要問責制，像是找一位健身搭檔或教練，並且在你精力最旺盛的時候安排運動。你可能也需要偽裝出自己對運動感興趣，直到它變得真實為止，就像十二步驟戒癮方式中說的：「表現出假裝你……」

長壽之窗：靜止心率

運動除了能帶來那些明顯的益處之外，活動也能影響你的心率，而心率則會影響你的健康壽命。我的丈夫大衛最近在加州聖地牙哥北部的一個 spa 一路跑上山，把我和其他二十位賓客遠遠拋在後面。當時甚至還不到早上七點。我丈夫有短跑運動員的基因，而許多奧運選手的爆發力就是該基因所編碼的。我並沒有短跑運動員基因，我有的是「算了我們去吃早餐吧」基因。來度假幹嘛這麼辛苦？度假的目的不就是要藉機放鬆，並且回想我們當初為什麼結婚的嗎？我們何不泡一壺綠茶，然後看看報紙順便按摩一下呢？

當我丈夫在前面快跑的時候，我一邊氣喘吁吁一邊以我的心臟所允許的最快速度，在陡峭的山坡上往上爬。我身邊的那些女性一個比一個有趣，其中包括一位索諾瑪生物動力葡萄酒園的老闆，以及一位來自巴西的肥皂劇演員，但我實在喘得根本無法交談。

大衛這輩子都是個運動健將，但我不是。他有一種很強的生理適應能力，叫做「運動員心跳過緩」，簡單說就是他的靜止心率很低，因為他的身材一直很健壯，並且擁有不可磨滅的肌肉記憶。運動員心跳過緩，有時又稱為運動心臟症候群，在那些每天運動超過一小時以上的運動員身上很常見。如前所述，即使當我丈夫不是在良好的有氧狀態下，他的心臟依然維持著多年來在橄欖球場和田徑場上的記憶。我們甚至測量過，當我丈夫晚上上床以及在睡眠中，他的心跳大約是四十五上下。我的心跳則是屬於正常的，持續在六十幾下，或是當我壓力大的時候則是七十幾。

大衛今年五十六歲，因此他的最高心率估計大約是每分鐘一百六十四下。這表示他的心跳上下的範圍較廣，讓他能夠面對眼前的挑戰，像是騎自行車直奔惡魔山（Mount Diablo），那時他的心跳約為一百六十到一百六十五之間，而且他感到自己很強而有力。相比之下，當我接近我的最高心率時，就會氣喘吁吁而且覺得自己快死了。（最高心率只是參考。有些人，像我丈夫或是一位二十五歲的短跑運動員，在運動時可以全力以赴，甚至超越

他們計算出來的最高心率，完全不會出問題，而且還會感覺很棒。其他那些沒有那麼健壯的人則會出現胸痛或疲勞。用自己的感覺來指引你，並且謹慎追蹤你在運動時各個階段心率時的感受。）

想當然爾，靜止心率是衡量長壽的指標。這很合理，因為你的心臟越有效率（也就是你的靜止心率越低），它持續跳動的能力就越強。因為心臟的跳動次數也是有上限的。

那天在 spa，大衛追著一位身材非常健壯的三十歲女性健身教練一路跑上山。一個小時之後，在吃早餐時，大衛對我露出一個燦爛笑容。當時的我依然氣喘吁吁，他說：「那個帶頭跑的教練，她的靜止心率是四十二，而且每次我幾乎快要趕上她的時候，她總是有辦法加速跑在我前面。她不肯跟我說話，也不肯告訴我她的策略。她還訓練了她丈夫參加海軍陸戰隊。真是太棒了！」他稍微停頓一下，或許是在想我為什麼花了這麼長的時間才走完，然後他又小聲說道：「明年，我一定要事先鍛鍊一番贏過她。」

顯然地，我嫁給了一個夢想當海軍陸戰隊員的男人。我一邊吃著菠菜歐姆蛋，一邊想起 barre 班上的同學席薇亞，她的靜止心率是五十五。

很多科學家都相信人類一生中的心跳總數是一個固定的數字，所以效率就代表長壽。（每個人的實際心跳總數估計為二十二萬下。）賀伯特・J・列文醫師（Dr. Herbert J. Levine）發現在動物界中，心率和壽命之間有直接關聯：靜止心率越快，壽命就越短；靜止心率越慢，動物就活得越久。這個結果足以讓他集思廣益，創造出「你這輩子心臟跳動的次數可能是天生固定的，可別太快用光了」這樣的金句。

健身訓練能夠讓你的心臟得到更多血液，更有效率地傳送至肌肉，並且是在心率更低的情況下。的確，降低靜止心率或許就是運動能夠延年益壽的其中一個道理。稍後在本章中，你將學到如何計算你的目標心率以及最佳範圍。

▌第三週的科學原理：活動

現代人都知道運動可以減輕壓力、增強肌肉、保養心臟和肺部，並且釋放快樂大腦化學物質腦內啡，但其實還不只這些。根據我的經驗，很多人運動的理由都是錯誤的（通常都跟幻想能夠減重有關），但留下來的理由則是正確的：運動後的感受——改善了精力、心情（來自腦內啡）、因為運動而對自己產生良好感覺，以及大腦功能。或許你厭惡運動，但你熱愛你的健康，而且也夠聰明，知道你需要運動才能呈現自己最好的一面。這不僅只是個理論，而是已經被科學證實，尤其是那些找到自己喜歡的運動的人。

如果你只想知道該怎麼做，不想迷失在科學原理中，請自行跳過往前閱讀，翻到療程章節，開始改變活動和運動的方式，來延長你的健康壽命。

多少運動量最好？

目前，體能活動指南建議你每週進行一百五十分鐘的中度體能活動，每週七十五分鐘的劇烈活動，或是兩者合併的等量活動。但量確實很重要，而且不見得越多就是越好。

我就讀大學的時候，經常改變我的運動方式。我會每週四次以同樣的速度奮力地跑四英里，然後感到無聊又改跳凱西・史密斯（Kathy Smith）的健身操幾個月，然後又換成每週四次、每次一小時的重量訓練，有空時每週還會打一次壁球。然後我開始划船，再次遵循我的每週四次的習慣：每週四次長達一小時的劇烈划船練習。我有個最要好的朋友，她的母親的運動計劃就比較規律：一週五天，在二十到三十分鐘內跑完兩英里。這種簡單又固定的運動方案令我感到耳目一新，而且其實她這麼做還真抓到重點了。

在運動和健康壽命方面，適度才是王道，原因就出在「報酬遞減法則」。即使是運動形式也可能有影響。關係曲線似乎是呈 U 型的，而這表示不動的人和劇烈運動的人表現最糟，適度運動者則表現最佳，至少對慢跑者而言是如此。至於我朋友的母親，她一週五天、每次兩英里的慢跑，讓她降低了 44% 的死亡率。兩項新研究建議，在慢跑和跑步方面，每週跑一至兩小

時，理想上拆散成二十到三十分鐘、二到三英里的訓練，似乎效果最佳。更大量的極端運動像是馬拉松、超級馬拉松以及全程鐵人三項競賽，都可能導致心臟中毒（對心臟的傷害）。

針對細胞中生理計時器端粒──也就是染色體上穩定基因體的「帽子」──所進行的研究顯示，適度活動似乎最能夠保護端粒長度。此外，經研究顯示，每週二至四小時從事適度和高強度的運動對女性的端粒長度有益。運動更多，對端粒長度並沒有額外的好處，因此適度運動就足夠了，而這也是我的建議。

要如何找到正確的運動量呢？死亡研究建議每週從事一至兩小時的適度活動，而端粒研究顯示每週二至四小時是有益的。所以，對一個普通人而言，運動量應保持在每週二至四小時。如果你的狀況特殊，只要根據自己的感覺調整即可。我丈夫每週騎十個小時的自行車（每週三天騎一個小時健身腳踏車，週末則到外面騎好幾個小時共兩次）而且感覺很棒，當他在為下一次的百哩自行車賽訓練時，則會騎更久。對他而言，那是適切的運動量。對我而言，每週三次瑜珈、一堂 barre 課、每天散步，加上我和喬一起跑步，這樣就差不多是適合我的運動量了。

何種運動？

一般來說因人而異，雖然平衡有氧和肌力訓練都是很重要的。對普通女性而言，根據有限的端粒長度測量資料顯示，瑜珈、徒手健身以及任何有氧運動都可能是最好的選擇。快走、游泳、皮拉提斯以及騎自行車也不錯，雖然在目前最大型的研究中並未達到統計顯著性。在功能醫學上，我們會根據每個人的狀況來調整藥方，而非採用一體通用的方法。雖然每週五次短距離慢跑對我朋友的母親很有幫助，但你可能更適合每週四次的有氧皮拉提斯課，或是在大自然中健行。

我經常被問到關於更年期後婦女走路和骨質密度的問題，而這就是事實真相：走路能夠改善髖關節的一小部分，但不會改善骨架的其他部位。所以

想要達到最佳骨質密度，結合肌力訓練和快走是很好的選擇。一項整合分析發現，那些從事綜合阻力訓練（高衝擊有氧搭配阻力運動）的女性在髖關節和脊椎的骨質密度方面有最大的改善。

女性由於比男性更容易罹患骨質疏鬆症，可以定期從事負重運動（每週二至三次用手握啞鈴、懸吊訓練或舉重機）或是瑜珈——是的，瑜珈也能增強肌力（雖然針對更年期後女性骨質密度的數據資料好壞參半，但瑜珈能夠減少骨吸收，同時也能帶來其他健康效益）。定期從事肌力訓練能夠增加你的骨質密度，有助於對抗可能導致骨質疏鬆症的賀爾蒙和代謝變化。一項研究招募了一群七十歲以上的人，每週從事兩次阻力訓練長達六個月。這些可憐的傢伙在研究一開始以及肌力訓練六個月後，都做了肌肉活體組織切片檢查並呈交了結果，所以請認真看待這些重要的結果，不要讓他們的貢獻白費了。聽說過肌肉活體組織切片嗎？看過第二次肌肉活體組織切片的結果之後，研究人員發現有五百九十六個基因還原至更年輕的狀態，顯現出來的青春活力就和控制組中那些二十多歲健康活躍者所提供的肌肉活體組織切片一樣。

肌力訓練也會增加肌肉量，讓新陳代謝保持活躍，進而改善身體燃燒脂肪的能力。這也就是為什麼隨著年齡增長，肌力訓練如此重要的原因。如果你想要燃燒腹部脂肪或內臟脂肪，並且挑戰前言中所提到的肌肉因素，請開始做下犬式。在一項發表於《更年期》（*Menopause*）期刊的研究中，十六位平均年齡為五十五歲（平均體脂肪至少三十六）、健康但肥胖的更年期後女性，被隨機安排每週三次做一個小時的瑜珈，或是分派到無須從事任何運動的控制組。十六週後，瑜珈組取得了以下出色的結果：

- 體重減輕，因為體脂肪大幅下降（尤其是會讓你老化的內臟脂肪），而淨體重（能夠延長健康壽命）也增加了
- 腰圍變小（女性腰圍大於三十五英吋是可怕的代謝症候群的指標之一）
- 脂聯素（會燃燒脂肪的賀爾蒙，如果你有基因 ADIPOQ 的變異體，

它就比較容易偏低）值改善

- 膽固醇型態改善（更多 HDL 好膽固醇，總膽固醇值、LDL 壞膽固醇及三酸甘油酯下降）
- 血壓、胰島素、血糖及胰島素阻抗降低

另一個燃脂策略就是加強你平時有氧運動的強度——但不是持續，而是間歇性的。在一項 2008 年所進行的研究中，二十七位過重的女性，平均年齡五十一歲，平均 BMI 為三十四，在從事一連串高強度的有氧運動之後，比那些沒有運動或只從事低強度有氧運動的女性，縮小了更多腰圍並且減少了更多內臟脂肪。高強度運動能夠調節 mTOR 基因，讓你的身體分泌更多生長激素，進而幫助你減少內臟脂肪。間歇式訓練或爆發式運動能刺激你的長壽基因，在適當調節下，該基因能改善那些讓你的肌肉收縮及努力運動的蛋白質。大腦中的 mTOR 基因能改善學習和記憶。心臟中的 mTOR 有助於重塑心臟肌肉，讓它能夠更有效率地跳動，同時流量更大，靜止心率也能更低。無論性別或年齡，mTOR 對肌肉（骨骼和心臟）收縮的影響是相似的，所以任何時候開始都不嫌遲。

在間歇性斷食後，使用爆發性訓練來從事任何一種運動都可能有利於長壽。研究顯示當你在斷食期間劇烈運動五至三十分鐘，就有可能重整mTOR。間歇式斷食能關閉 mTOR 基因，而該基因很可能會因為失調而導致加速老化、癌症及阿茲海默症。除了調節 mTOR 基因之外，運動還能提高你的胰島素受體敏感性、控制好你的血糖，並幫助你增強肌肉。間歇式斷食搭配高強度運動的組合，能促進生長激素以及一種叫做鳶尾素的賀爾蒙，誘使白色脂肪表現得像棕色脂肪並且增強肌肉。

以下是幾個幫助你達到此目標的方法：快走兩分鐘，然後慢跑兩分鐘交替（總共二十分鐘），或是快騎自行車一分鐘，然後慢速騎一分鐘交替，總共騎三十分鐘。

原理是讓你肌肉的機械敏感性受體——也就是監控肌肉運動速度和強度的感應器——超載。你的運動目標是運用針對性、聰明的超載，緊接著搭配

適當和積極性休息。請勿從事高強度運動超過四十五分鐘，因為那會提高氧化壓力和皮質醇，也就是會加速老化的耗損賀爾蒙。（如果你是一位耐力運動員，你需要額外的措施來對抗氧化壓力和過高的皮質醇值。）

　　提到基因以及能夠啟動這些基因的運動方式，其影響力是十分巨大深遠的：運動能夠在七千六百六十三個基因上的一萬八千個地點，帶來甲基化改變。我的目標是要你對基因和運動之間的相互關係大概有個概念，而不是要你去記住每個基因（請參閱附錄中所列舉的部分重要基因表格）。無論你的基因組合為何，運動都能啟動重要的促進長壽基因，並且關閉縮短壽命基因。基因眾多族繁不及備載，但以下是關於運動的五大要點。

1. **關閉胖子（FATSO）基因。** 我和朋友艾莉森為了慶祝她四十歲生日一起去度假。我們每天運動，和閨密一起運動實在好玩多了，因為我們都想要藉由劇烈運動來關閉胖子基因。的確，保持輕盈的體重、讓體脂肪維持在理想值或許有助於讓負責飽足感的賀爾蒙瘦素正常化，進而廢除 FTO 所帶來的負面影響。

2. **提升胰島素敏感性和好膽固醇。** 幸虧我們可以用運動來關閉糖尿病基因。研究人員發現，擁有 LIPC 變異體但活動的女性，和那些擁有同樣遺傳變異體但不活動的女性相比，或許更能夠提升好膽固醇（HDL）值，同時心臟病發的次數也較低。

3. **改善甲基化。** 即使只有運動一次，就能夠改善甲基化。強度更高的運動能夠導致更多甲基化和其他表觀遺傳模式的改變，讓你的肌肉能夠更佳吸收血糖並且變得更加強壯，帶給你更苗條的身材。你在運動上越能持之以恆，細胞就越能適應，幫助你維持血糖、增加肌肉量、承受老化，並且常保年輕。

4. **降低血壓。** 我的家族有高血壓病史，但我遺傳到了解決方案：運動。EDN1 基因是為內皮素 -1 編碼的——一種強而有力的血管收縮物質。如果我不活動的話，我的 EDN1 遺傳變異體就會讓我更容易罹患高血壓，而且不只是我有這個問題，21% 的歐洲血統人、41% 的南亞血統人士、19% 的非裔人士以及 14% 的拉丁裔人士都有此變異體。只要我持續運動並遵循我的抗老療程，我的血壓值就能維持正常。

5. **做出明智的選擇。** 我檢視患者的基因體已經很長一段時間了，而我從未見過任何人是無法從中距離耐力運動中受益的。我的朋友喬和我每週日都會短跑／步行六十分鐘，然後接著上九十分鐘的瑜珈課（我們

花了好幾年才訓練我們的丈夫配合這種奢侈的習慣）。跑步／步行讓我們能夠迎頭趕上對方並且互相指教，瑜珈則拉長了我們的髖屈肌。在兩個半小時之後，我們都朝向好妻子和好母親的目標邁進了一步！

▌數不清的好處

在過去二十年中，關於女性運動，我們得知了許多重要且有時違反直覺的事。以下是研究顯示能夠從運動中受益的幾個部分。

認知。運動能讓你維持聰明更久。事實上，睡眠和運動是對抗阿茲海默症（我們會在第十一章中詳述）的兩大利器。六十五歲以上的女性在體適能方面名列前四分之一的人士，比那些體能不佳的女性較不容易出現認知下降的問題。較年長的女性長期從事定期和更高程度的活動，有助於提高認知表現並減少認知下降。重點：多走一點路，就能讓你保持頭腦清醒。

以下是一些關於運動如何維持認知能力的理論：

- 體能運動能維持大腦的血管健康——意思是更順暢的血液流動和更佳的氧氣供給，讓你能夠更好地思考。
- 證據顯示胰島素和與阿茲海默症相關的 β - 類澱粉蛋白斑塊之間的關係。有氧活動可能有助於胰島素阻抗和血糖不耐症，進而導致斑塊數量減少。
- 在老化的過程中，健身或許能直接維護大腦的結構和生長。

自主神經系統。在廣大的神經系統中，有一個部分負責某些自主身體功能，像是心率、呼吸以及消化。自主神經系統中有一半和「戰鬥、逃跑、凍結不動」（fight, flight, or freeze，也稱為「戰鬥或逃跑」）有關，另一半則和副交感神經系統有關，負責「休息和消化」。健康長壽或許需要特別仰賴副交感神經健康狀態的維持，因為它經常在八十多歲的時候會開始衰退。如前所述，精英運動員的副交感神經健康狀態較佳，讓心率也較低。你可以檢查自己的靜止心率、心率變異性（HRV，也就是每次心跳之間的時間），或是

運動後的心跳次數恢復，來輕鬆測量你的自主神經系統功能。接下來的幾頁會詳盡探討這一點。

安適感。雖然把安適感說成是運動得來的結果或許有些模稜兩可，但一項為期三十二年的研究量化了安適感和休閒時間活動的效應。當女性增加或減少她們的體能活動時，在她們的安適感上就會出現相對應的改變。不活躍的女性在安適感方面低落了四至七倍。

肌膚更緊實。有些會受到運動影響的基因甚至和皮膚有關。運動能讓你的肌膚保持年輕，即使你後來才開始運動，也可能逆轉鬆弛和其他形式的肌膚老化現象。你或許照鏡子時已經發現，外表會因年齡而改變，導致皺紋、透明、魚尾紋以及鬆弛。大多數的這些變化是因為除了其他老化因素例如日照傷害之外，年齡也會影響不同層的肌膚。當你邁入四十歲後，肌膚的最外層，也就是角質層，就會增厚並且變得乾燥、脫屑和密集。隨著年齡增長，表皮會失去一些膠原蛋白，但相較之下依然維持在無恙的狀態，而下方最底層的肌膚，叫做真皮，則會開始變薄。不過並非每個人都會這樣。如果你有運動習慣，你的外層肌膚就不會那麼早開始增厚，而你的內肌膚也不會變薄！

單腳騎車帶來的驚人效益

你可以藉由騎自行車來改變上千種基因的表現。瑞典卡羅琳斯卡學院（Karolinska Institute）的研究人員設計了一項出色的研究，旨為觀察運動所帶來的表觀遺傳改變。他們追蹤了二十三位年輕男女用單腳騎車（One-Legged Bicycling）三個月之前和之後的變化。

單腳騎車者必須以中速每週騎車四次長達三個月。換言之，每個人都是自己的控制組：一條腿在運動，另一條腿則沒有，而兩條腿都會接受活體組織切片。（我無法想像受試者在三個月之後一條腿很健壯但另一條腿卻被忽略的模樣。他們應該拿了不少錢！）來自那條有運動的腿上的DNA，有超過五千個位置都出現了新的甲基化模式。在上千個肌肉細胞基因上，基因表現大幅增加或改變了，包括那些控制胰島素敏感性、能量代

謝及發炎反應的基因。整體而言，這些改變是透過相對短時間的耐力訓練來讓肌肉變得更健康、更實用。對你而言，這意味著減少腹部脂肪，並且在一天中隨時都能感受到活力和能量。

麥馬斯特大學（McMaster University）的運動醫學教授馬克・達諾波斯基（Mark Tarnopolsky），讓一組年齡二十歲到八十六歲習慣久坐的人開始運動。受試者每週兩次，只需運動三十分鐘，從事慢跑或以中度至劇烈速度騎自行車（達到 65% 的最大心率）。在三個月後，研究人員發現較年邁的受試者的皮膚看起來就跟研究中那些二十歲至四十多歲的人一樣。

所以到底是什麼原因造成這些和年齡相關的肌膚變化得以逆轉？某些肌肉激素，也就是運動中的肌肉所釋放的蛋白質，會進入血液中，並且在運動前後會升高。你的皮膚會運用這些肌肉激素：皮膚獲得越多肌肉激素，就越能保持年輕。

好眠。運動會讓身體發熱，所以之後當你的體溫下降時，就可能有助於產生高品質的睡眠。幾項小型研究都顯示早晨運動是最有利的，理想上是在下午一點之前。其他針對較多人口所進行的數據資料則顯示時間點可能不太重要，只要找出時間運動就對了！

和老化更相關的是，對於那些有睡眠問題的中年和老年人而言，為期十至十六週的訓練方案可以適度改善睡眠。整體而言，那些從事運動的人能夠較快入睡，而且比較不需要藥物協助。具體的訓練方案如下：

- 每週三到五次在跑步機或自行車上從事中強度的有氧運動三十到六十分鐘，達到 50% 到 75% 的最大心率
- 每週三次從事六十分鐘的高強度阻力訓練
- 每週三次從事四十分鐘的太極

現在你知道運動能帶來的一些好處，以及所有能夠身體力行的方法，從本週開始，讓自己動得更聰明、睡得更沉穩同時減少發炎反應吧。你現在沒有藉口了。

<table>
<tr><td align="center">**太極**</td></tr>
</table>

太極應該要得到更多關注，它對於有睡眠問題的人士而言是最好的一種運動。太極是一種中國武術，可以說是動態式的冥想，能夠透過輕盈的流動式動作來促進寧靜，並可能提升睡眠品質、睡眠效率以及覺醒，同時也可能延長你的睡眠時間大約四十八分鐘。對於有失眠問題的乳癌生還者，太極有助於降低發炎反應。

第三週療程：活動

從準備階段開始（第四章），請你每週四天開始運動二十至三十分鐘。你應該更加完善你的目標，而且開始養成運動習慣永遠不嫌遲。肌力訓練能促進長壽，即使是九十多歲的虛弱老人也一樣！在八週的高強度訓練後，肌力增強了 174%，大腿中段肌肉也增加了 9%，而且他們連走路的速度都加快了 50%。

當你在決定該選擇哪種運動時，最重要的考量是自己必須喜歡。如果可以的話，試著到戶外去。

在你開始之前，請先計算你的最大心率（MHR）以及你的心率訓練區。在搜尋引擎中輸入「目標心率計算器」，就可以找到好幾種不同強度（或百分比）的心率計算方法。以下是如何自行計算的步驟：

- 用 220 減去你的年齡。
- 根據你的目標，可以選擇在綠色（最大心率的 70% 至 80%）、橘色（最大心率的 80% 至 90%）或紅色（最大心率的 90% 至 100%）區域進行鍛鍊。以我為例，220 – 49 = 171 最大心率。所以我的區域為：
  - 綠色區域（中度）是每分鐘心跳 119 到 136 下（bpm）。
  - 橘色區域（劇烈）是 136 到 154 bpm。
  - 紅色區域（最高強度）是 154 到 171 bpm。

現在輪到你了：

220 – _____（你的年齡）= _____（最大心率〔MHR〕）

綠色區域：0.7 * MHR_____ – 0.8 * MHR_____

橘色區域：0.8* MHR_____ – 0.9 * MHR_____

紅色區域：0.9* MHR_____ –   MHR_____

在中度（綠色）區域運動能改善有氧適能，在劇烈（橘色）區域運動能改善表現能力和運動後耗氧量，讓你在運動後能夠燃燒更多熱量。短暫將運動量提升至橘色或紅色區域（三十秒到最多三分鐘）進行高強度間歇式訓練，將有助於提升表現和速度。在中度至劇烈的程度運動則經證實能夠促進長壽。

運動的心率訓練區

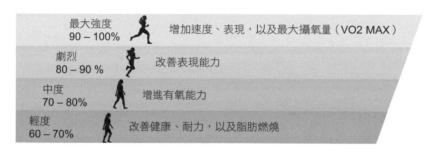

以下就是你第三週的範本計劃。接下來的七天，請盡可能遵照這些指導方針去做，並且注意運動和你的基因及賀爾蒙值相互作用之下所帶來的改變。

基本流程

- **少坐。**即使你從事的是辦公桌工作，至少每四十五分鐘就起來走動一次。在你的智慧手機上設定計時器，或是配戴能夠測量站立時間的追蹤裝置。每坐一個小時就起來狂跳一分鐘的熱舞。去買一張站立式辦

公桌或一台跑步機辦公桌，並且每天使用（我在寫這本書時走了超過兩千英里。）

- **多動**。制定目標，在你的自然韻律中加入一些小運動。當你在講電話或站在商店裡排隊的時候，練習五十次的踏步抬膝。上完廁所後做十二下伏地挺身。重點是找出可以運動的時刻，而非只是出於紀律而被迫做一些毫無樂趣的事。請在本週每天加五分鐘的新運動在你固定的運動計劃中。

- **每週二至三次從事爆發式訓練**。這是一種讓你專門練習快縮肌肉纖維的運動。穴居人通常都會從事爆發性的運動，像是快跑到河邊去取水然後把一桶水扛回部落、揹著一個生病的嬰孩慢跑到鄰居住處求助。我們的身體在爆發式訓練中能夠表現良好，然後在一至三分鐘的中強度運動中恢復。訓練方式有很多種，選擇你覺得最合適的方式。爆發式訓練可以用於有氧運動（例如在小徑上間歇性地交替短跑和慢跑）或舉重（舉啞鈴，例如在一分鐘內用良好的姿勢盡可能屈臂彎舉多次，然後休息一分鐘）。其他例子包括：

  - 快走三分鐘（在 1 到 10 的出力評級上大約是 6 或 7 的程度，或是綠色區域，也就是你最大出力的 70% 到 80%），然後用三分鐘正常步行速度交替

  - 氣功跑步搭配間隔衝刺，或是正常跑步搭配三十秒的衝刺

  - 高強度間歇式訓練搭配啞鈴或有氧（健身車、滑步機、跑步機），用二到三分鐘的中等速度和一到兩分鐘你可以做到的最大速度交替

- **在爆發式訓練後，喝一杯恢復性飲料**。它能增加肌肉量並且讓 mTOR 保持在關閉狀態。僅適用於從事爆發式訓練（每次訓練至少四到五個爆發式動作）或至少三十分鐘的劇烈訓練的人。結合蛋白質和碳水化合物的巨量營養素經證實非常有效，即使是老年人。但請在運動後四十五分鐘之內飲用，最好是運動完立即飲用。不要加糖。最理想的配方是 10 到 40 公克的蛋白質（我建議一般女性攝取 20 公克）、7 公克

以上的碳水化合物（我建議女性攝取 10 到 20 公克），以及最多 3 公克的脂肪。詳見「資源」章節中的建議。

- **持續進行第一週和第二週的流程。**包括在十點前上床睡覺，並且睡七到八個半小時。

- **安排並且花足夠時間讓身體恢復。**我曾經以為「恢復」指的是上完瑜珈或跑步之後不會全身痠痛；或是距離我上次狂健身已經過了二十四小時；又或者恢復指的是當我又可以開始運動而不會感到渾身不適。但原來我根本對恢復這件事一無所知。它的目的其實是要激起起體內全套的修復機制：縫合那些微斷裂的肌肉、撫平那些糾纏成結的肌膜、重新恢復粒線體的健康，讓你能夠充滿活力，而非感到精疲力盡或疲勞過度。適當的恢復能夠讓你的賀爾蒙保持平衡，好讓你的腎上腺不會過勞，進而拖垮你的性賀爾蒙和甲狀腺。「恢復」的正式定義是修復在運動期間所損毀的組織的能力、重建肌肉、為身體提供功能性的復原，讓你能夠預防受傷、在情緒和心理上恢復活力，並且覺得自己已經準備好可以面對並超越下一次的表現。

過去，我一直在限制我的恢復，而我不知道你是否也如此。如果你一週運動五天，那麼最基本的恢復指的是，在一連串運動和兩天休息之間的二十四小時。如果你每週運動四天，你就休息三天。對我而言，週末是我最努力運動的日子，而週一和週五則是我的休息日。

恢復讓你能夠從氧化壓力中得到療癒，而你可能會也可能不會感受到疲勞和肌肉痠痛。但恢復其實有更深一層的意義。廣義來說，它是要你去注意細胞所傳達的訊息，以及內在的聲音，而非讓你的自尊心去支配一切。我的自尊心要我過度運動並且不要花太多時間恢復，而這也註定會帶來傷害、痙攣以及讓粒線體變得衰弱。不要讓這種事發生在你身上。恢復的另一個任務是傳遞身體給你的訊息——你的左骶髂關節疼痛（對我而言，這表示痙攣就快發生了，而我必須啟動我的釋放流程，關於這部分將在第八章中介紹）或是你右膝部位的劇痛。諷刺的是，我在擔任住院醫師時，經常告訴自己去忽

略那些警訊，因為那時根本沒空去照顧自己，而我是近年來才開始學習聆聽和感覺身體在恢復過程中所傳達給我的這些神聖訊息。

如果你想當一位能夠啟動和關閉正確基因的恢復女神，可以在進階項目部分學習關於心率變異訓練。對許多健身愛好者而言，測量心率變異是一種最容易、最客觀、最好的方法，來衡量身體是否準備好可以受訓——它能告訴你，神經系統是否已經準備就緒可以接受另一波的刺激。

營養補充品

除了間歇性斷食和高強度的間歇式訓練之外，食用支鏈胺基酸（BCAA）也可能幫助你調節 mTOR 活動。在你進行高強度運動同時，將 BCAA 加水飲用，或是以口服營養補充品的方式攝取。一般劑量為每天 3 至 8 公克。支鏈胺基酸補充品成分應該要含有亮氨酸，異亮氨酸和纈氨酸。請參考「資源」章節中推薦的品牌。

進階項目

- **測量你需要花多少時間跑一英里。**可以用跑步機或在田徑場上跑。如果你不能跑步，可以改用慢跑的形式，進行間歇式的步行和慢跑。兩項在德州進行的研究顯示，你可以根據在中年跑一英里的速度，來預測你老年時罹患心臟問題的風險。研究人員檢視了 66,371 位人士的體能狀況，發現一個四十多歲的人跑一英里所需花費的時間，和膽固醇值或血壓一樣能夠準確地預測心臟健康。另一份研究則認為一位五十多歲的女性可以在九分鐘之內跑一英里的話，其體能狀況是相當良好的。如果她花十分鐘半跑一英里，體能狀況就算是普通。如果她得花超過十二分鐘，體能狀況就算低下。目前，你只需要紀錄你跑一英里所花費的時間，並且制定目標逐漸進步。
- **寫週記並且記錄你的運動 —— 或許甚至還可以包含代謝當量（MET）。**這樣做的目的是讓你為自己的行為負責，同時建立基線作

為進步的起點。代謝當量可以用來比較不同活動的相對強度。使用追蹤器紀錄步數或心率或許也會有幫助。使用健身器材像是滑步機、跑步機或健身車，是測量代謝當量最容易的方法。一個代謝當量等於 1 大卡／公斤／小時，所以對理工人來說，這是針對不同體能活動的能量消耗一種直接的計算方式。睡覺的代謝當量大約是 0.9，走路則大約是 3 到 4 個代謝當量，從事園藝工作是 5 個代謝當量，性愛大約是 6 個代謝當量，而跑步則是 8。

所以，想要估計一位體重 150 英磅（68 公斤）的女性在三十分鐘的園藝工作（5 MET）中能燃燒多少熱量，計算方式是：燃燒的熱量 ＝ 5 METs × （68 公斤）× 0.5 小時 ＝ 171 大卡（也就是常說的卡路里）。你可以用以上的公式來估計任何活動的體能消耗，只要你知道該活動的代謝當量。在本週請你制定目標從事 7.5 個以上代謝當量一小時的活動。

- **找出你的最大攝氧量（VO2 max）。** 當你在運動的時候，呼吸的力度以及能夠吸入的最大氧氣量是有上限的。這就是你的最大攝氧量。它會傳送含氧的血液到你的肌肉，以便讓它們達到最佳表現。藉由測量你的最大耗氧量（VO2）和心率，你就可以根據你的有氧和無氧閾值，來計算你的目標心率區域。或許更重要的是，你可以為你的最大攝氧量制定一個基線，長期追蹤並且避免退步。在這項測試中，你會在一項計分的運動測驗中戴著一個面具呼吸，而測試則會蒐集你的生理表現數據資料。許多健身房都提供這種測試，而且是在認證教練的監督下進行。

- **測量你的身體組成，包括總體脂量以及淨體重。** 我喜歡用 Bod Pod 測量儀。首先你坐進一個像太空艙的密閉儀器內，儀器會開始調整空氣壓力，而你身體的排氣量則被用來計算身體組成、靜止代謝率（身體所需用以支持基本功能的總熱量）以及總能量消耗（你一整天所需的總熱量）。Bod Pod 檢測的價格大約是六十至一百美元。

- **心率變異測量**。我先前提過，神經系統的交感和副交感之間的平衡，是你在老化過程中以及運動後恢復能力的重要指標。它的運作是這樣的：交感神經系統透過腎上腺素和去甲腎上腺素的分泌來控制你的心率，而這兩者會增加心跳變異率。你的副交感神經系統是透過乙酰膽鹼來控制心率的，而它則會降低心跳變異率。很多因素都會影響心跳變異率，包括呼吸率、血壓、溫度、壓力程度以及心態。如果你休息足夠並且在運動後恢復了，神經系統的這兩個部分就處於平衡狀態，而你的心跳變異率也會較高，理想上是大約介於六十至一百（越高越好）。心跳變異率的完整範圍是零至一百。購買一台無線的心率監測儀，並下載 APP，即可測量你的心跳變異率，來看看你的神經系統是否準備好接受下一次的體能挑戰（詳見附錄的「資源」章節）。
- **更常步行或騎車（別開車了）**。向第四章中的席薇亞看齊。她其實連車都沒有，但你不需要那麼極端。你可以選擇多走路、搭乘大眾運輸工具通勤，或是把騎車納入本週的活動流程中。多項研究顯示那些居住在較常採用「活躍式通勤或旅行」的市民，例如加拿大和荷蘭，能夠老得比較慢，而指標就是他們在糖尿病、高血壓、體重增加以及其他心血管疾病的罹患風險較低。活躍式通勤能帶來更多心理方面的好處，而且比開車輕鬆多了。

你的日常活動流程

下面列舉了一天中的活動流程，包括第一週至第三週的基本流程。這是我丈夫平日生活的規劃。你可以按自己的狀況自行調整。

摘要：第三週的益處

運動能改善上千個基因。用運動來改變你的基因指紋，靠流汗來讓自己

擁有更好的基因、更強的大腦、更令人滿意的睡眠以及更緊實的肌膚。

總結

真的，有這麼多關於運動的數據資料以及運動對眾多基因的好處，你實在沒有藉口再推拖了。任何年過中年的人在生活方式中都少不了這個重要元素。只要比現在多動一點，就能夠立刻看到改變。當你加入肌力和有氧的爆發式訓練時，你的身體、心靈以及心臟都會感謝你。運動能夠延長你的健康壽命，讓你好好享受後半輩子。

抗老療程
典型的一天：大衛

早上 7:00	起床、測血糖、用電動牙刷刷牙、喝茶
7:15	・吃早餐：通常是無麥麩的刀切燕麥、優格、莓果。 ・服用營養補充品：綜合維他命、黃連素、白藜蘆醇、維生素 D、omega-3 ・檢視睡眠追蹤器和靜止心率 ・洗澡刮鬍子，穿上制服（Lululemon 上衣和褲子、Hoka 鞋）
8:00	・去上班 ・使用站立式辦公桌、喝過濾水、或許畫幅油畫
正午	・自製一杯綠色冰沙來喝（詳見「食譜」章節） ・刷牙並使用牙線
下午 4:00	騎自行車、上飛輪課，或在健身房舉重、伸展
5:30	桑拿浴
6:30	吃晚餐，通常是大量蔬菜、沙拉、清淨蛋白質，最後會來塊黑巧克力！
7:30	家庭時間，看新聞或電子郵件
9:00	・送小孩上床睡覺 ・刷牙並使用牙線 ・和莎拉在一起和閱讀
10:00	上床睡覺，關燈

第八章

釋放——第四週

　　一般而言，理智的大腦可以推翻情緒化的大腦，只要我們不會
被恐懼綁架。但我們一旦覺得被困住、憤怒或被拒，我們就會變得
脆弱，進而可能開啟舊藍圖並且遵循它們所指引的方向。改變是從
我們學會「掌控」情緒化的大腦開始的。這表示學習觀察和容忍那
些傳達苦難和屈辱的心碎和痛苦的情感。只有在學會忍受內心的感
受，我們才能開始扶助，而非抹殺，讓我們的藍圖保持堅定不變的
情感。

——貝賽爾・范德寇（Bessel van der Kolk），

《心靈的傷，身體會記住》（ *The Body Keeps the Score: Brain, Mind,*

and Body in the Healing of Trauma ）

　　瑜珈課時，我悲慘兮兮地躺在地上。我們正在做第三組腹部運動，一個
叫做「星條震動」（star-spangled pulse）的運動。呸！我真討厭這個動作。我
用雙手捧著我放鬆的頸部，和往常一樣，我的頸部肌肉很緊。

　　我深吸一口氣，將上骶骨朝地板壓去，然後抬起我的尾骨。我一邊吐
氣，一邊將頭和肩膀朝天花板的方向仰起。我持續進行這些動作，吸氣，朝
內旋轉右腿將它舉向天花板，左腳保持踩在地板上。吐氣，將右腿伸向天花
板三次。換另一條腿重複這些動作。我應該要培養出節奏感才對，然而我卻
感到很笨拙。在此同時，腦海中持續出現一個越來越大的聲音：我討厭腹肌

運動！我要到何年何月才可以把這個動作做好？我為什麼在這裡？早上來上瑜珈課太奢侈了。我應該要在辦公室做我該做的事！

我的老師大聲說：「那些覺得很痛苦然後告訴自己等不及趕快結束的同學，你們該改變一下自己的心態了。因為你做腹肌運動的方式就是你過生活的方式，而且你可以讓它變得更好。」我深吸一口氣填滿整個肺部，一邊把老師的話聽進去。我開始對我的小腹和下背部的狀況稍微有了興趣，腦海中的聲音安靜下來，我的腿變得輕盈了些，而我那些緊繃的部位（頸部、骶骨和髖關節）也終於釋放了壓力。

俗話說得好：疼痛難免，但要不要受罪則是你可以選擇的——即使是做腹肌運動這種罪。這種由運動引起的疼痛對於開通那些長期受限且緊繃的髖關節、腰大肌、腰方肌及骶髂關節部位是至關重要的。我練瑜珈的原因之一就是它能讓我的肌肉和關節飽滿，而非僵硬、無法彎曲，甚至痙攣。其他理由則是瑜珈有助於讓端粒變長、神經生長因子變多、改善抗氧化狀態（因此更能夠抗拒氧化壓力）、減少發炎基因表現，以及增加健康壽命。

瑜珈能對抗我與生俱來的傾向。我是個凡事都過於執著的人，對高成就特別上癮。雖然現在的我已經懂得遵循其他不同的模式，但我依然會把自己累得半死。過去的我總是會在人生各方面把自己逼向極限，從瑜珈（總是試圖做每個姿勢最難的變化）到教育、職業生涯，甚至生孩子。我研究了布拉德萊分娩法（Bradley Method）並且把生產這件事看成耐力運動，就像跑馬拉松一樣。我的野心經常讓我變得孤立，而且陷入一個永不止息的循環，把我逼向受傷的邊緣。這也讓我的神經系統精疲力竭，令我的皮質醇和血糖值飆向紅色警示區。

我那無所不在的驅力在我的體內創造出一種慣性的待命模式。這些模式在梵語中叫做 samskara（因果業報），它們讓我無法享受人生以及瑜珈帶來的禮物。現在我會意識到要和自己的身體進行對話，對於人生中那些艱難障礙也不再忽略身體的求救而堅持硬撐到底。你或許也在不知不覺中讓自己無法去享受那些禮物，一邊抗拒著你明知道對你好的事物，不願花時間去放鬆

和釋放而因此活受罪。

我學會如何退一步海闊天空，多放鬆，釋放我長期的緊繃。更努力工作已經不再是我的重心。而是釋放，把握我想要的，並且淡化欲望。放開過去那些對我已經不再有利的補償模式。

體內的緊張和習慣性的緊繃會轉變為僵硬的關節和肌肉，最終導致老化所帶來的行動不便。在古老的瑜珈傳統中，啟動你體內的瑜珈鎖印（bandhas），能夠逆轉老化。學習伸展技巧、鎖印、自我調整，以及其他方法來釋放緊繃，並且提升你長期的行動力。以下是本週的療程中，你將藉由釋放來溝通的幾個最常見的基因：

- 你將關閉那些讓你容易受傷的基因，像是阿基里斯基因（金屬蛋白酶 3 或 MMP3）。

- 你將關閉那些讓你在粒線體上製造更多氧化壓力的基因，例如解偶聯蛋白 2（UCP2），一種會讓肌肉變得衰弱並且造成在前言中提及的肌肉因素。

- 你將關閉那些讓背部不穩定及疼痛的基因。兒茶酚 -O- 甲基轉移酶（COMT）被稱為是「企業戰士」（corporate warrior）基因，但如果你有這種基因的 met/met COMT 變異體，會讓你變得杞人憂天，而且可能會無法排除和壓力有關的大腦化學物質（例如腎上腺素、去甲腎上腺素以及多巴胺）。你可能在代謝雌性素方面也會有更多困難。COMT 基因會幫助你制定痛覺的門檻，因此那些有變異體基因的人較容易被診斷出罹患纖維肌痛症（一種慢性疼痛症候群）、下背部疼痛、偏頭痛、坐骨神經痛，或是在罹患腰椎間盤突出症之後行動不便。在足夠的釋放之後，你將能夠重新編碼你的 COMT 基因表現，如果你很容易因此而感到更多疼痛的話。

- 另一種能夠調節疼痛經驗的基因就是 BDNF，你可能記得那是為腦源性神經營養因子編碼的。換言之，BDN 和 COMT 都可能造成疼痛感劇增，讓你變得更敏感。

當然，在疼痛和僵硬方面，基因遺傳只是真相的一小部分——大約10%。你的基因如何表現，90%是環境造成的。基因的可塑性很強，而且會受到各種營養素和抗營養素大幅影響。把釋放想成是一種營養素吧。有了適量的釋放，你就能夠改善受傷後的恢復時間、清除身體壓力以免它在日後行動不便、增加活動能力的範圍，並且促進呼吸道健康。

瑜珈和皮拉提斯相信：「脊椎的年齡就是你的年齡。」或者如約瑟夫・皮拉提斯（Joseph Pilates）所說：「脊椎有多柔韌，人就有多年輕。」多數人的脊椎都動得不夠，導致我們在活動能力範圍、骨架平衡以及因年齡而形成的行動力衰退。這是現代化生活所帶來的種種限制：開車、久坐、使用電腦、閒坐在椅子和沙發上、背著大包包。這會讓你變得僵硬、身體不平衡，並造成姿勢不良。大多數的人都不會注意到，直到某一天早上醒來感到僵硬不已，才發現自己在一夜間老了十歲。

我真希望我可以說「專心做十分鐘的瑜珈伸展，能夠抵銷你開車三十分鐘的通勤或在辦公桌前坐六小時所帶來的傷害」。事實是，我們必須更明智地安排我們的一天——經常多做一點伸展、重新調整，以及釋放——才能修復那些侷限的姿勢和受限的動作所帶來的傷害。

▌它為何重要？

如果你更深入去探索，會發現每天的壓力都在深深腐蝕我們的心智、心靈和身體——在肌肉、骨骼、韌帶、肌鍵、關節、脊柱，以及在細胞的周圍和內部。身體一直都在朝向更穩定、更良好的平衡努力，也就是體內動態平衡——這是個別的生理力量之間的一種相對平衡狀態。在我大多數的患者身上，平衡點通常是偏向過度的損耗，而非偏向生長與修復。

大多數人在過度損耗方面所感受到的是緊繃、肌肉疲乏以及關節疼痛。我們在鏡中看到的發炎反應是臃腫、腹部脂肪和脹氣，以及疲勞的雙眼。即使你的肌肉在上完瑜珈課或按摩之後還算放鬆，你依然可能會用負面思緒、

想要成功的壓力，以及對日常生活中無可避免的瑣碎壓力產生的反應，讓你的身體出現化學性的緊繃。就我的情況而言，這會讓我下背部和骶髂骨疼痛。而你可能會出現椎間盤問題、坐骨神經痛、髖關節退化、膝蓋疼痛、脊椎側彎、免疫系統功能障礙、消化系統問題、難以順暢深呼吸、腎上腺耗盡、情緒困擾，以及絕望。你的目標是要預防提早過度使用你的身體，如此一來就不需要替換你的髖關節和膝蓋，或是在七十多歲時不會一邊爬樓梯一邊覺得自己很老。

從頭到腳常見的慢性緊繃部位

- 下巴
- 頸部
- 上斜方肌、肩膀
- 呼吸道橫膈膜
- 腰大肌及其他髖屈肌
- 下背部
- 髖關節
- 骶髂關節
- 骨盆隔膜
- 髂脛束
- 四頭肌
- 大腿後肌
- 跟腱（特別容易受傷可能和遺傳有關）
- 雙腳

　　想要瞭解釋放的重要性，你就必須知道究竟是什麼原因造成了限制。這全都和筋膜有關——這是身體的一個系統，像是一件緊密交織的生理毛衣。

筋膜是包圍在所有細胞外，由纖維和液體等物質所組成的活組織。筋膜從頭到腳是以一個連貫、滑移的構造存在的，包覆著皮膚下方的一切，從肌肉、神經到內臟（例如心臟、肺、腸道、大腦以及脊髓）。筋膜將肌肉串連起來，好讓它們可以組織化地同時活動。事實上，我不會把身體想成是由六百道不同肌肉組成的，而是一塊被切割成六百個筋膜單位的肌肉。

當你健康的時候，筋膜是很放鬆且呈波浪狀的，就像一件有荷葉邊的毛衣。它很柔韌，可以隨需求延展和移動。理想上，筋膜應該要像一層絲綢一樣在你的其他組織上滑動。儘管如此，肌肉、筋膜、肌腱、韌帶、關節、神經以及器官卻都可能會卡住，因細緻或增厚的沾黏而造成傷害，形成疤痕組織、讓肌肉打結、限制行動範圍、減少血流量，並且導致發炎反應和疼痛。而這些都是經由筋膜相連的。所以你下巴的緊繃很可能會影響身體的其他部位，例如靠近髖關節的腰大肌。

當創傷發生時，例如車禍，筋膜會失去彈性，可能變得受限，也可能成為全身緊繃的源頭。頸部和上背部的肌肉，在頸椎過度屈伸時受到傷害，就可能會產生疼痛，降低關節和軟組織的活動度，以及造成功能變差。簡單地說，肌肉會變得又短又僵硬，然後喪失功能。就好比是一塊膠布黏在毛衣上，讓它無法再隨意彎曲和伸展。這種在肌肉上以及筋膜附近的疼痛叫做肌筋膜疼痛。

當身體內部的結締組織陷入困境，或是開始失去功能時，老化的過程就會加速，而你也會開始看到蛛絲馬跡：皮膚上的皺紋、視力變差、肌肉協調不佳，以及跌倒和骨折等等問題。或許你已經察覺到因為受傷，例如肩袖或大腿後肌受傷而導致的活動障礙所引發的緊繃讓你寸步難行。行動不便會讓你喪失肌肉量和進一步老化，更別提不方便和疼痛了。結果是，大多數的人多多少少在肢體上都受到限制——你的背扭傷了，你的脖子無法轉動，你的肩膀需要動手術。

你的橫膈膜也可能會緊繃，而我們希望它能保持柔軟並且能夠有效率地乘載負荷，以便幫助你呼吸。腰大肌——又稱腹部肌肉，像是直肌、橫肌和

斜肌——都可能會被鎖住。如果橫膈膜或腰大肌被卡住了，軀幹這個神經肌肉單位就會變得不再井井有條。一般而言，當你的脊椎、關節、肌肉以及組織都固定在原處時，你的身體可能會試圖彌補，進而導致喪失功能和位置不穩。恢復的過程可能會比以前久，造成你在運動期間或之後可能會因為過度訓練但表現不佳而感到疲倦。

長期待命和緊繃模式的原因

我們先從肌肉和關節緊繃的主因開始談起，然後跳到一些簡單又實用的釋放方法，讓你可以隨時隨地自行處理。

創傷、手術及發炎反應都是輕微至中度肌筋膜受限常見的原因，但一般的 X 光或 CT 掃描很難檢查出來。其他時候，緊繃則是因過度使用造成的，或許是來自某個肌肉為了彌補受傷、衰弱或弱點而接管其他肌肉或神經的模式。有時也可能是身體為了回應先前的弱點而自我防衛，例如有人必須擒抱三百磅重的橄欖球隊員（然後又被他們壓倒在地），正如我丈夫在高中時期做過的事。你的身體會記住那種肌肉記憶，一直重溫受傷的那一刻，直到你有覺醒和工具去打破那個循環。我在偶然的情況下發現，在我的筋膜受限部位施以輕柔而持續的壓力，可以讓筋膜和肌肉延展，有時候甚至一次就夠了。

我因為在 barre 和 TRX 懸吊訓練課上做過頭而出現筋膜受限和疼痛，而那或許也和乳酸堆積過多以及姿勢不正有關，尤其是當我在第二節課感到疲勞導致姿勢不良的時候。兩年前有一次我昏倒撞到頭，之後我的頸部右側就出現肌肉夾痛。我的一些肌肉痙攣和舊撕裂傷有關，有些則和氧氣不足有關，因為我受限於胸腔而不常深呼吸。日常壓力讓我的上斜方肌收縮並讓我的頸部肌肉緊繃，雖然我已經不再坐在辦公桌前寫東西了。

我們身上都有不平衡的肌肉組織、長年累積的小撕裂傷、習慣性緊繃、微創傷，以及遲早都會出現的身體功能障礙。如果不予理會，它們可能會像

滾雪球一樣演變成大問題。所以如果你沒有找到舒緩緊繃部位的解決方法，最好和你的醫師一起檢視那些可能會帶來永久性肌肉和關節疼痛的常見與罕見健康問題：

- 扭傷、拉傷、撞擊，或其他傷害
- 電解質問題
- 維生素 D 過低
- 感染（流感、單核白血球增多症、萊姆症）
- 粒線體功能障礙
- 纖維肌痛症
- 橫紋肌溶解
- 肌肉營養不良症（三十種遺傳性疾病，會損害和讓肌肉變得衰弱，導致肌肉量流失）
- 皮肌炎（一種結締組織疾病）
- 風濕性多肌痛（老年人的發炎性疾病）
- 體溫過低或體溫過高

（請注意：你和醫師務必先排除可能造成筋膜疼痛的嚴重原因，才可以開始徹底投入釋放療程。除非你先解決潛在的生物化學異常問題，否則你有可能無法百分百受益——而這也是功能醫學更深層、全面的治療方式。）

任絲卡的警世故事

「我父親當年就是在我這個年紀過世的。」任絲卡低聲說道，聲音脆弱而清晰，在我心中引起了共鳴。我們搭飛機要去洛杉磯度週末。她的話讓我想到，我們其實都想要過得比我們的父母好，至少在健康方面。你從小就有幸目睹雙親一生中的老化過程，而這份知識將幫助你善加規劃。

任絲卡的父親過世時不但肥胖而且罹患心血管疾病，他是在接受第三次心臟繞道手術的時候死於手術檯上的，享年四十二歲。她決心要體驗不同的

命運，在飲食、運動及心態方面都格外謹慎。然而有時候她會運動過度，因為她像我一樣也是個極度有野心的人。以下就是個好例證：這個週末我是她的行李員，因為在六個月前，她由於肩袖撕裂而動了手術。不像我丈夫是在一場大膽的滑雪板意外中撕裂他的肩袖，任絲卡是因為完成鐵人三項全程競賽外加參加一週五天的體能訓練營，慢慢地弄傷了她的肩袖。她的傷是累積而來的。在幾個月的過程中，她漸漸發現自己再也無法有正常的運動表現。她的骨科外科醫師解釋，她的肩膀是那種比較容易受到撞擊和傷害的。

貧窮、虐待、離婚、恐懼、偏執狂和及疾病一直存在於她的家族病史。她的母親在二次大戰期間曾被囚禁在一個日本集中營數年。他們也有力量、膽識和勇氣，而任絲卡遺傳到了不少，尤其在她恢復期間特別看得出來。

我問任絲卡，自從肩膀受傷之後她的健身方式有什麼改變。她回答：「現在我才發現，我在手術之後尋求並且給予自己的關懷與照護，或許正是我在手術之前需要的。我認為我的『肩膀』上扛了很多負擔，但我也發現我可以放掉很多。」

我和任絲卡是在孕婦瑜珈課上認識的，當時她懷著第一個女兒，而我則懷著第二個小孩。任絲卡目前在北加州經營一家非營利食品產業加速器組織。這是一個新創組織，所以她一整個週末經常都在打電話，回覆公司和家裡的問題。

這是任絲卡一生中第一次被迫面對肢體受限的狀況。她有更多時間「做自己」而非「做事」。這很適合她。過去她一直覺得自己需要每天去上飛輪課或體能訓練營來維持身強體壯，自從受傷之後，她對力量有了新的領悟：「力量是從哪裡來的，如果不是以純粹體能的形式出現的話。」她浮誇地問：「如果我喪失了部分體力，我是否依然擁有同樣的內在力量呢？」我們都同意答案是肯定的。

有時候，身體發送出來的訊息不易察覺。如果你因為太忙而沒有聽見，它們就會變得更大聲。或許要等到你的手臂完全廢了，連一杯茶都拿不起來，你才會聽見失去功能的肩膀所發出的吶喊。有時候，給你當頭棒喝的是

那種完全被擊敗的感覺。不要等到吶喊的聲音變大，仔細聆聽那些輕聲求救訊號，才能預防你的身體部位發出更多絕望的訊息。

靠瑜珈來釋放

瑜珈是我用來釋放筋膜和肌肉組織最喜歡的方式，不過不是隨便什麼瑜珈課對我都有效。我練習並教授的一種瑜珈是由安娜・泰戈・佛瑞斯特（Ana Tiger Forrest）所發明的，她也是《猛藥：用突破性的實踐來治癒身體和燃動心靈》（*Fierce Medicine: Breakthrough Practices to Heal the Body and Ignite the Spirit*）這本回憶錄的作者。這種瑜珈就取名為佛瑞斯特瑜珈（Forrest Yoga），全世界各地都有老師在教授。安娜・佛瑞斯特是一位特立獨行的六十歲國際瑜珈教師，她對於老化有一套新的理論：「在我們的文化中，對老化這件事抱持著一種極度負面而且貶低的態度。我要提供給你工具，讓你去創造一個全新範式，讓我們在老化的同時，可以體現和塑造出豐富精神之美，而非一張沒有皺紋的臉。」

當我問她身體部位長期緊繃有多糟的時候，她以一貫的直白態度回答：「當能量阻塞的時候，物質就會阻塞。它會以疼痛、疾病、憂鬱症的形式出現。去練瑜珈，去感受你的情感，去吃高活力的食物，阻塞就會暢通，腦霧也會消散。人生會變得值得探索。」安娜的家族有漫長的遺傳疾病史，包括肥胖、精神失常、自殺、癌症、心臟病發作。委婉地說，她的成長過程也很坎坷。她釋放了長期緊繃的部位，好讓精神能夠和體內的每一個細胞融合，因為在她的哲學中，緊繃的部位會阻礙精神讓它無法進入。（我知道這聽起來很抽象，但似乎很有道理。你可以改用能量、活力或生命力來取代精神，如果這樣比較能理解的話。）

莫琳的見證

　　我最近聽過一個關於釋放的故事，主角是一位有兩個孩子的女性。莫琳因為患有梅尼爾氏症（Meniere's disease）而臥病在床。這是一種內耳疾病，其症狀為眩暈、耳鳴、耳朵有腫脹或壓力感，以及起伏不定的聽力下降。她第一次出現症狀是在二十五歲的時候。

　　當她一開始有症狀時，她的傳統醫師給她開立了抗生素，並且診斷她罹患的是良性陣發性姿勢性暈眩，這是一種和梅尼爾氏症很相似而且無藥可醫的病症。最終，她被確診為梅尼爾氏症，但她很快就發現傳統西方醫學並不能提供太多解決方式。她的梅尼爾氏症持續發作，而且糟糕到當她四十四歲時，每個月都會有兩次衰竭性的發作。她試過很多療法來治療梅尼爾氏症，最後是顱薦椎治療——一種精準但溫和的手觸療法，能夠釋放全身各處的受限的部位——搭配低發炎反應的飲食（無小麥、低穀類、中等分量蛋白質、中等分量脂肪、少吃糖，以及大量的綠色蔬菜及其他蔬菜），有助於刺激淋巴循環的運動（例如在一張迷你彈跳床上反彈跳躍和健行），以及幾種能夠治癒她慢性症狀的營養補充品。

　　在莫琳第一次去做顱薦椎治療評估的時候，理療師在莫琳骨盆底的結締組織上觀察到附著其上複雜的緊繃狀態。數十年來筋膜一直處於待命模式，來自於受傷、慢性發炎、姿勢不良及壓力，導致她的骨盆在拉扯她的呼吸道橫隔膜，一直延伸到口腔底部和下顎，或許還造成她中耳的液體停滯，阻礙了頸部和頭顱的自然活動。釋放骨盆底的緊繃壓力是首要之務，雖然那距離她感受到症狀的部位很遙遠。一旦她的骨盆變得更加平衡且靈活之後，身體就開始釋放那些造成眩暈和聽力下降的長期存在的模式。經過了幾個月，隨著身體逐漸釋放那些緊繃，她學會了更多自我療癒的方式，同時也有更多精力能夠照顧自己。

　　莫琳告訴我：「制定並遵循一個專門為我的需求量身打造的療癒方案，不僅讓我能夠緩解梅尼爾氏症和耳鳴的症狀，而且四十一歲的我感覺比這輩子任何時候都要好。即使在知道怎麼治療之後，我的身體還是花了很長一段時間才消除過去累積的傷害，重新學會健康的功能運作。我依然時時刻刻在療癒和進步，真的沒想到我的身體可以表現得這麼好。我真的

對人體的運作感到心存敬畏，它的能力遠比我們想像的強太多了。」莫琳的新日常變得更好了。

即使是最輕微的緊繃都必須釋放，因為它能夠預防不必要的老化和緊張。釋放能夠讓你的身體進入恢復性的階段，使它的功能能夠更有效率、效能和優異，讓你的血液和淋巴循環系統提供新鮮的營養素，並且排除毒素和其他來自體內環境暴露的生物化學副產物。你可以重新養成正確的活動習慣，釋放滯留能量來提升你的表現和生命力，維持肌肉量以減緩老化，讓自己保持活躍和靈活，直到你嚥下最後一口氣。

我發現當我身上那些緊繃的部位都鬆開了之後，真的感到很輕鬆。我不再有顳頜關節（TMJ）疼痛或下背部痙攣。我學會如何運用不同的身體部位來釋放累積和抑制的能量，以便將來能夠再度充分利用它。現在我也希望你可以辦到。很多時候，光是靠伸展——尤其是大多數人花在這件事上的時間都太短——不足以釋放長期的肌筋膜緊繃。

保養你的髖屈肌

在前一章中，我承諾過要告訴你一個基本動作可以幫助髖屈肌恢復正常，並且讓小腹縮回腹腔的束縛中。你的髖屈肌是一組肌肉——縫匠肌、闊筋膜張肌、股直肌、恥骨肌、短收肌、腰大肌、髂肌——這些肌肉會收縮以便將大腿和軀幹連結起來，就像在仰臥起坐時一樣。如果你不停鍛鍊但方法不熟練，可能會讓髖屈肌變短而且緊繃，例如從事腹部運動、騎自行車、蹲身或是久坐。

最大且最強而有力的髖屈肌就是你的腰大肌，它連結著下背部椎骨和股骨。你的腰大肌又強又深，有人把它稱為「靈魂的肌肉」。它的直徑可以和你的手腕一樣粗。如果腰大肌過緊，你就可能罹患脊椎前彎症，也就是下背部（腰）出現下凹——這個問題經常會造成下背部僵硬和疼痛，以及腰椎關節面關節炎。當腰大肌虛弱時，就可能造成錯位，導致大腿後肌

緊繃和腰椎較為扁平以及垂直骶骨（而非中立位的下脊椎以及稍微向前傾的骶骨）。當你喪失中立位脊椎的正常彎度，施加負荷時你的下背部就會變得虛弱，而你也更容易受傷，尤其是那些椎間盤。

腰大肌有一種協同肌肉叫做髂肌，它負責連接骨盆內盤和股骨。腰大肌和髂肌合作如此密切，有時甚至被合稱為髂腰肌。這些肌肉共同負責髖部的屈曲作用，以及內部與外部的轉動。你的目標是逐漸為髖屈肌暖身，然後拉直、伸展，並且將它們拉長。我最喜歡用一種瑜珈動作來釋放髖屈肌，它結合了蝴蝶式和橋式（梵語：仰臥 baddha konasana ，朝上抬起做 setu bandha sarvangasana）。

- 平躺，腳板合起，膝蓋向外彎曲平放在地面或用枕頭支撐。
- 捲起尾骨，將骨盆抬起離開地面。這會讓骨盆向後傾斜，有助於拉長你的髖屈肌並放鬆下背部。
- 盡可能向上彎起——可能是一英吋，也可能是十英吋。持續將恥骨朝肚臍的方向抬高。緩緩地往下降，然後再往上抬高做五次，抬高時吸氣，放下時吐氣。這樣做能夠逐漸為髖屈肌暖身，傳達訊息給那些肌肉表示你正在關注那個部位，注入能量與意圖。
- 現在將你的骨盆往空中抬高，維持這個姿勢持續五輪的呼吸。隨著你的髖屈肌漸漸拉長和釋放，你或許能夠抬得更高更深，最終讓下背部、中背部以及上背部都離開地面。
- 重複做三至五次。

以下這份簡短的清單列出了一些療法，你可以自己做或請合格的專業人士為你進行，目的在釋放緊繃的部位並且重新恢復全面功能：

- 伸展——運動前的伸展可以較為劇烈，平常其他時間則較為靜態
- 皮拉提斯

- 瑜珈
- 用泡棉滾筒或球（網球或長曲棍球或其他在「資源」章節中所提及的表面帶有紋理的球）進行自我肌筋膜釋放
- 歐普拉的新歡：阻力彈性訓練，這是你可以自行練習的
- 冷凍療法
- 針灸（著重筋膜經絡間的能量流動）
- 按摩（著重於肌肉正位）
- 顱薦椎療法（CST）
- 骨架正位（牽引、脊骨療法）
- 創傷釋放（輕敲法，又稱「情緒釋放技術」；快速眼動療法〔EMDR〕；壓力和創傷釋放練習〔TRE〕）
- 其他（主動釋放療法；費登奎斯法〔Feldenkrais〕；安奈特班尼爾法〔Anat Baniel method〕；雅慕娜身體滾動技法〔Yamuna body rolling〕）

第四週的科學原理：釋放

　　釋放是一種藝術，也是科學，但遺憾的是，目前缺乏嚴格的支持證據。這並不表示釋放不值得你花時間去做。每天在工作上，我都會看到長期肌肉緊繃的問題，以及它如何加速老化。我注意到很多患者，尤其是我丈夫，會先從過度使用一個肌肉群開始，例如上斜方肌，最終導致姿勢不良、其他肌肉失健，以及活動力和功能的喪失。我自己深深地在瑜珈的體位法（asanas）、鎖印和淨化法（kriyas）中體驗到釋放的力量，但我卻沒有在醫學文獻中看到其功效被廣泛記載。釋放這種結果是很難在實驗室的環境中被測量的，因此我必須仰賴更多以經驗為依據的知識和體驗，來鼓勵你釋放習慣性的緊繃，好讓你可以在功能更良好的狀態下運作。在本章的科學原理部分，由於缺乏確鑿的數據，我們將探討我所觀察到的一些對健康壽命影響最

深遠的方法。即便如此，我明白對於抱持懷疑態度的人而言，他們可能得大膽地選擇相信。我的朋友，現年三十八歲的尼克，就是一個很好的例子。

尼克‧帕里茲（Nick Polizzi）是一位天賦異稟的電影製作人，也是紀錄片《神聖的科學》（*The Sacred Science*）的導演兼製作人，他在二十五歲左右就深受頻繁的偏頭痛所苦，每一次偏頭痛來襲，都會讓他二十四小時無法工作。他對於那些會影響他心情而且只有一半時間管用的強效處方藥感到厭倦。

有一天，當他的偏頭痛發作時，他接到朋友尼克‧歐特納（Nick Ortner）打來的電話。他剛學會輕敲法，又稱「情緒釋放技巧」（EFT），雖然尼克一直說他痛到無法講電話，但他朋友就是不肯掛斷。歐特納在電話上教他輕敲法。當尼克追蹤他的疼痛來源時，他發現了一個早已忘記的童年時期創傷。他體驗到極大的情緒釋放，然後他的疼痛就在那一次療程中完全消失了。

輕敲法並非能夠讓每個人都經歷如此驟然的釋放，但根據我個人的經驗，我發現當我困在情緒或身體問題上的時候，它通常很有幫助。輕敲法既簡單又安全。EFT 經證實能有助緩解來自緊張性頭痛的疼痛。請參考下方列舉關於輕敲法在科學實證上的好處：

- EFT 能降低焦慮、憂鬱和皮質醇，這些都是造成體內緊張的生物化學因素。
- 對於患有纖維肌痛的女性，EFT 能降低疼痛和焦慮並增加活動力。
- 在一項系統性回顧中發現，EFT 能改善壓力後創傷症候群（PTSD）、恐懼症、考試焦慮症及運動表現。
- EFT 經證實比橫膈膜呼吸、漸進式肌肉放鬆、聽一場鼓舞人心的演講，以及支援群都更有效。

骨科醫學博士約翰‧奧普雷則（John Upledger, D.O.）是顱薦椎技術（CST）的發明人，他非常瞭解釋放的重要性：「所有有效療癒法的共同祕密武器，就是以誠實和真實的自我發現方式來引導患者。這種自我發現對

於自我療癒的開始和延續是必須的。唯有透過自我療癒──相較於治療方法──患者才能體驗永久的復原和心靈的成長。」奧普雷則博士描述的不僅只是一種技巧，重點是當你在療法中找到折衷，透過釋放那些對你不再有利的肌筋膜模式來啟動自己的療癒力量，積極創造休息和新生的過程，那就是最佳的療癒。也就是和奧普雷則所說的身體內在醫師產生連結。

起初我心存懷疑，但我在自己身上所見證到的，從此讓我深信不疑。

實用肌筋膜自我療法

伸展

本週你能做的最好的一件事就是開始養成每日進行釋放技巧的習慣。大多數的人都同意伸展是件好事，畢竟它能夠促進靈活性以及活動度，並降低你拉傷的風險。不過那也是大家唯一的共識。你應該伸展到什麼程度、每個伸展動作應該停留多久，以及每週應該伸展幾次等，這些都不是很清楚。遺憾的是，針對伸展所進行的完整研究比其他類型的運動或活動還少，因此證據也有限。儘管如此，我們仍能下幾個定論，好讓你可以促進平衡、預防跌倒，甚至緩解關節炎以及背部、膝蓋和髖部的疼痛。

- 健康成年人應當從事靈活度方面的運動，例如伸展、瑜珈或太極，每週至少二至三次，所有的主要肌肉群都要運動到，包括頸部、肩膀、前胸、軀幹、下背部、髖部、腿部及腳踝等。
- 在針對每個肌肉／肌腱群的伸展動作上停留六十秒。伸展應該是輕輕拉扯，但不會造成劇烈或放射性疼痛。
- 在一天中隨時進行伸展，除了運動前──沒錯，規則改變了。靜態式的伸展，例如觸碰腳趾頭，已經不再是建議於運動前從事的活動，因為它可能會導致受傷，而且也無法預防痠痛，同時可能阻礙最佳肌肉表現。相對地，專家建議在運動前從事動態伸展──以一種能夠拉長肌肉和結締組織的方式活動──像是做一組十次或二十五次的開合

跳。

- 如上所述，請務必在運動後進行伸展。

自我肌筋膜釋放

以下就是我們對自我肌筋膜釋放的瞭解。短期而言，自我肌筋膜釋放可以使用泡棉滾筒或網球進行，它能提升靈活度並減輕肌肉痠痛，同時又不會損害運動表現。自我肌筋膜釋放對你關節的活動度很有幫助，而且在運動後進行效果最佳。自我肌筋膜釋放也可能改善動脈和內皮細胞（形成各種血管內壁的細胞）的功能，同時也可能強化副交感神經系統功能，對於恢復很有幫助。但話說回來，自我肌筋膜釋放在提升靈活度方面是否能夠產生長期助益則不是很清楚。對於下背部疼痛的人而言，從事橫腹部位（一塊深層的腹肌）的自我肌筋膜釋放，能改善腹部肌筋膜束縛系統的完整性，這對於脊椎穩定性極為重要。

我個人十分推薦進行橫隔膜自我肌筋膜釋放。你或許知道橫隔膜和最下方的六條肋骨相連，就像側腹橫肌牛排一樣。橫膈膜的末端穿過腰大肌與腰椎相連，這就是橫隔膜變短和僵硬可能導致肋骨行動力下降（並且感覺很難在呼吸時達到最大肺活量）以及下背部和髖部疼痛的原因。

筋膜瑜珈工作坊（Yoga Tune Up）的吉兒·米勒（Jill Miller）認為，橫隔膜受限會導致鎮靜神經系統變得困難。她建議使用表面帶有紋理的小球（詳見附錄的「資源」章節）或兩顆網球，將它們放在背部中央的位置。平躺在球上，球平行放置在脊椎偏左的地方。上下來回在上面滾動，直到你感覺到釋放的感受，然後在另一邊重複進行。在進行自我肌筋膜釋放時，請避免在骨頭或腫脹的組織上滾動。如果感覺到任何刺痛或神經突然出現貫穿全身的感覺，請立即停止。

由專業人士進行的肌筋膜釋放

你也可以尋求專業人士協助，為你進行其他形式的肌筋膜釋放。這不是一體通用的方法，你必須多方嘗試去找出最適合你的方式。通常最佳的釋放形式選擇會符合你所從事的特定活動和運動形式。有些形式是一般大眾較不熟悉的，包括冷凍療法、魯爾夫治療法（Rolfing）、脊骨神經醫學及顱薦椎療法（CST），我將在下一章中詳盡介紹。從科學的角度來說，某些恢復和釋放的傳統歷史非常悠久，包括降溫（冷凍療法）、按摩及敷壓，以便促進神經肌肉功能的重建。在這些療法中，冷凍療法在運動後可能預防或減輕肌肉痠痛，理論是它能限制通往受影響的肌肉的血流並且降低發炎反應，以便進行修復。

顱薦椎療法

我所接受的訓練要我隨時抱持質疑態度，但我發現顱薦椎療法（CST）是治療卡在肌肉組織中的問題最有效的方式。這是一種另類療法，能夠釋放受限的肌筋膜以及在脊髓周圍、顱骨和全身的液體，進而恢復身體機能。

兩年前，有一次我在站著的時候暈倒了，後腦勺和脖子撞到了爐面。之後的幾個星期，我一直頭暈腦脹、脖子僵硬，而且頭部會很奇怪地向右抽搐。一位按摩師建議我接受 CST 治療，而一位朋友則推薦我去找位於加州拉法葉市一位天賦異稟的顱薦椎療癒師羅萍‧薛爾（Robyn Scherr）。我對 CST 存疑，而且我知道科學證據有限，至少在標準醫學的眼中。

在第一次療程中，羅萍開始觸診我的左邊頸部。我已經解釋過，我的慢性疼痛是在右邊頸部，所以我以為她可能沒聽清楚。但當她更深地觸摸著我緊繃的左邊頸部時，我清楚地感覺到液體從左邊頸部釋放出來，就像是水球被戳破的感覺。

她看到我猛然睜開眼睛，問道：「你注意到什麼了嗎？」

「對。那是怎麼回事？」

「你剛釋放了一個能量囊胞（energy cyst），它就像是壓縮在身體某個部位的能量球。」羅萍解釋：「當能量以極大數量（或質量）進入身體時，身體就會試圖控制住它來適應這股能量的出現。它會將這雜亂無章的外來能量壓縮在一個小空間內，形成能量囊胞，這是身體降低干擾的方式。你的身體會避開這個能量囊胞，直到它有資源能夠去處理它，並且釋放那個傷害所帶來的影響。舉例來說，所謂的極大數量就是當你暈倒撞到的時候，那股進入你頭部和頸部的能量。這絕對是超出你身體當時可以處理的範圍。而極大質量的例子則可能是一種情緒。這也就是為什麼肢體上的小傷，如果和事件相關的情緒是很激烈的，經常都會拖得比較久。」

吊胃式（Uddiyana） 有助於促進釋放

兩萬五千多年前，《瑜珈經》（*Yoga Sutras*）中解釋了瑜珈是長壽的關鍵，特別是如果善用身體的能量鎖印的話。它的理念是：精通了鎖印的開啟和閉合，就能減緩老化。練習鎖印是釋放長期的待命模式、肌筋膜緊繃、甚至心理創傷。我最喜歡的是一個叫做「吊胃式」的腹部鎖印，梵語原意是「高飛或飛翔」。

這個練習是在吐氣後將腹部肌肉往上拉向脊椎，然後盡可能拉長吐氣的時間。如果懷孕或有任何以下情況請勿從事該練習：高血壓、心臟病、疝氣、青光眼、腸胃道潰瘍。

以下是吊胃式的入門練習法，先以坐姿進行，然後是橋式。

1. 稍微感受一下吊胃式。以舒服的姿勢坐著，雙膝彎曲。深深地吸氣和吐氣。將身軀往前拱。在吐氣結束後暫停一下，緊閉雙唇；下巴朝胸口收緊，然後收縮腹肌往上朝胸椎方向推去。在自己能力範圍內保持這個姿勢，從十秒到一分鐘。然後放鬆鎖緊的下巴，輕輕地吸氣。重

複做幾次。

2. 試著用橋式做吊胃式。平
躺在地上，雙膝彎曲，雙
腳腳板平放在地。吸氣並
抬起尾骨、下背部、中背
部及上背部做橋式。將肋
骨攤開深吸一口氣然後吐
氣，在吐氣後暫停一下不動，雙唇緊閉，下巴朝胸口收緊。將你的
腹腔壁和器官朝你的中背部抬起，感覺像是你在腹部造成一個真空狀
態。在自己的能力範圍內盡可能保持吐氣，從十秒到一分鐘。輕輕放
鬆鎖緊的下巴和腹部肌肉，然後吸氣。

3. 將腹部放軟，然後再重複做吊胃式二至四次。

藉由練習吊胃式，你將能喚醒未充分利用的休眠組織，像是最深肋
間肌以及深層腹部肌肉層。一旦學會如何練習吊胃式，你就能夠用盤腿坐
姿、海豚式，或是幾乎任何能夠讓橫隔膜自由活動的瑜珈姿勢練習。

在我聽來這些都像天方夜譚，但我實在覺得太不可思議了，我居然真的
感受到一個囊胞被釋放，而且我的脖子也能夠左右轉動更多了。我的脖子很
柔軟，而且也不痛了。對於 CST 我最喜歡的部分是：這些正面的轉變似乎能
夠維持不變。現在我已經完全從那次頭部受傷康復。我持續每隔一或兩個月
接受治療，如果我有哪些地方感覺比較緊繃就會更頻繁些，例如當我經常到
外地去的時候。

▌（當你安全的時候）感覺安全的重要性

身體習慣保持緊張的狀態，也就是處於「交感神經活動主導」或「戰
鬥或逃跑」狀態，目的是讓我們有所意識和保持警覺。當我們置身於危險
時，「戰鬥或逃跑」系統能夠救我們一命——例如讓我們逃離快速衝過來的

汽車──以及當我們在工作上面臨交件期限或在從事劇烈運動時，能夠驅使我們有更優異的表現。這種回應系統非常有用，而且是我們需要的。遺憾的是，當原始的危險消失後，神經系統卻沒有因此平靜下來（下調）。如果威脅消失後它就自動放鬆的話，那麼我們就不會保持在緊張狀態了！在我們的社會裡，大家都處於失衡狀態；我們大多數的時間都處於交感神經活動主導的狀態，這不但會讓身體老化，而且也沒有足夠的時間達到自主平衡，讓「休息和消化」、「照料和結盟」模式讓身體回復原狀。

多加注意並且細心照料我們的放鬆系統，以便和「戰鬥或逃跑」相抗衡。想要啟動副交感神經系統的健康狀態，你需要安全的地方讓自己放鬆；當你和身體治療師在一起時，你則需要安全的雙手，然後瑜珈才會有效，肌筋膜釋放才會有效，芳香療法才會有效。正如貝賽爾·范德寇在他的傑作《心靈的傷，身體會記住》中所言：「處遇（intervention）的成功是仰賴我們天生源源不絕的合作精神，以及我們對安全、互惠，和想像的天生反應。」

一旦我們意識到自己不再處於危險中，不再處於壓力下，而且不需要匆忙，我們就更能夠遠離「戰鬥或逃跑」進入「休息和消化」狀態，然後我們的身體就能夠製造那些讓我們柔韌、修復受傷部位，並且促進肌肉靈活性和組織彈性的物質。

瑪麗的見證：五十八歲的新任瑜珈老師

瑪麗在六年前因為壓力過大、思緒翻騰及失眠的問題來找我，因此我在她的療程中添加了口服黃體素和皮質醇管理（Cortisol Manager）營養補充品，兩者都有助於消除體內的緊繃以保持好眠。瑪麗生性就是個緊張的人，總是在擔心她的子女、經濟狀況，以及去當地學校的派對要穿什麼。她原本的全職工作是負責財務規劃和販賣證券，但後來工時實在太長，讓她無法兼顧子女的需求。她第一次上瑜珈是四十八歲那年，和朋友

一起買了團購課程券。她一向沒什麼運動細胞,所以每週只有精力上兩堂課,但是第一個月的瑜珈卻帶給她前所未有的體驗和感受。

　　「當時我家裡有三個孩子,而且婚姻非常不幸福。一個星期能夠花幾個小時在瑜珈墊上,帶給我美好又令人振奮的寧靜感。我愛極了那種心靈、身體和精神的結合。不到六個月,我就開始每週上四到五堂課,然後不到一年,我就已經一週七天都在上課了。我每天、每週,以及度假時,都是根據我什麼時候可以在哪裡上課來規劃的。不到四年,我五十二歲的時候,我成了兩百小時認證的瑜珈老師,開始在 YogaWorks 任教。」

　　瑪麗接著又取得了五百小時的瑜珈教師認證。從那時起,她便持續教授並練習瑜珈。瑜珈對她而言是釋放的一大主要來源:「在身體上,瑜珈對我的頸部和髖部影響最大。我過去二十年歷經過三次車禍,全都是從後面追撞,造成頸椎過度伸屈扭傷。瑜珈讓我的活動範圍恢復完好,並幫助我在這個部位能夠得到放鬆和釋放。」

　　瑪麗的健康壽命得分是八十五。

▌第四週療程:活動

　　當身體內部的結締組織被困住,或是開始喪失功能,老化就會加速。除了阻礙你的行動力和讓你壓力劇增之外,長期緊繃還會導致更多皺紋、肌肉不協調及視力衰退。所以就算你的身體已經有釋放受限管道的方法,請在本週選擇一種新策略來嘗試。你可以在運動前嘗試動態伸展、冷水浸泡法,或是去找一位顱薦椎療癒師。

基本流程

- **每天伸展(靜態或動態)至少十分鐘。** 每個主要肌肉/肌腱群都要鍛鍊到,包括頸部、肩膀、胸口、軀幹、下背部、髖部、大腿及腳踝等。花六十秒的時間從事每一個部位的伸展。如果你不知道該怎麼做,先從下方所描述的側彎瑜珈姿勢開始:

- 以舒服的姿勢盤腿坐著，雙腳保持活躍（勾腳背放在相反膝蓋下方）。如果可以的話請閉上眼睛，讓呼吸和緩，感受你的內在。
- 吸氣並朝天空的方向拉長脊椎；吐氣並將左手臂往頭頂方向高舉，手保持活躍，然後朝右邊側彎，同時將你的右手從右髖部旁邊往外移動幾英吋。
- 轉動你的左手，讓手掌心面向你，敞開你的手骨，從手指往外延伸拉長。
- 釋放兩邊的肩胛骨一直到背部下方。
- 吸氣並吐氣共七輪。
- 吸氣回到中間點，然後重複在左邊做同樣的動作。

- **進行自我肌筋膜釋放。**躺在一顆網球上做癱屍式（savasana），或是用泡棉滾筒在一個疼痛部位上滾動。我丈夫每天晚上九點半，在我們上床睡覺之前，都和泡棉滾筒有個約會。

營養補充品

很多人都缺乏有助於放鬆的礦物質，例如鎂。

- **鎂**能夠抗衡壓力反應、幫助肌肉放鬆，並且甚至可能助你好眠。有時候你的緊繃或僵硬是一種缺鎂的徵兆。體內有上百種生物化學反應都需要它。含鎂量豐富的食物包括海帶、紅藻、杏仁、腰果、巴西豆、胡桃、核桃、羽衣甘藍、蝦、酪梨和豆類。每天攝取三百至一千毫克，如果你有腎臟疾病，請向醫護人員諮詢。

進階項目

- **引體向上。**我每週會從事幾次引體向上運動，做法是懸吊在拉桿單槓上六十秒。Barre 教室通常有單槓可以在下課後借用，或是上網購買便宜的拉桿單槓。懸吊可以拉長你下背部的肌肉，重新調整矯正你的脊椎，並且增強你的握力，這在老化方面是很重要的一項指標。先從懸

吊三十秒開始。隨著你越來越強壯，可以嘗試六十秒或更久。如果你肩膀受傷或懷孕，請略過此運動。

- **冷凍療法**。有很多方式可以讓身體降溫，作為毒物興奮效應（接觸低劑量有害物質所產生的有益生理反應）的一種形式，例如冰冷或寒冷的溫度，但若劑量過高則可能會致命（造成凍瘡或可能死亡）。

  - 自我實驗者提姆・費利斯（Tim Ferriss）藉由泡十分鐘的冰水浴來促進睡眠，並且詳細記錄在他的部落格中，他描述這些冰水浴就像是「被大象鎮定劑射中一樣」。方法如下：從商店裡購買二至三袋冰塊泡在浴缸中，直到 80% 融化時，先開始浸泡下半身，然後剩下的五分鐘讓上半身也浸泡在冰水浴中。這樣做顯然有助於促進減脂，但我尚未在女性身上見到顯著效果。

  - 有些人對一項新時尚潮流的功效深信不疑：穿冰背心。《大西洋期刊》（*The Atlantics*）是這樣報導的：「一開始穿上背心的時候，你會覺得冷，不是那種無法忍受的冷，但是夠冷到你會思考：我的人生究竟何去何從？

  - 或者你可以委外取得低溫。我的朋友兼同事自然理療師亞倫・克里斯汀森（Alan Christianson, N.D.）深信冷桑拿能夠降低發炎反應。我試過幾次，覺得很有意思，但你之後會在第十章中讀到，我有一種基因會讓我在低溫下格外興奮，所以我並不是最好的研究對象。

- **情緒釋放技巧（EFT）**。你可以立刻開始用 EFT 來輕敲身體上的穴位，釋放緊張或創傷。在你輕敲的同時，用聲音說出正面的提醒，一邊啟動和中醫及針灸中所使用的那些能量經絡，但不需要使用針。這是一種很好的工具，適合備著以便不時之需。

如何輕敲──迷你版

- **準備**。取下眼鏡和手錶。（它們可能會干擾你想要營造的細微能量轉移。）把指甲剪短，好讓你的指尖能夠接觸到你的輕敲點但不會造成疼痛。

- 把目標問題的嚴重性以 0 到 10 評分（10 代表痛苦程度最高，0 代表完全沒有）。一邊輕敲一邊發洩你的感受，用簡短的句子說出目前你想要釋放的相關問題的感受，例如「我的髖部很痛」或「最近管小孩真的壓力很大」。

- 訂立承諾性主張，例如「雖然我感到不堪重負並且壓力破表，但我接受自己」或「雖然我的脖子很緊很僵硬，我選擇平靜和放鬆的感覺」。

- 按照以下順序檢視三個輕敲點：

  - 空手道砍劈（手側面）

  - 眼睛下方

  - 鎖骨，就是位於硬骨下方

- 先從左手或右手側面開始，也就是空手道砍劈點（有肉的部位），然後快速用另一隻手的四根手指輕敲。目標是輕敲五至七次，大聲說出你的承諾性主張三次。

- 接下來是輕敲你的眼睛下方，用簡短的言語說出你的感受，注意到你想要釋放的那些感受。

  可以只敲一邊，也可以同時敲兩邊（這樣做可以開啟同樣的經絡）。

  移到鎖骨旁邊。重複此順序動作做三次。

  輕敲一開始的部位完成該順序動作。

- **大麻二酚（CBD）油。**不，我不希望你成為癮君子。大麻二酚油是使用大麻植物中非精神活性成分萃取的油，數百年來一直被用於緩解像痛風、風濕病、疼痛、焦慮和發燒等病症，現在也在研究它是否能用於神經保護、抗癲癇、止痙攣及抗發炎方面。它在美國是一種無須處方箋就可取得的治療方式。我建議先從每天三次五毫克的劑量開始，就像第六章中羅莎莉的例子一樣。

- **找專業人士為你進行釋放。**可以考慮找一位能夠進行按摩、安奈特班尼爾法（Anat Baniel）、魯爾夫治療法（Rolfing）、壓力和創傷釋放

練習（TRE）、阻力彈性訓練、顱薦椎療法（CST）或針灸的專業人士。

躺在球上五分鐘

讓身體最快老化的因素之一就是時間壓縮，也就是那種你不認為自己有足夠時間能夠完成每日目標的感覺，這可能會讓「戰鬥或逃跑」反應劇增到遠超過情況所需的程度。五至十分鐘的恢復性姿勢，能夠抗衡高壓的一天。我喜歡把球放在脊椎上做恢復性姿勢來釋放緊繃部位。將兩顆球放在上背部和中背部下方來回滾動，可能有助於紓解橫隔膜並增加呼吸量，進而輸氧給血液和結締組織並啟動迷走神經，獲得平靜和放鬆感。迷走神經是通往副交感神經系統的門戶，後者負責掌管恢復性身體功能，大多數的療癒和釋放都發生在此系統中。這個技巧是我向吉兒・米勒（Jill Miller）及她的一位認證學徒學來的。

你的目標是讓思緒平靜下來，並且釋放橫隔膜和下背部的緊繃。方法如下：

- 躺在地上，雙膝彎曲。
- 將兩顆球（網球或長曲棍球）放在下背部，大約脊椎一半的位置，脊椎兩側各放一顆。
- 吸氣，將骨盆往上抬。吐氣，將尾骨往下靠在球上。
- 吸氣抬骨盆，吐氣骨盆往下。
- 把球往上移一兩英吋至中背部。將髖部朝右側移動，然後將右臀部朝地面往下靠。接著將髖部移向左側的球，然後將左臀往下靠。
- 把球往上移到中至上背部的位置。雙腿伸直，雙臂伸長，掌心朝上。緩緩地深呼吸五次。

▌你的日常活動流程

下面列舉了一天中的活動流程，包括第一週至第四週的基本流程。這是任絲卡在動過肩部手術後的平日生活規劃。你可以按自己的狀況自行調整！

▌摘要：第四週的益處

我的顧薦椎療癒師羅萍曾經精闢地表示：「我們的身體會一直去避開那些處於待命狀態的經驗，直到負荷過重為止；那就是症狀出現的時候。」無論你的負荷是否過重或症狀是否已經出現，或者你的負荷尚可應付，釋放所帶來的短期好處是能提升靈活度和行動力。釋放讓你能夠更優雅地老化，同時降低你的身體壓力。正如我在前言和第七章中提過的，老化是從流失肌肉量和活動範圍受限開始的，而釋放讓你的肌肉能夠更有效地發揮潛力，讓你變得更加強壯有力，得以善加發揮身體所有功能。

▌總結

釋放肌肉和肌筋膜的慢性壓力並沒有壞處，本週所提供的療程你毫無藉口推辭。你隨時可以進行協調和伸展，找到自己最喜歡的方法，在本週堅持執行，並且在剩餘的抗老療程中每週執行該方法二至三次。

抗老療程
典型的一天：任絲卡

早上 6:30	起床、擦保養品
6:45	喝咖啡、查電子郵件／簡訊、吃早餐
7:00	·檢視一天的規劃、飲食計劃等 ·攝取營養補充品（綜合維他命、維生素 D、益生菌、omega-3），並決心今天要多喝水

7:45	工作
9:00	運動六十分鐘，先從肩部釋放和伸展開始，緩緩加入瑜珈動作
10-4	・工作 ・三十分鐘午餐 ・二十分鐘休息／安靜時光
下午 4:00	「居家阻截和擒抱」（譯註：美式橄欖球用語，引申義為最基本的應知事項）是任絲卡自創的名詞──處理家事和育兒方面事宜
6:00	晚餐
7:00	・讓自己慢慢放鬆下來（每週看電視一次、閱讀、新聞） ・釋放肩膀／進行運動
9:00	・關掉電子產品 ・臉部／牙齒保養保健──清潔、精華液、精華油、使用牙線、刷牙 ・食用夜間助眠劑（有助放鬆的礦物質和草藥，包括鎂、鈣、西番蓮和纈草）
10:00	關燈

第九章

暴露——第五週

讓我們宣導慷慨和無私，因為人生來就是自私的。讓我們明白我們自己的自私基因有何意圖，因為如此一來我們至少才有機會能夠打亂它們的設計，而從來沒有任何物種曾經渴望這樣做過。

——理查·道金斯（Richard Dawkins），
《自私的基因》（*The Selfish Gene*）

你的家中潛伏著有毒化學物質。它們甚至會在你的細胞內堆積。即使你不自覺，仍每天暴露在毒素中。其他有毒暴露因素，像是童年時期所發生的嚴重創傷，有時也會像家中的黴菌、合成護膚產品或汙染一樣讓你老化。沒有人是免疫的，連新生兒都會經由胎盤受到存在於空氣、食物、水、土壤、灰塵及消費性產品中的化學物質轟擊。

我只使用有機護膚產品，只用環保清潔用品來清潔居家環境，因此當我收到化驗所報告時真的感到震驚不已。我的尿液和血液中的含鉛及含汞量簡直高到翻天。我深入調查了一番，想找出罪魁禍首，結果發現是我的綠茶、自來水以及我最愛的口紅含鉛，而甲基汞則來自我吃的魚。

你或許不會注意到那些暴露因子，但長期下來，你可以檢測血液、尿液及頭髮中的合成化學物質含量，瞭解有哪些物質經由環境進入了你的身體。有時原始毒素是最糟的，有時則是毒素的代謝產物，也就是當你的肝臟以化學變化將原始毒素成分轉化成更糟的化學物質所衍生的產物。如前言所述，

基因只占疾病的 10%，其餘 90% 都來自於環境暴露因素。毒素可能會破壞細胞核及粒線體中的 DNA。我們每天都處於暴露中，有時甚至是一天二十四小時，所以排毒和淨化並不是奢望，而是必須做的事。

毒素暴露也會加速你的老化，或者一旦發現之後，對於改頭換面和堅忍不拔這些更高情操的淬鍊是有利的。你必須選擇主動積極；如果你不這麼做，你的身體在遭受有毒化學物質侵襲時就只能盡人事聽天命，但毒素通常會贏——它們會傷害你的粒線體，儲存在你的脂肪中。一般而言，你一生中積年累月的暴露因素會讓你提前老化，讓你更脆弱並且充滿氧化壓力。氧化壓力指的是身體那些會損害 DNA 的自由基，以及身體用抗氧化物中和它們的能力之間的生理失調情況。如果你有過多自由基卻沒有足夠的抗氧化物（或許是因為你很少吃青花菜或維生素 C），那麼你就會製造過多的氧化壓力。唉，大多數人都缺乏足夠的抗氧化物，而自由基也持續在體內氾濫成災。

過多的自由基和氧化壓力就像是在基因的住家附近有子彈在亂射一樣。我們可以將那些氧化壓力想成：會造成基因突變的自由基損害在飛車槍擊；重金屬暴露是失敗的武裝搶劫；受到水損大樓裡的黴菌則是持槍劫車。誰會想要住在這麼糟的環境？我知道我一點也不想。

無論你的住家環境有多差，我都可以幫助你重新改造它。環境——從你呼吸的空氣、你吃下的食物到你所經歷的創傷——可能對你的身體有幫助，但也可能會傷害它。瞭解哪些是最常見的不良暴露因素、它們為何會讓我們老化，以及能做些什麼（例如增加正面暴露的方法），這些都是至關重要的。本週的療程中有很多是和表觀遺傳有關，以下是關於基因－環境交互作用的摘要。我知道這些看起來很複雜難懂——我保證不會考你！重點是讓你知道：許多基因會決定你每日的暴露因素將讓你面臨多大的風險。

- MTHFR（亞甲基四氫葉酸還原酶）是甲基化基因，能幫助你製造一種可用形式的維生素 B9，同時代謝酒精和其他毒素。
- GSTM1（麩胱甘肽 S- 轉移酶 M1）是一種為能夠製造體內最強大抗

氧化物的酵素麩胱甘肽編寫代碼的基因。麩胱甘肽 S- 轉移酶基因的形式至少有八種，我遺傳到的多型性是 GSTM1，會讓我在體內堆積汞。目前你只需要記得麩胱甘肽是好的就可以了！

- **GPX1** 是另一個麩胱甘肽酵素，麩胱甘肽過氧化物酶 1 編寫代碼的。這是體內最重要的一個抗氧化酵素，有助於代謝過氧化氫，一種活性含氧物。

- **SOD2**，有時又稱為 MnSOD，也就是錳超氧化物歧化酶，是為超氧化物歧化酶 2 編寫代碼的基因。它能幫助療癒受氧化壓力侵害的粒線體並且能夠預防衰老，也就是那種像殭屍般加速老化的狀態。

- **CAT**（過氧化氫酶）是能夠保護你不受氧化侵害的基因。

- **NQO1**（醌氧化還原酶），還原態菸鹼醯胺腺嘌呤二核苷酸磷酸脫氫酶醌 1（NAD(P)H dehydrogenase, quinone 1）的基因，和一種你可能聽說過的營養補充品有關，那就是輔酵素 Q10，它是另一種重要的抗氧化物，能預防自由基造成傷害。這是一種重要的基因，能預防癌症、阿茲海默症，以及來自苯（一種以致癌物形式出現的原油成分）等毒素所造成的肝臟損害。

- **FOXO3**（叉頭翼狀螺旋基因 O3 群），在第一章提過的長壽基因之一，和排卵以及卵子成熟速度有關。它能保護你不受氧化壓力侵害，並且能夠調節肌膚的生長因素。

- **MMP1**，第一型基質金屬蛋白酶，負責調節細胞內的鈣信號和膠原蛋白分解，因此對於保持肌膚年輕非常重要。

- **其他和暴露有關的基因：**CRP（C 反應蛋白）、DAO（D 胺基酸氧化酶）、EPHX（環氧化物水解酶）、HNMT（組織胺甲基化轉換酵素）、黴菌（HLA DR，人類白細胞抗原）、PYCR1（吡咯啉 -5- 羧酸還原酶 1）等等。

它為何重要？

自從繪製人類基因組圖以來，科學家們發展出一個叫做環境暴露（exposome）的重要互補概念——也就是一個人一生中來自飲食、生活方式及行為等所有暴露因素的總和，身體對它們所產生的反應，以及最終這些暴露因素如何與健康有關。

想要瞭解你的環境暴露，你必須能夠檢測這些環境暴露因素以及它們對身體的影響。你的基因會製造特定的生物指標，而這些是可以在血液、尿液和頭髮中被偵測到的。生物指標會顯示一項環境暴露因素、易感性因素（包括遺傳易感性）以及疾病進展或逆轉的影響，而且它們甚至有助於辨識某些疾病的最佳治療方式，例如乳癌。生物指標能幫助健康醫療專業人士正確檢測暴露因素及它們的影響，雖然在你開始為身體進行花費低廉的大掃除之前，並不需要去做花費高昂的檢測。你可以移除那些最可能對身體和健康壽命帶來負面影響，進而導致提早老化的毒素和暴露因素。改變你的生活方式也能夠逆轉這個趨勢。本療程的設計是要藉由改變那些最常見的好與壞暴露因素，進而幫助你重整你的環境暴露。

以我的身體為例。前文提過我出生於 1967 年，就是名模崔姬（Twiggy）流行的那個年代，而我母親在懷我的時候看起來跟她很像。身高五呎七吋的她，在整個足月孕期中只增加了二十磅的體重。我出生的時候只有六磅重。矛盾的是，出生時體重輕卻經常導致日後有體重過重的問題。整體而言，這些因素很可能開啟了我的肥胖、快速老化及第二型糖尿病基因。

我是自然產出生的（這對於我的微生物組很有利），只喝了兩個月的母乳，不過聊勝於無。我成長的過程中吃了很多 Pop-Tarts 果醬吐司餅乾以及 Ho Hos 巧克力蛋糕奶油捲（這些對我的微生物組都不太好），直到我母親開始讀安戴爾·戴維絲（Adelle Davis）的書，並且遵循她的飲食規範。突然間，我的午餐盒中裝滿了以厚實棕色吐司、自製杏仁抹醬和草莓果醬所做的三明治。在學校裡，再也沒有人想跟我換便當菜了。

我在馬里蘭州安那波里市長大，還記得小時候會在夏末騎著自行車跟

在噴灑滅蚊化學物質的卡車後方，那應該是「敵避」（DEET）之類的殺蟲劑。那種滅蚊劑非常有可能就是一種環境壓力源，可能已經啟動讓我體內罹患乳癌的風險大增。

快轉到接受醫學訓練的那些年。我以為自己煮食然後裝在塑膠盒便當裡是一件很賢慧的事，沒想到塑膠居然會滲出化學物質到我的食物中，干擾我的賀爾蒙功能，即使劑量微乎其微也一樣。不只是我一個人擔心這些稱為內分泌干擾物的假賀爾蒙，美國內分泌學會（The Endocrine Society）也發表了一項新的科學聲明，內容關於這種暴露因素所帶來的深遠影響以及我們應該如何處理面對。

2006 年時，我在午餐中發現了令人不安的事實。當時我處於產後狀態，剛生完第二個女兒，而我非常想吃鮪魚生魚片。我以為選擇不吃壽司飯是好事，卻不知道吃魚表面上看似合理，實際上卻是在累積汞，讓重金屬毒素殘留在體內。當時的我一直感到很疲倦，但我卻把原因歸於照顧新生兒而睡眠不足。我覺得自己像是腦死了一般，但那對於一個疲憊的新手媽媽而言也很正常。我很胖，而且始終甩不掉因懷孕而增加的體重。我患了牙齦炎，而我的牙醫說那可能是懷孕引起的。然後我檢測了體內的汞含量，發現根本高得超標。我接受口服螯合治療盡快將它排出了體外，但那表示我只能吃鮭魚而不能再吃鮪魚了，因為我有 GSTM1（麩胱甘肽 S- 轉移酶 M1）的遺傳變異體，讓我體內容易堆積汞。有一半的人都和我一樣，缺乏能夠正常代謝汞和其他毒素的正常基因，你也可能是其中之一。

毒素暴露的跡象

人體幾乎每一個部位都可能受到化學毒素影響，因此要列舉出一份應注意哪些毒素的清單其實有點困難。如果你擔心自己已經暴露在某種毒素之下，請向醫護人員諮詢，他們能夠為你進行檢測。

- 類似流感的症狀（疲倦、喉嚨痛、腸胃不適、發燒、耳朵痛、頭痛）

- 肌肉痙攣、疼痛、抽筋
- 關節疼痛，尤其是背部、雙腳和手腕
- 骨骼疼痛或骨質密度流失
- 腸胃道症狀例如噁心、嘔吐、腹脹，和／或腹瀉
- 疲倦
- 腦霧
- 視力減退，尤其是外圍視覺或夜視能力
- 黑眼圈
- 喉嚨痛，可能附帶或未附帶淋巴結腫大
- 暈眩
- 手腳麻木
- 眼皮抽搐
- 牙齦炎
- 指甲或皮膚出現變化，或脫髮
- 皮疹、蕁麻疹
- 賀爾蒙出現變化
- 溫度失調
- 手腳冰冷
- 無法排汗
- 乾眼症或口乾

　　不只是我有這些暴露因素，而且它們不只是來自於童年時期。讓我們來揭露這些問題，開始為你的周遭環境做個大掃除吧。

　　你有你獨特的環境暴露因素，但很有可能的是，其中幾種暴露因素已經讓你的基因在支援健康壽命方面走下坡了。這並非你的錯，從工業時代開始就已經出了問題。人類與環境和平共存了數千年之後，開始破壞那些具有療癒力的環境。大型化學企業開始繁榮興盛，而新的合成化學物質也被認為直到證明有罪之前應視為無罪。

細胞老化

外在環境
· 壓力
· 聯繫感或社群感不佳
· 充滿毒素的居家或工作（黴菌）
· 生活方式
· 感染
· 藥物
· 空氣汙染

內在環境
· 活躍並儲存在體內的內分泌干擾素
· 粒線體受到損害
· 發炎反應
· 幹細胞耗竭
· 叢菌不良/腸通透性
· 衰老
· 既往疾病

生物指標
· 血糖
· ALT（肝臟酵素）
· IL-6（介白質6）、hsCRP（高敏感度C反應蛋白）、升半胱胺酸
· 重金屬
· 代謝廢棄產物／賀爾蒙
· 免疫調節物
· 持久性有機汙染物（POPs）
· 端粒長度

　　從 1900 年到 2000 年，在美國和多數已開發國家的平均壽命增加了30%。這在很多方面都是一大進步，但這也意味著更多年的環境暴露。由於你的壽命可能會很長，請將破壞減到最低，把舊的暴露因素排毒代謝掉，並且避免新的形成，以防它們帶你走上疾病之路。

▌第五週的科學原理：暴露

　　讓我們仔細探討一下影響老化、發炎反應及退化的暴露因素背後的科學原理——包括會影響你的皮膚、大腦、體重和乳房的暴露因素——然後看看

可以用什麼方法來改善你的預防措施，並逆轉暴露因素與疾病之間的相互作用，因為那會導致癌症、糖尿病、心臟病、阿茲海默症、甚至自閉症等等。為了瞭解原因並學習如何預防疾病，我們需要找出是哪些環境線索會導致加速老化、累積毒素、皮膚皺紋、骨質疏鬆症和黴菌引起的病症。如果你對這些科學原理不感興趣，請直接跳到本週療程的部分，它能幫助你逆轉負面暴露因素，同時用一些正面暴露因素來啟動你最好的基因。

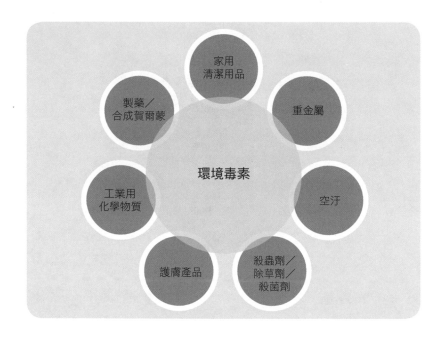

來自產品和化學物質的環境暴露因素

　　這個統計數據令人深思：現在每三人之中，就有一位在一生中會被診斷出癌症；在世界上，每分鐘都有超過十五個人死於癌症。乳癌是影響全球女性最常見的一種癌症，而許多案例都是由基因和環境交互作用所引起的，結果便造成環境暴露。更令人深思的是：其實大多數癌症都可以預防。許多環境暴露因素會影響你罹患乳癌的風險：

- 游離輻射像是 X 光、電腦斷層掃描，以及長程飛機旅行（來自大氣層的輻射，雖然飛行員和空服員的風險較高）
- 服用賀爾蒙療法或賀爾蒙避孕藥的合成賀爾蒙
- 某些女性生殖方面的因素，有些是你可以控制的，有些則不是（提早青春期、因不孕服用賀爾蒙、更年期晚來、從未哺乳等）
- 酒精和其他飲食因素
- 肥胖
- 少動
- 夜晚人工照明（ALAN）

莎拉醫師的黑名單

　　相信你現在一定很想知道，應該將哪些合成化學物質從生活中剔除。以下都是你會在護膚產品、居家環境及工作場所中最常見的毒素，雖然想要全部剔除幾乎是不可能的，但很重要的是你必須知道下列危險物質的存在，才能成為更聰明的消費者，以維護你的健康。（替代產品詳見附錄的「資源」章節。）

1. **護膚產品。**沒有人想要更深的皺紋、眼睛下方凹陷或失去雙頰的豐潤。大多數的女性都會使用指甲油、染髮劑和唇膏，然而有太多化妝品所使用的原料都會對身體有害。不僅如此，這些產品都是設計要穿透到你皮膚的最底層，以至於有毒成分最後會進入體內。你的化妝台上有這些成分嗎？
    - **鉛。**一種經常用於唇膏和深色染髮劑中的神經毒素，鉛是一種會損害認知能力的危險毒素，大量暴露可能導致中風和心臟病。
    - **鄰苯二甲酸酯。**使用鄰苯二甲酸酯的常見家用產品多得令人驚訝：洗髮精、體香膏、沐浴乳、髮膠和美髮噴霧、指甲油等等。它們會在男性胚胎上造成天生缺陷，並且和女性卵子品質不佳以及提早更年期有關。此外，鄰苯二甲酸酯和乳癌以及第二型糖尿病之間也有

直接關聯。

- **苯甲酸酯類防腐劑。** 大約 85% 的化妝品都有，用來避免酵母、黴菌、細菌等微生物生長，最常使用於體香膏、制汗劑、洗髮精、潤髮乳、乳液、洗面乳和去角質產品中。苯甲酸酯類防腐劑的使用非常普及，最近一項由美國疾病管制與預防中心（CDC）進行的調查發現，所有美國人都殘留有苯甲酸酯類防腐劑。苯甲酸酯類防腐劑和內分泌、生殖及發育方面的問題有關。

- **月桂基硫酸鈉（SLS）。** 這是一種常用來讓洗髮精、肥皂及牙膏起泡的有毒清潔劑。泡沫固然好，但附帶而來的皮膚不適、脫髮以及可能罹患乳癌和男性不孕的風險實在不值得。

- **磷酸三苯酯（TPHP）。** TPHP 能讓塑膠變硬，讓指甲油不易剝落，同時也用於家具中作為阻燃劑。科學顯示 TPHP 會影響賀爾蒙核受體、可能改變性賀爾蒙平衡、可能對肝細胞產生毒性。一項研究發現 TPHP（有時寫作 TPhP 或 TPP）會滲入擦指甲油的女性體內。請選用不含 TPHP 成分的指甲油。

2. **廚房和清潔用品。** 以下是居家浴室、洗衣間和廚房中常見的幾種化學物質。它們會和你的賀爾蒙受體結合，造成生物累積，進而導致各種健康方面的症狀。

- **烷基酚。** 用於製造清潔劑、燃料、潤滑劑及塑膠，同時也會出現在輪胎、黏著劑、塗層（例如在罐頭食品中）、橡膠產品及無碳複寫紙。其中一種叫做雙酚 A（BPA），存在於大多數的塑膠容器中，已知會干擾雌性素、甲狀腺、睪固酮及胰島素功能。請立刻扔棄塑膠水瓶。

- **氟化物。** 我們都知道這種化學物質有助於減少蛀牙。儘管如此，過多的氟化物經證實會導致骨骼衰弱，並且對大腦帶來負面影響。

- **飲用水中的其他毒素。** 除了氟化物，飲用水中也可能存在鉛、致病菌、已知會導致癌症和生育問題的氯化產物、砷，以及——我最喜歡的——火箭燃料中的高氯酸鹽。

- **有機磷酸酯類。** 這種殺蟲劑存在於空氣、土壤和我們所吃的食物中。一位哈佛教授估算，我們因為有機磷酸酯暴露而喪失了一千七

百萬智商分數。

3. **建材**。這些毒素會潛伏在我們居住和工作的地方。

- **石綿**。這種礦物質因為隔火耐熱而被用於電氣絕緣。石綿在 1980 年代已被禁止並且逐漸被淘汰，但在一些老舊的房子或建築物中依然存在。吸入石綿會造成嚴重、有時甚至是致命的肺部問題，以及肺癌與間皮瘤。

- **鎘**。用在顏料、鋼鐵的防鏽塗層及塑膠穩定劑中的一種元素。它被列在「歐盟關於限制在電子電器設備中使用某些有害成分的指令」（*European Restriction of Hazardous Substances*），但它依然被用在太陽能板、化石燃料、鋼鐵製造、水泥製造、磷肥，以及麵包和蔬菜等食物中。被分類為致癌物的鎘，和乳癌、肺癌、前列腺癌和腎臟癌有關。鎘中毒風險最高的是鐵含量不足的更年期後女性。

- **甲醛**。存在於塑合板（經常用來製造廚房櫥櫃的）以及「生命果柔絲順髮護理」（Brazilian Blowout）當中。是的，你廚房櫥櫃裡的塑合板以及你最新的髮型設計，兩者含有同樣的毒素，可能導致上喉嚨和骨髓的癌症。

- **揮發性有機化合物（VOC）**。常見於油漆中，對肝臟、腎臟及中樞神經系統都會造成傷害。不用多說，請選擇不含 VOC 或含量低的油漆。

雖然列出有毒化學物質黑名單是有必要的，但請注意：許多這些毒素都已經被取代了（因為市場占有率的緣故），取而代之的那些成分卻尚未經過證實。舉例來說，那些新的不含 BPA 的塑膠容器很可能不比那些含 BPA 的好到哪裡去。這表示我們有責任保持警惕、假設合成化學物質都對我們有害，並且利用現有的資源去查詢特定的暴露因素，而這些資源包括「環境工作組織」（Environmental Working Group）以及美國綠色建築協會（U.S. Green Building Council）。在我們的日常生活中將這些毒素的影響減到最低，

其實出乎意料容易，只要做點研究並換掉一些有毒的老舊產品，改用更新、更健康的版本就可以了。我們必須用鈔票和聲音來強烈表達我們的訴求以創造改變。

各種化學暴露因素也可能導致更高的乳癌罹患風險，雖然流行病學研究的結果未有定論。

- 罐頭的塑膠內襯（類雌性素雙酚 A）
- 存在於家具和建材中的阻燃劑（多溴化二苯醚）
- PCB，又稱多氯聯苯，一直使用於電氣設備中，直到 1979 年被禁止（但進口布料中依然可以找到）
- DDT（一種用來抵抗蚊子和瘧疾的殺蟲劑，直到 1972 年被禁止。它是讓白頭鷹滅絕的元凶）
- 紙漿漂白的副產物，存在於衛生棉條中（戴奧辛和似戴奧辛的化合物）

雖然專家們依然對於吸入合成化學物質的風險爭執不休，我必須再次強調一項你最能夠控制的暴露因素：夜晚人工照明（ALAN）。我在第六章稍微提過，但這值得再次提醒：當你干擾了脆弱的生理時鐘，例如拿著平板閱讀到三更半夜，就可能增加你癌症基因的表現，尤其是乳癌。所以請開始保護你的晝夜節律和褪黑激素的生成。

替代的美妝和護膚產品

我們都會使用美容產品讓老化的肌膚更光滑和晶瑩剔透。以下是我每天使用的替代方案。

護膚產品。可以的話，請選擇有機的洗面乳、乳液、精華液、精華油及化妝品。我下載了「環境工作組織」的 Healthy Living APP（由「Skin Deep」化妝品成分查詢資料庫提供技術支援），每當我在網路上購買護膚產品時都會先查詢一下。我親自試用過的最愛品牌，都列舉在附錄的「資源」章節。

美髮產品。我在三十多歲的時候，第一次將頭髮做了亮色挑染（highlight）——而且愛極了。我的大妹安娜說我需要暗色挑染（lowlight），所以我也做了。然後一個朋友說她做了化學直髮燙之後整個人生都改變了（再也不需要直髮電棒），我這才發現我們該好好檢視一下這些常見美髮產品所帶來的風險。我過去根本不知道深色的永久染髮劑含煤焦油成分，而根據國際癌症研究機構（International Agency for Research on Cancer）和全國毒物計劃（National Toxicology Program），這是已知的人類致癌物。歐洲已經禁止了這些染髮劑中常見的致癌成分：胺基苯酚、二胺基苯，以及苯二胺。然而美國的食品藥物管理局卻持續允許它們的使用。為什麼呢？因為在美國，合成的化學物質，包括致癌物，依然是以「被證明有罪之前應視為無罪」被看待，而絕對的罪證是很難證實的。

在此同時，科學對於染髮劑抱持反對意見，因為會增加23%的罹癌風險。有限的報告指出永久染髮劑和非霍奇金氏淋巴瘤（non-Hodgkin's lymphoma）、多發性骨髓瘤、急性白血病及膀胱癌有關。儘管如此，另一項研究卻發現沒有這樣的關聯。或許研究結果如此參差不齊的原因是因為劑量，這麼說的話，經常接觸染髮劑的美髮師罹癌的比例應該更高。確實是如此，罹患肺癌的風險高出了27%、罹患膀胱癌的風險高出了30%、罹患多發性骨髓瘤的風險高出了62%。結論是避免使用染髮劑（詳見本章稍後及附錄的「資源」章節中的替代選擇）。

▍神祕的奶奶

需要做臉和改變一下你對老化的負面態度嗎？去找黛博拉吧。她是一位六十五歲的臉部美容師、美髮師、化妝師、瑜珈老師及營養師。住在加州馬林郡的女性，無論年紀大小，都會為了愛美而去找她。她在舊金山的教會區長大，成長過程十分不尋常，因為她尼加拉瓜裔的母親會帶她去找一位巫醫（curandera，原住民治療師或薩滿祭司）治療。黛博拉一直沉浸在一個很能

接受老化和死亡的文化中。當我問她關於老化的問題時,她回答:「我一點都不排斥。我知道如果我明天死了,我可以很平靜地走。我不怕死亡。我們的身體走過的是一個輪迴,一個自然的輪迴。然而我有很多客戶都很懼怕老化,把它看成是一種退化。」

黛博拉並沒有退化。她幾乎沒有化妝;她很苗條,而且很努力地和她的健身教練鍛鍊,每週進行四次的高強度間歇訓練;她每天至少靜思冥想三十分鐘;她看起來像是個四十多歲的女性。在我們談話時,黛博拉傾身對我訴說。經常坐在她美容院裡的女性客戶都會因為老化跡象,並且覺得自己不像從前那樣有魅力而感到痛苦,有時候她們會請她把椅子轉過去,因為她們不想看到鏡中的自己。但黛博拉有一種挖掘美麗的天賦。

她是怎麼告訴這些女性的?「人生中有不同的階段,而美麗是從內心培養的。隨著你年齡增長,美麗是從你的眼睛、靈魂及人生觀穿透而出的。那也是我從我的心靈導師那裡學來的道理。我的孫子們都想要和我在一起混,他們會帶自己的大學朋友一起來:『你得見見我的奶奶,看看她是怎麼照顧自己的,她吃東西和運動的方式……』」黛博拉體現了永恆之美,而年輕人都想要與她親近,因為既罕見又鼓舞人心。

▌我們所呼吸的空氣

除了我先前提到的之外,我們的居家環境中還有幾個帶有毒性的罪魁禍首,經常未被注意而且也沒有獲得解決。當我丈夫,一位綠色建築的創始先鋒,開始高談闊論空氣品質的時候,我都聽到快鬥雞眼了,實在是忍不住。但我承認,我們的確迫切需要討論並清淨我們居家所呼吸的空氣。以下就是幾點原因。

你每天會吸進大約三千加侖的空氣,如果空氣品質太差,你的健康會在很多想不到的面向受到損害。此外,空氣汙染也會傷害地球。自從 1970 年通過了空氣清潔法案(*Clean Air Act*)之後,空氣品質已經逐步改善,但你必

須持續注意哪裡發生過什麼傷害，才能保護你的家人和你所愛的人。舉例來說，發生在洛杉磯地區的天然氣泄漏事故已經影響了牲畜甚至人類的健康，卻沒有幾家新聞媒體播報這則新聞。環保運動人士艾琳·布洛柯維奇（Erin Brockovich）將這起甲烷泄漏事件，視為是繼英國石油公司漏油事件之後美國最糟的環境災難。

臭氧

　　臭氧這個名詞大多數人都聽過，但很少人能夠確切定義它，就像麥麩一樣。臭氧是霧霾的成分之一，它是一種氣體分子，由三種氧原子結合組成。當它存在於高空大氣層時，可以保護我們免於太陽的輻射侵害；但當你吸入地面上的臭氧汙染，它則會對肺部組織造成巨大危害。它是怎麼產生的呢？臭氧是由汽車的排氣管和當地住戶的煙囪所排放出來的廢氣和陽光產生交互作用後，所生成的碳氫化合物、揮發性有機化合物、一氧化碳及氮氧化物反應。主要的問題是化石燃料的燃燒，像是汽油、煤炭和油。暴露在霧霾中會縮短你的壽命，對女性和兒童影響更嚴重。

　　首先，吸入受汙染的空氣可能會讓你的眼鼻感到刺痛。它會引發氣喘，而在美國就有三千萬個成人和兒童受其影響。我們需要拯救我們的空氣，因為臭氧和細微粒會傷害你的身體，刺激你的呼吸道讓你咳嗽和喘鳴，把你可憐的肺部變得又紅又腫進而降低你的肺部功能，增加血栓和心血管疾病的風險，導致發育和生殖方面受到損害，讓你更容易感染，誘發皮膚癌和白內障，加劇氣喘，並且導致提前死亡。

　　汙染可能會讓你感到飢餓並且讓你的骨骼變得脆弱。墨西哥市暴露在汙染中的兒童，在他們的生物指標上顯示了極大的變化：更高濃度的 PM2.5（一種空氣中常見的汙染物）提高了瘦素值，並且導致維生素 D 缺乏。

　　好吧，雖然你無法逃離汙染，但你能改變生活方式，幫助身體在面對周

遭的汙染時能善加應對。此外，可以藉由改善居家的空氣、購買不含揮發性有機化合物或含量低的產品，以及打開窗戶讓空氣對流等方法來預防汙染。

黴菌

舉一個環境暴露因素實際運作的例子：發霉。過去這一年，我在自己身上做了很多基因檢測，而且很不開心地發現我居然隸屬於一個我不想加入的團體：每四人當中有一人具有感黴性基因的族群。呸！

你或許無法看見或聞到，然而黴菌很可能就生長在你家，而且或許正是讓你生病的原因。水損會招來黴菌，而那些讓你容易受黴菌疾病感染的基因，和那些控制你對其他問題敏感性的基因是一樣的，例如皮膚的膠原蛋白容易被分解（也就是讓皮膚保持緊實豐潤的基礎）、過敏，外加酵母菌感染和無法良好代謝酒精的能力，進而形成一種叫做乙醛的毒素。

想要確診一個人身上是否有黴菌毒性是很困難的，因為它會模仿很多其他病症，而且症狀都不太明確，包括：

- 記憶問題、腦霧、專注力和執行功能出現困難
- 疲倦、虛弱、運動後不適和疲勞
- 肌肉痙攣、隱痛和疼痛、非發炎性關節炎的關節疼痛、持續性神經痛、冰錐痛（譯註：短暫、尖銳性的刺戳痛）
- 麻木感和微微刺痛感
- 頭痛
- 畏光、紅眼，和／或視覺模糊
- 鼻竇問題、咳嗽、呼吸短促、呼吸困難、類似氣喘症狀
- 顫抖
- 眩暈
- 持續性神經痛
- 腹痛、噁心、腹瀉、食欲改變

- 金屬味
- 減重阻抗
- 夜間盜汗或其他溫度調節方面的問題
- 過度口渴
- 頻尿
- 靜電「觸電」

黴菌會生長在你的浴室、蓮蓬頭或是淋浴間附近的角落，尤其如果浴室通風不太良好的話。我們就曾在一個浴室水槽下方發現明顯發霉，因為水管漏水了。黴菌會附著在你的鞋子、寵物、衣服、地毯、傢俱、書籍及紙張上。黴菌會在你的空調系統中循環，尤其如果你像我一樣很少更換濾網的話。（建議每一至三個月更換 HVAC 濾網。）水損建築會衍生出複雜的汙染物散布在空氣和灰塵中，結果就是一大堆有毒化學物質。

來自水損建築的黴菌疾病是一種嚴重的健康問題。不幸的是，我有不良的 HLA（人類白細胞抗原）基因在調節我對黴菌和其他生物毒素的免疫反應。如果你屬於幸運組，也就是那 75% 不具感黴性的人，當你走進一間正在漏水和發霉的房子時，情況會是這樣的：你會吸入黴菌芽孢和毒素，而你的免疫系統會製造抗體成功地攻擊它。但如果你是不幸者之一，像我一樣沒有抗體的保護，毒素就會再次循環。大多數人都不知道他們遺傳了易感性。疾病內建在他們的 DNA 中，而且一旦觸發，發炎反應和引發的症狀都可能會延續好幾年，而且會一直持續誘發疾病，直到獲得治療為止。

如果你懷疑自己可能有黴菌方面的問題，請先從附錄的「資源」章節開始，找到一位能夠確定你是否有遺傳易感性的醫護人員。請和專業人士合作檢測你的居家環境，以及你長時間出入的其他場所。

▌肝臟和腎臟如何應付毒素

你的肝臟就像是身體的化學處理廠，當它遭到來自皮膚、呼吸道、血

液及腸胃道的化學物質接二連三攻擊時，它經常是不知所措的。你的身體構造原本是設計用來排出毒素，而且你有一些很棒的器官唯一功能就是移除毒素。然而當你過度暴露在化學毒素或創傷中時，你的肝臟和腎臟就會工作超時，這些未經處理的毒素不停阻塞，就會導致加速老化和疾病。如果過多阻塞累積下來，你就會開始感覺到更多症狀。

瞭解你的肝臟如何代謝化學毒素很重要，如此一來，當肝臟負荷過重時，你就能夠拯救它。在我的前一本書《終結肥胖！哈佛醫師的賀爾蒙重整飲食法》中，我用了一個從朋友那裡學到的比喻來解釋肝臟代謝的複雜性：你最忠實的器官肝臟就是身體天然的過濾器，其功用是淨化血液和移除毒素。

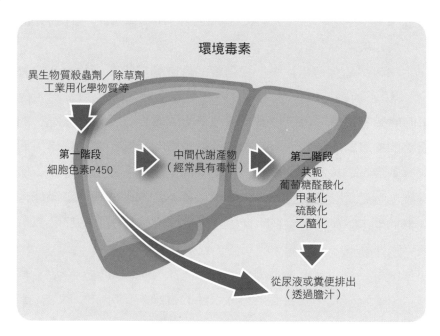

你的肝臟經由兩個階段完成這項任務：垃圾產生（第一階段）和垃圾收集（第二階段）。在第一階段，你的肝臟會將毒素，像是 BPA，從你的血液中移除，轉化成名為代謝產物的分子。在第二階段，你的肝臟會將有毒的代

謝產物送往你的尿液或糞便。換句話說,你是負責倒垃圾的,就像我每個星期天晚上做的事一樣。

可悲的是,我們大多數的人在這兩個階段都有問題。從壓力到經常暴露於毒素當中,你可能會在第一階段過於活躍因而製造太多垃圾——有些可能比原本的毒素本身更糟。然後,更糟的是,你因為忽略身體的排毒需求而忘了去收垃圾。它一直在累積,彷彿清潔隊員正在罷工一樣。結果是你的肝臟無法從事排毒的工作,而這可能導致毒素暴露的症狀。只要增加一些關鍵礦物質、纖維及其他營養素攝取,你就能強化肝臟的垃圾收集和清除能力。

你會在療程中學到哪些食物和營養補充品有助於肝臟排毒的第一和第二階段工作。

▌粒線體是你的排毒戰士

為了在體內製造能量,你的粒線體會將脂肪和其他燃料轉化成身體能夠隨時運用的能量。遺憾的是,你的粒線體在這個過程中會飽受衝擊,因而可能無法完成這項重要的任務。如果在你身體所需的能量和你的粒線體能夠完成的能力之間有差距,你就會感到疲倦,或許甚至會產生毒性。

你的粒線體在健康的時候看起來很強大威武,但它們在面臨來自環境暴露的傷害時其實是很嬌弱的。粒線體功能出現障礙的原因有幾種:一個是營養不足,也就是當你沒有從綠茶、水果和蔬菜中攝取足夠的抗氧化物來抵銷自由基的時候;另一個原因是營養過剩,例如當你吃喝太多糖的時候。異生物質、合成化學物質及內分泌干擾物都會進一步破壞粒線體,還有微生物、改造後的腸道菌叢,以及直接的氧化壓力(除了抗氧化物攝取不足之外)也會。結果是你會感到疲倦,而且無法應付每天生活中的種種難題。

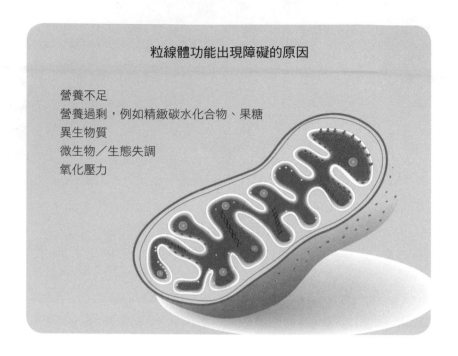

粒線體功能出現障礙的原因

營養不足
營養過剩，例如精緻碳水化合物、果糖
異生物質
微生物／生態失調
氧化壓力

從本週開始，你將有計畫地改善你的粒線體，讓它們再次順利運作。你將增加水果和蔬菜的攝取量，並且補充營養品來幫助你直接重整粒線體。你將減少體內那些讓粒線體無法提供能量的生物毒素負擔。總而言之，你將再次找回健康的自己，就從細胞深處開始。

應對環境毒素壓力的方法

現在的你是否完全憂鬱破表，請放心，確實有方法可以減少和消除負面暴露因素，也有方法可以讓自己暴露在正面因素中——也就是應對環境毒素壓力。首先，把那些有毒的護膚和家用產品替換掉，改用安全的品項。舉例來說，請開始用不鏽鋼或玻璃來儲藏食物，不要再用塑膠來加熱食物（詳見附錄的「資源」章節）。其次，納入正面暴露因素：桑拿浴、十字花科蔬菜、水果、堅果、綠茶，以及營養補充品。

桑拿浴暴露因素：溫暖你的心和長壽基因

熱浴現在很熱門。用正面的暴露因素來改善你的環境暴露，像是桑拿浴（乾桑拿和紅外線）或熱氣（熱水浴池或蒸氣室）。在這些熱源當中，乾桑拿有最多證據證實能夠幫助你老化得較順遂，紅外線桑拿的效果也緊追在後。如果你想要活得長壽又健康，你需要分子伴侶來照顧你的 DNA，而坐在桑拿浴中就可以達到這個效果。

桑拿是一種熱應力源，一種形式的毒物興奮效應，能夠讓身體重整，包括 DNA。這就像是讓你的長壽基因做仰臥推舉，只不過不需要發出運動時伴隨的那種哼聲。當你坐在桑拿室時，你會啟動一種叫做 FOXO3 的長壽基因，進而開啟抗壓、抗氧化物生成、蛋白質維持、DNA 修復（避免突變），以及殺死腫瘤的基因。大多數這些基因的基因體表現都會隨著年齡而下降。

除了開啟其他重要基因之外，FOXO3 也會製造熱激蛋白。熱激蛋白會確保你體內的蛋白質正確地摺疊，就像床墊罩一樣，而非擠皺成一團。摺疊不良的蛋白質會凝結在一起造成損害（例如動脈粥狀硬化、充血性心力衰竭，以及神經組織退化疾病像是阿茲海默症），導致壽命減短。熱激蛋白也會中和氧化壓力，而後者就像是體內生鏽一樣。想當然爾，當你製造更多FOXO3 時，成為百歲人瑞的機率也就增加了三倍。

在一項發表於《美國醫學會期刊》（*Journal of the American Medical Association*）的研究中，研究人員發現那些每週去蒸桑拿浴四至七次的男性，比其他任何原因都能夠降低 40% 的死亡率！所以隨著年齡增長，桑拿室很可能就是對心臟健康最好的地方。

我們每個人的體內都有衰老細胞，而它們就像殭屍一樣——不完全是死了，但也不算活著。它們會分泌促進發炎反應的細胞因子破壞附近的細胞。FOXO3 就像殭屍巡邏隊，它會啟動自噬基因，而「自噬」這個花俏的名詞其實就是程序性細胞死亡。FOXO3 也會調節免疫功能，好讓你的內在警察部隊能夠控制那些壞人，包括壞細菌、病毒及癌細胞。

桑拿浴的禁忌症包括不穩定型心絞痛（狹心症）、最近曾經心臟病發作，以及嚴重主動脈瓣狹窄。桑拿浴會導致心率加速以及血管總阻力降低，進而讓血壓降低。如果你有任何這類症狀，請向你的醫護人員諮詢。但請記住，桑拿浴相對來說還算是安全。在一項來自芬蘭這個桑拿普及國家的研究顯示，每年發生在桑拿浴的死亡率每十萬人中不到兩人。

我從小就和明尼蘇達州的親戚一起蒸桑拿浴，事後都會跳進冷水湖中。蒸氣是藉由將水倒在被柴火燒燙的石頭上而產生的。芬蘭浴會讓你從體外熱到體內，而紅外線桑拿則是藉由紅外線光波從裡向外發熱。紅外線光波比芬蘭浴的穿透力更深約兩英吋，讓水分子（約身體的 70%）能夠震動以提高核心體溫讓你發汗。

如果你依然不相信你需要在本週去預約蒸桑拿浴，用流汗的方式排毒，以下就是經實證的其他好處：

- 改善運動表現（耐力、減少肌肉萎縮、增加血漿量）
- 提升心率變異性以及神經系統的平衡
- 增加胰島素敏感性（肌肉細胞上有更多血糖受體），導致大幅降低糖尿病患者的糖化血色素中 1% 的單位、空腹血糖值及體重
- 產生「跑者的愉悅感」（runner's high）並促進生長激素和睪固酮
- 可能矯正你的脂質
- 藉由降低交感神經系統來增加耐逆性，僅僅七天就測出腎上腺素和皮質醇值降低

額外的好處是桑拿浴能夠讓人放鬆，它能減輕壓力同時增加健康壽命。請在本週開始從事四次，每次二十分鐘。

▌其他環境暴露武器：十字花科蔬菜、水果、堅果、綠茶

你可以輕鬆納入日常生活的另一項正面暴露因素，是食用更多有助於身體排毒的食物。

十字花科蔬菜。 最重要的是增加十字花科蔬菜攝取：青花菜、抱子甘藍、高麗菜、花椰菜、羽衣甘藍、白菜、西洋菜，以及其他類似蔬菜。暴露因素進入身體的主要管道是經由皮膚和腸胃系統的內襯。你的免疫系統有70% 都位於腸壁，而那比一張面紙還薄。蔬菜能夠誘發免疫系統的清潔工作。事實上，細胞上那些環境毒素用來產生不良異生物質效應的受體，十字花科蔬菜也同樣會使用這些受體。所以只要多吃十字花科蔬菜，就能夠把不良環境毒素排擠出去。這樣做能夠補充蘿蔔硫烷，它能抑制肝臟的第一階段並刺激第二階段任務。這也能讓你吸收更多纖維來淨化肝臟，和維生素 C 來抵銷自由基。單單是羽衣甘藍就能讓你原本的抗體數量生成增加五倍。

　　水果和堅果。 當我搬到舊金山當婦產科實習醫師時，我的外公就說過那裡是「水果和堅果的天下」。一開始我還覺得這樣說很無禮，但當外公來參加我的婚禮後還得在星期天繞過同志遊行前往機場，就令我忍不住想笑。外公說的其實不無道理——我很快就明白了水果和堅果在減輕毒素暴露方面的重要性。事實上，水果和堅果在支援基因和營養的相互作用方面所提供的證據是最強的。

你的視力、老化和暴露

　　正如體力會隨著年齡下降一樣，視力也一樣，因為眼睛的水晶體會隨著年齡而僵硬。如前所述，大多數的眼科醫師都認為老花眼，正如字面上的意思一樣「老化的眼睛」，是老化過程中不可避免的一個環節。如果你好好考慮一下和眼睛有關的暴露因素，以及你能做些什麼去加以修正，那麼你或許能夠預防甚至逆轉老花眼。這裡提及的暴露因素是人們在筆記型電腦和智慧手機上所從事的近距離閱讀。問題是，很少有人知道這個暴露因素，以及有哪些方法是經證實有幫助的。在你屈服於在脖子上掛著老太婆式的老花眼睛（或雷射、多焦點鏡片，或多焦點隱形眼鏡）之前，請先考慮以下的預防措施：

　　1. **檢查。** 請眼科專業人士定期為你檢查視力。長期追蹤進展是很重要

的，無論是在家還是在眼科診所。注意頭痛、視力模糊和眼睛疲勞等危險徵兆。

2. **靠飲食讓眼睛年輕化。** 持續第五章中的抗老飲食計劃。繼續攝取大量蔬菜、水果和魚類，因為它們富含能夠延緩眼睛老化的營養素（維生素、礦物質、健康脂肪、抗氧化物）。

3. **控管對眼睛老化可能造成影響的病症。** 讓空腹血糖值維持在 70 到 85 mg/dL。對你的免疫系統好一點，預防自體免疫病症，像類風濕性關節炎這種問題會讓老花眼風險劇增，這代表你應該避免食用引起發炎反應的食物和無法緩解的壓力。最後，請讓甲狀腺功能維持在最佳狀態（我的第一本書《賀爾蒙調理聖經》中有更詳盡的解釋）。

4. **在戶外時戴太陽眼鏡** 來阻絕紫外線。

5. **掌療。** 本週請每天輕輕地按摩眼部肌肉放鬆。近距離使用筆記型電腦和智慧手機很容易讓眼睛感到疲勞。我最喜歡的方法之一是掌療法。你的眼部肌肉和其他部位肌肉一樣會變得疲勞，但我們很少會主動放鬆那裡的肌肉。用力摩擦雙手將掌心搓熱，然後將溫熱的雙手放在眼睛上來緩解放鬆肌肉。停在那裡，輕輕施加壓力約一分鐘。掌療法能夠放鬆疲勞的肌肉。當你花很多時間從事近距離工作時，你的眼部肌肉可能會卡在緊繃模式，因而失去專注在不同距離的能力。

6. **箱型法。** 想要放鬆眼部肌肉，請在腦海中想像一個箱子。朝右上角的方向看過去，吸氣再吐氣，然後朝左上角的方向看過去，呼吸，重複在四個角落做同樣的動作。每天從事這個練習。

7. **從事遠近練習。** 當你從事近距離工作，就像我現在使用筆記型電腦工作一樣，請定期休息一下。我會在身邊放一枝鉛筆，並且坐在面向窗外能望見遠處風景的窗前，以便從事這個練習。把鉛筆拿到距離臉部十八到二十吋遠處，注視筆尖，然後緩緩將鉛筆移向鼻翼。重複做三次。接下來，將鉛筆拿到面前，看著外面視野的地平線，掃視地平線約五秒鐘，然後再次將注意力拉回筆尖。重複做三次。這樣做能夠幫助你的眼部肌肉讓水晶體聚焦於近距離和遠距離，進而幫助你的水晶體保持年輕。

> 這些眼部練習有助於彌補眼部肌肉過度發育的問題，並可能預防老花眼。

　　大多數人都知道堅果營養豐富，但很少人知道它們也能降低氧化壓力。堅果就像是體內的防鏽處理，核桃經證實能降低氧化壓力，每天吃一顆巴西豆能促進硒和麩胱甘肽的分泌，而麩胱甘肽是你身體所製造最強而有力的抗氧化物，能讓你的甲狀腺更有效率地運作，並且更順利地排出化學毒素。

　　你已經知道蔬菜富含抗氧化物。那水果呢？我最喜歡的水果是莓果（藍莓、黑莓、草莓、覆盆子）、李子，以及柑橘類（柳橙、檸檬和萊姆）。塔夫茨大學老化與人類營養研究中心（Human Nutrition Research Center on Aging at Tufts University）指出，這些水果在氧自由基吸收能力（ORAC）的測量上有最強的抗氧化力。舉例來說，藍莓的抗氧化物含量比其他四十種水果都高。一杯野生藍莓含有超過一萬三千個抗氧化物，約為美國農業部少得可憐的每日建議攝取量的十倍之多。我通常會避免飲用果汁和食用果乾，像是黑棗乾和葡萄乾，因為它們都含有濃縮果糖，可能會造成果糖負荷過重，導致胰島素阻抗、脂肪肝及高血壓，正如我在《終結肥胖》一書中所提及的。

　　綠茶。早上喝一杯綠茶不僅能夠讓你不靠一般的咖啡因刺激來提振精神，同時還富含多酚以及抗氧化物能夠預防讓你又老又病的氧化因素，並且抑制肝臟排毒的第一階段同時刺激第二階段。它也能刺激一種叫做 Nrf2 的重要轉錄因子，因為它能夠調節氧化損害。綠茶的多種特色之中表現最出色的是「表沒食子兒茶素沒食子酸酯」（EGCG）。綠茶的茶葉、茶梗及嫩芽含有六種抗氧化物，叫做兒茶素（EGCG 就是一種），而所有六種都能夠清除體內的自由基並削弱感冒病毒。這表示當你暴露在感冒病毒中時，你就比較可能不會生病。進一步說，研究顯示綠茶有助於預防和逆轉肝臟疾病、感染、消化問題、心臟病、神經組織退化疾病（阿茲海默症、帕金森症）、賀爾蒙相關癌症（乳癌、子宮內膜癌、卵巢癌、前列腺癌）、各種原因的死

亡，甚至菜花等。你可以沖泡綠茶或是食用膠囊，我的建議是讓自己成為泡茶專家。

水果、堅果和綠茶顯然都是營養經濟學的例證，也就是你的個人基因組合和造成基因表現調幅的飲食成分之間的相互關係。

第五週療程：暴露

你或許在想，試圖限制自己對合成化學物質、汙染和黴菌的暴露，這麼做是否真的值得？它們似乎無所不在。幸運的是，建立防禦其實很簡單。畢竟你已經完成那些最難的任務，包括餵飽你的基因、讓自己睡眠充足、做對運動，以及釋放習慣性的緊張模式。加上你每天至少食用兩次綠色蔬菜、更常在家自己煮，並且在上床就寢至少三小時前進食最後一餐。

以下就是你第五週的範本計劃。接下來的七天，請盡可能遵照這些指導方針去做，並且注意發生的微小改變。

基本流程

食物

- 起床，泡茶，並且每天至少喝一杯綠茶。
- 增加每日的蔬菜和水果攝取量至 9 到 11 份。最容易做到的方法就是製作冰沙，然後添加 1 至 2 份（一杯以上）的綠色蔬菜。這樣做能夠一次就增加 2 至 4 份，所以非常有效率！
- 在飲食中添加青花菜芽；每天吃一杯的量。這就算在你的每日攝取份量之內，同時能為肝臟第一階段和第二階段提供更多蘿蔔硫素的支援。
- 每天至少吃一顆巴西豆或三顆去殼的核桃。
- 請在本週延長你的隔夜斷食至十六到十八小時一次或兩次（一次有助於變年輕，兩次有助於減重）。例如，在晚上六點吃完晚餐，然後斷

食到次日中午十二點。當你進行隔夜間歇性斷食較長時間，發炎反應就會消失，而你或許也能夠降低罹患乳癌的風險。

美容

- 換掉你的護膚用品和化妝品，改用有機品牌像是 Annmarie Skin Care 和 Tarte。請在手機上下載「環境工作組織」的 Healthy Living APP（由「Skin Deep」化妝品成分查詢資料庫提供技術支援），是免費的喔！

- 我超愛在臉部清潔之後擦有機抗氧化精華液，再抹上有機油就大功告成了。硫辛酸（5%）經證實能在十二週內減少臉部老化跡象。

- 至於指甲油，我推薦下列品牌，它們在環境工作組織的「Skin Deep」評分系統中得分為 2 以下。

  -Zoya 是我的最愛，而且得分為 1 分，也就是毒性評分最低的分數

  -Acquarella 也是 1 分

  -Keeki Pure 和 Simple 都是 2 分

  - 如果你選擇在擦完基底油後使用具有毒性品牌的指甲油，那麼 Keeki Pure 和 Simple 的基底油和亮甲油是比較好的選擇

- 至於遮蓋白髮，我推薦 Hairprint，這是麻州化學家約翰·華納博士（Dr. John Warner）了不起的發現。他研發出一種不具毒性而且安全的方式，能夠模仿頭髮毛囊的正常功能，也就是使用天然顏料融入髮絲，但只對黑髮和棕髮管用。如果你有白頭髮，只要八十分鐘就能恢復天生的髮色。Hairprint 很安全，甚至連食用都沒問題。你只是在補充頭髮的天然髮色，進而恢復頭髮健康，讓秀髮強韌、豐盈、亮澤。這是專為秀髮設計的療癒系統。

營養補充品

我的患者和丈夫總是喜歡問我有沒有什麼捷徑——他們想要食用營養補充品，這樣就可以省去抗老療程中所有苦差事了。我的回答是：如果你想要

做得對，其實是不太容易的。

　　你可能會認為那不過是簡單的數學罷了：如果你有太多氧化壓力，只要吃抗氧化物的保健品來抵銷就好了。其實不然。吃健康的食物還是要擺第一。針對抽離單一抗氧化物像是 β 胡蘿蔔素如何影響健康的研究結果尚無定論，而且單獨抽離一個營養素也不太符合生理學的概念。更令人擔憂的是，抗氧化物可能會轉變成氧化物（在失去一個電子的情況下，進而轉變成自由基）。

　　食物原型是較好的選擇。許多營養素你都可以從食物中取得，像是莓果中的原花青素就無法靠吃營養補充品取得。因此我要在此重申：在可能的情況下，請先食用有機、完整的食物原型，然後再用營養補充品來支援和提升你的飲食，但只有在你先吃對食物的情況下。營養補充品無法修補營養不良的飲食。

　　儘管如此，本週的重點將著重在有益粒線體和提升活力的營養補充品上，像是硫辛酸（ALA）。即使食用食物原型的飲食方式，想要攝取足量以便讓氧化／抗氧化狀態保持平衡其實是很困難的。ALA 能修復受損細胞，而且是最重要的一種抗老、抗發炎及抗氧化因子，不僅可以食用也可以塗抹於皮膚上（詳見「美容」段落）。ALA 比維生素 C 和 E 強四百倍。它是存在於粒線體中人體自然會產生的物質，但你每天需要補充 300 到 1,800 毫克，它才能在你體內表現得像是個自由基戰士。ALA 或許也能夠在你老化的過程中保護你的骨骼並且讓你的細胞持續對胰島素保持敏感性，好讓你的血糖不會升高。一項針對肥胖女性所進行的研究顯示，當她們執行能量限制飲食時，ALA 有助於減重。其他研究也發現每天 800 毫克有助於減重，但另一項研究則證實 1,800 毫克比 1,200 毫克更有利於男性和女性減重。

> ### 空氣清淨機
>
> 　　挑選一台好的空氣清淨機，以便移除循環空氣中的微粒，像是灰塵、黴菌、花粉以及微生物等，如此一來，你就比較不容易受到過敏、氣喘，以及和黴菌相關的疾病所苦。
>
> 　　最好的空氣清淨機品牌就是 IQAir。你可以選擇移動式（HealthPro Plus），方便你放置在家中各處，或是選擇能夠連接家中中央空調系統的全戶型空氣濾淨系統（Perfect 16）。Perfect 16 的效果更強，因為它能夠移動較多的空氣，因此如果你打算購買三台以上的移動式清淨機，相較之下，購買 Perfect 16 會比較划算。

居家

- 請考慮檢測自來水是否含有毒成分。美國自然資源保護委員會（Natural Resources Defense Council）在十九個城市地區進行的深入研究，發現了好幾種有毒汙染物，包括火箭燃料（高氯酸鹽，一種甲狀腺干擾素和可能致癌物）、鉛及砷。詳情請參見下方「進階項目」。
- 改用天然的洗衣精。檢查看看你其他的清潔用品，改用有機的或是自己製造。
- 扔棄塑膠容器，改用玻璃或不鏽鋼。只使用玻璃或陶瓷碗盤在微波爐裡加熱食物。
- 扔棄塑膠塗層（例如鐵氟龍）的鍋具，並使用鑄鐵或琺瑯鑄鐵鍋具。
- 視察家中的黴菌——水槽下方以及浴缸周圍。請用水和醋調和成清潔液，將其清除。如果情況嚴重的話（不只是出現在浴缸邊緣），請向專業人士尋求協助。

進階項目

- 購買家用空氣清淨機（詳見本頁上方的文字區塊）。

- 檢測你家自來水是否含有毒汙染物。必要時請購買家用濾水系統。
- 自己栽種青花菜芽（方法請參見附錄）。
- 進行居家黴菌檢查。
- 避免重金屬；改吃鮭魚取代鮪魚以減少汞暴露；移除補牙銀粉；擦有機唇膏以避免鉛暴露。
- 檢測你的肝臟。請你的醫護人員為你測量 ALT 或是自行檢測（自行安排檢測請參見附錄的「資源」章節所推薦的化驗所）。
- 當你在外用餐但不清楚食物品質或是喝非有機的葡萄酒時，請吃兩顆食用活性炭丸來阻絕你可能吃下的化學物質和毒素。我都會放一瓶在我的皮包，在吃東西或喝東西前先攝取 500 至 600 毫克。

摘要：第五週的益處

知道每天都有這麼多暴露因素在轟炸你，一時間可能會感到無法招架。別緊張，你的身體本來就會有毒素，你只需要稍微幫它一下。一旦這麼做之後，你或許就能夠感受到：

- 氧化壓力降低以及更多抗氧化物，好讓你能夠在抗老方程式上更勝一籌
- 改善膠原蛋白和結締組織，讓你從今天起能夠少一點皺紋
- 更好、更健康，或許甚至更長的端粒
- 延長健康壽命
- 更環保、更健康的居家環境
- 食物原型的抗癌飲食方式，並且能夠支援第一和第二階段的肝臟排毒

總結

本週你將藉由減少和減輕暴露因素的方式來讓自己永保青春。毒素會

搗亂你的身體內部，先從你的粒線體開始。我認為老化過程會在粒線體中加速，因此讓你的發電廠重新上正軌是刻不容緩的。當你避免暴露因素、用抗氧化物清除損害並且吃對食物，進而治癒了你的粒線體時，你就能夠啟動抑老基因。你正在進行內部重整工作，就像每年重新整理一次衣櫥一樣。我必須重申：90% 的疾病風險都是由環境引起的，所以改變你的環境是重要關鍵。美容、飲食及居家暴露因素對你的健康是最大的影響因素，而這三者也是你最容易能夠改變和控制的。

第十章
舒緩──第六週

靈魂中有一個地方是沒有任何時間、空間，或創造物能夠觸及的。

——艾克哈特大師（Meister Eckehart）

我很容易受驚嚇。我在看暴力電影時會閉上眼睛。我的杏仁核，也就是大腦中最原始、隨時注意哪裡有危險的那個部位，是處於發熱狀態的。我清除壓力的能力很差，它會像個青少年罪犯一般一直在我的體內逗留，在我的腸壁穿孔，破壞消化，截斷我的計時端粒，把我那可憐、毫無防禦能力的大腦打得鼻青臉腫。即使是每天都會面對的壓力──開車到外縣市去看排球比賽、拜訪親戚、找出席重要場合要穿的衣服、治療頭蝨──都會讓我覺得格外脆弱、受創和緊繃。這像是工廠忘了安裝我的避震器，所以我只能自己想辦法解決。

我從功能醫學行醫過程中知道，很多人都有和我一樣的經驗。是的，大家都知道很多關於壓力管理方面的事，然而如我先前所提過的，常識和實際做法其實是兩回事。大多數人一直在嘗試同樣無效的老套策略。任何和健康有關的改變，第一步就是要先瞭解為什麼舊方法行不通；其次則是去改變舊方法，尤其是一成不變的行為模式。成功的應對需要有技巧地監控壓力反應系統，以及當壓力結束時能夠將反應關閉的能力。換句話說，我們想要把開關從出神的「戰鬥或逃跑」狀態，改為較進化的「照料和結盟」狀態。

本章是關於舒緩情緒緊張，第八章則是關於釋放身體緊繃。你的目的不僅是要更放鬆，而是要針對那些讓你感到如此壓力大和僵硬的基因，辨識出變異體，並且用一種不同卻更有成效的方法來處理這些基因，讓效果能夠維持下去。這是我們人類進化過程中最大的挑戰之一，因為長期壓力會讓你提早老化。

最後，學會如何讓壓力成為盟友——而且不只是用一大堆浴鹽泡澡而已。以下是一些最常影響壓力程度的主要基因，我們可以關閉它們，或是開啟它們來幫助我們釋放壓力，以便每天更順暢地運作並且增強韌性。

- FKBP5，也就是 FK506 結合蛋白 5，是一種和體內的壓力反應系統，下視丘 - 腦垂體 - 腎上腺皮質軸線（HPA）有關的基因

- CYP1A2，細胞色素 P450 家族 1、亞科 A、多肽 2，是為一種能夠讓你更容易過度刺激腎上腺素（並且緩慢代謝咖啡因）的酵素編碼的基因

- FAAH，脂肪醯胺水解酶，又稱為極樂基因，能控制對大麻素產生反應的酵素，那也是我們體內天然的極樂大麻分子。源自於梵文 ananda 這個字，也就是「極樂」，當大麻素和大麻受體結合時，你就會感到平靜與快樂。我需要更多大麻素，你很可能也一樣！

- WWC1，也就是 WW 結構域蛋白 1，是為 KIBRA 蛋白編碼的基因，同時和記憶以及突觸可塑性有關

- MR，也就是控制 HPA 調節器之一，礦物性腎上腺皮質素受體的基因，它能讓我們在面臨心理壓力反應時產生更多的促腎上腺皮質素（ACTH，也就是指示腎上腺分泌更多皮質醇的賀爾蒙）和皮質醇。之前當我的鄰居在家遭人持槍搶劫的時候，我完全失控了，並打算搬到更安全的社區。我花了好幾個星期才平靜下來。我丈夫開始在網路上找德國牧羊犬，還買了一根電擊棒，雖然我懷疑他早就想要找藉口買了。

- TH，為酪氨酸羥化酶編碼的基因，會讓身體在寒冷的環境中受到極

度驚嚇。在寒冷的大海上衝浪，或是坐在裝滿冰塊的浴缸裡，都會讓我感到壓力破表。我必須居住在溫暖的地方，否則我的兒茶酚胺（壓力神經傳導物質和賀爾蒙）以及我的血壓都會飆高。（該基因也和白大衣高血壓有關，這是一種可能會讓你提早老化的常見壓力反應。）

說到壓力，現代人的生活其實和我們祖傳的基因體是不相符的。人體天生的設計是要能夠從罕見的威脅中生存，然後放鬆幾個月，再面對下一次的危機。然而，心理、情緒或工作上的危機卻每天都在轟擊我們大多數人，用過多的壓力賀爾蒙搥打我們的細胞並且縮短我們的健康壽命。多年來我試過很多消除壓力的方法，包括運動、瑜珈、超覺冥想、和女性朋友常見面、正念、吟誦、氣功跑步、高潮冥想、鋼管舞。但我們必須面對事實真相：人體的設計不該面臨持續或經常性的壓力。我們必須安排出定期休息的時間讓自己放鬆、關掉電子用品、放慢腳步，並品味生活。我將引導你邁向這幾個選擇之一，以改善你的避震器，放慢時間的腳步。

它為何重要？

如果你和我一樣很難讓自己舒緩下來，請千萬不要以為你這輩子註定要過著焦慮、精疲力盡、過度敏感、處於生存模式，或是憂鬱的生活。表觀遺傳學是一種強而有力的工具，能夠讓你創造出想要的現實生活。你可以改變現狀過得更好，但你需要先從辨識這些壓力和它們的多種假面具開始──感受它、追蹤它、追捕它，然後讓你的反應緩和下來。這個過程也需要你做一件大事：你必須拓展你的壓力接受度。表觀遺傳的改變，就像你在抗老療程所經歷的一樣，對你的身體整體而言可以讓你感到自信滿滿，但也可能讓你垂頭喪志。直到你轉變成採取攻勢的狀態，或是你已經在回應壓力方面非常高明，你的表觀遺傳改變很可能會讓你壓力負荷更重，讓你未老先衰。

首先，我們先來談談為什麼會這樣：當你搞砸了和壓力的關係時，你就會老十歲。很多事情都會讓你難以忍受──例如昨天晚上我旅館房間樓上的

房客過了午夜還在大聲喧鬧，保全卻什麼也沒聽見！你的「戰鬥或逃跑」系統（也就是你的交感神經系統）一天到晚都卡在開啟的狀態，讓你在身體上和精神上都會產生皺紋（你的內在肌膚或蛋白質會起皺打褶）、血糖問題、大腦海馬體（負責記憶整合和情緒調節的部位）萎縮，以及骨骼變薄。你無法去欣賞其他人或是你最珍惜的事物。也就是說，你無法開啟你的鏡像神經元──當一個人從事某個行為，以及當他觀察另一個人從事某個行為時所釋放的神經元；是一種歸屬感和親密感的重要過程。鏡像神經元是自我意識的所在地。它們對於聯想學習和較複雜的行為至關重要。有些人認為鏡像神經元是神經科學過去十年中最重要的發現。然而，你卻會感到自己被困住、隔離、自我中心，以及恐懼。意識的孔徑變窄了，健康壽命就會下降。你可能會以時間壓縮、批評、厭惡，或是惱怒的形式感受到。關於壓力失控的風險，請參見下頁圖表。

其次，如果這些問題無法吸引你的注意力、激勵你想要改變，請考慮這點：創傷性的壓力會透過表觀遺傳改變，對你的身體以及你孩子和孫子的身體造成長遠的影響。你的壓力程度以及你的感知方式或許無法改變你的硬體（基因），但卻可能改變你的軟體（表觀遺傳）。你對人生中事件的負面感知會以分子的形式深藏在你的體內，影響你的 DNA，就像是靈魂的傷口。

瑞秋・耶胡達博士（Rachel Yehuda, Ph.D.）是西奈山醫院（Mount Sinai Hospital）精神病學和神經科學的教授，她對靈魂傷口十分瞭解，因為她研究了猶太人大屠殺和九一一恐攻生還者的表觀遺傳改變。首先，她研究了三十二位大屠殺的猶太生還者的基因，然後她觀察了他們子女的基因，再將那些人的結果和戰時居住在歐洲以外的猶太家庭相比較。她的研究重點是 FKBP5，也就是那個負責調節壓力控制中心的基因。

壓力下的身體

大腦
晝夜節律受到干擾、憂鬱症和失智症的風險增加

耳朵
耳鳴、聽力受損

睡眠
深度睡眠（第三階段）減少；失眠

腹部
脂肪堆積增加

腸道
胃食道逆流、血液流通變差、腸漏症和對食物敏感、食物停留於腸道的時間改變、腸躁症

卵巢
性賀爾蒙減少、性欲下降

骨骼
骨質密度減少、骨折風險增加

皮膚
油脂分泌增加、痤瘡、濕疹、乾癬、脣皰疹、皺紋

肌肉
痙攣、慢性肌肉隱痛和疼痛

眼睛
視力模糊、疲勞、眼睛內部和周圍疼痛、頭痛、抽搐

甲狀腺
總三碘甲狀腺素 T3 的分泌減少

心臟
心率和血壓升高、罹患心臟病和中風的風險增加

腎上腺
皮質醇和腎上腺飆升、性賀爾蒙減少、糖皮質素抵抗

肝臟
血壓飆高、糖尿病前期、糖尿病、代謝症候群

免疫系統
發炎反應、更容易感染和出現自體免疫病症

細胞
端粒變短

血管
動脈變硬並且會讓血壓升高

　　她發現生還者的創傷以表觀遺傳的形式傳給了下一代；生還者的 DNA 並沒有改變，但表觀遺傳的標記改變了，而那些改變（也就是貼在 FKBP5 上的便利貼和罹患創傷後壓力症候群風險的增加）被傳到了生還者的後代

身上。對於 2001 年紐約市世貿中心恐攻發生時在場或在附近的懷孕女性，耶胡達進一步發現 FKBP5 遺傳問題的證據。在一群三十五位懷孕女性中，FKBP5 的改變導致了一位女性罹患創傷後壓力症候群的風險增加，並且也遺傳給了她的寶寶。

在跨代恐懼尚未被發現出現在人類身上之前，研究人員在老鼠身上找到了。在創傷的表觀遺傳原始研究中，老鼠在聞櫻花的時候接受了電擊。這種並置使得老鼠害怕櫻花，研究人員發現牠們的子輩和孫輩也同樣會害怕櫻花。創傷是遺傳的，而非存在於基因體本身中，但在表觀基因體上，也就是集體標記上（就像是便利貼），能夠指示基因該怎麼做。

所以重點是什麼？當我懶得把壓力從我體內趕走，或是對於靜思冥想沒有持之以恆的時候，我都會想到我的孩子，並想到我的人體構造會把這些創傷反應傳給她們。所以如果你無法為了自己好好看管壓力，那麼就為你的後代著想吧。

關於伊卡洛斯的另一半神話

還記得第四章中的伊卡里亞人嗎？他們的名字源自希臘神話故事中的伊卡洛斯，但大多數人只記得一半的故事。伊卡洛斯這個傢伙，他的父親用羽毛和蠟替他做了翅膀，好讓他能夠飛翔。或許你還記得故事中提到過不要飛得太靠近太陽，伊卡洛斯就是那麼做了，結果蠟融化了，他的羽毛沒了，以至於他也摔死了。或許你現在的生活方式，沉溺在壓力中，需要一杯葡萄酒來消除緊張，和飛得太靠近太陽是一樣的道理。但在伊卡洛斯的神話中，除了飛得太高之外，還有另一個問題：伊卡洛斯也被提醒不能飛得太低，因為大海的霧氣可能會讓伊卡洛斯翅膀上的羽毛變得潮濕，而阻礙飛行。我們兩者都需要避免。不要讓交感神經系統跑得太高或太久，反之，也不要讓它跑得太低導致皮質醇過低，對威脅反應不足。唯有最寬廣和適應性最強的動態範圍，才能帶來長壽。

第六週的科學原理：舒緩

那些認為這個世界充滿壓力的人，不僅看起來憔悴，而且也會罹患過敏和其他免疫系統方面的問題。他們會比較容易喘鳴和發癢，也容易因心臟病而提早死亡。我們自我舒緩的集體需求日益劇增。你會以為我們現在應該早就瞭解壓力如何上身，但事實真相是我們直到近年來才發現。

研究雙胞胎可以幫助我們瞭解先天與後天（基因與環境）這個老問題。在一項針對三百對雙胞胎進行的研究中，調查人員問哪個原因對工作壓力的影響較大，是日常的環境還是個人的性格。首先，人格類型的差異幾乎有一半是基因決定的。其次，在工作壓力方面，因人而異的工作壓力差異基因就影響了 32%，以及幾乎 50% 的健康問題差異。這已經超過了支配罹患嚴重疾病風險的 90 ／ 10 法則，因此，找出壓力遺傳決定因素的解決之道，對你的工作滿意度和健康是非常重要的。

正常壓力系統

在正常的壓力反應下，威脅（例如交件期限、保母臨時取消、有熊緩緩向你逼近）會誘發你大腦的下視丘部位立即採取行動。下視丘是神經系統和賀爾蒙系統的交會處。這是一群叫做「邊緣系統」的結構，其功能是解讀威脅。最終，下視丘會調節以下幾點：體溫、飢餓、睡眠、情緒，以及其他體內動態（平衡）系統。壓力會干擾體內動態平衡，在神經系統和內分泌系統中引發反應來回應壓力，然後又回到體內動態平衡或是一個新層級的平衡。

以下就是壓力反應系統的正常循環：

- 下視丘會分泌促腎上腺皮質素釋素（CRH）和血管加壓素（AVP）來回應壓力威脅。
- CRH 會發出信號指示腦垂體製造促腎上腺皮質素（ACTH），它會刺激腎上腺素製造壓力賀爾蒙，包括皮質醇。CRH 也會在中樞神經系統以外的地方被釋放——例如皮膚——因而造成發炎反應。
- 皮質醇會回到大腦。在下視丘中，皮質醇會關閉 CRH 和 AVP 的製

造。在邊緣系統的其他部位，皮質醇則會關閉糖皮質素受體（並停止製造更多皮質醇的信號）並開啟礦物性腎上腺皮質素受體（持續製造AVP）。

回到我丈夫對於社區有人遭持槍搶劫的反應，他的壓力賀爾蒙穿越這些途徑後，決定買防身武器並且大力鼓吹養看門狗，這樣對他而言就足夠了。圓滿達到平衡狀態。對我而言，這個經驗卻截然不同，而且延續了很久。

壓力如何會造成傷害

當你感知到壓力時還會發生另一件事，那就是糖皮質素會被釋放到血液中，好讓你能夠戰鬥或逃跑。這是藉由升高你的血壓、心率以及血糖來驅動的。如果這是偶爾發生，好比每三到六個月一次，那很正常，而身體也會在那之後自行調適。但如果你的基因編程是讓你會去預期壓力、感知更高程度的壓力，或是恢復得很慢和／或很差，過多的壓力賀爾蒙可能會對你的系統產生毒性。糖皮質素值過高會縮短你的端粒，而那可能會阻滯某些細胞進入衰老的殭屍狀態（也就是細胞不算活著但也不算死了），並釋放會促成發炎反應的化學信使。

大多數的研究顯示，導致 HPA 軸過度活躍的不平衡都發生在患有焦慮症、憂鬱症和創傷後壓力症候群的人身上。更有意思的是，強度的壓力反應似乎早就發生在精神疾病診斷之前，而且可能和重要壓力基因（如本章一開始提過的 FKBP5、CYP1A2、FAAH、WWC1、MR、TH）的某些遺傳變異有關，給了醫護人員和公眾科學家大好機會能夠在情況變糟之前插手干預。HPA 軸失調，最大的問題是無法抑制 CRH、AVP 和 ACTH，意味著壓力反應無法適當被關閉。結果是你會持續感到壓力，即使威脅已經消失，就像住家附近幾條街外發生犯罪事件的我，在好幾個星期後依然備感威脅一樣。

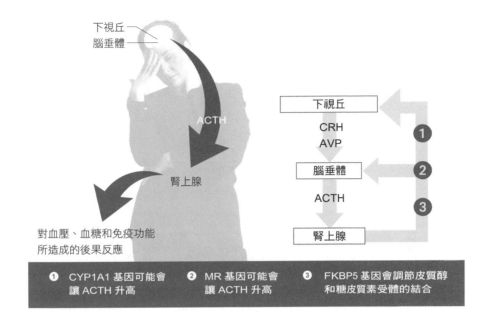

下視丘-腦垂體-腎上腺軸線

下視丘
腦垂體

ACTH

腎上腺

對血壓、血糖和免疫功能
所造成的後果反應

下視丘
CRH
AVP
1

腦垂體
2

ACTH
3

腎上腺

1 CYP1A1 基因可能會
讓 ACTH 升高

2 MR 基因可能會
讓 ACTH 升高

3 FKBP5 基因會調節皮質醇
和糖皮質素受體的結合

　　對壓力的感知劇增，會造成迷走神經張力（或反應力）降低，這意味著
迷走神經並未完全發揮它的功能。迷走神經是副交感神經系統中最重要的神
經，如果迷走神經不開心，你就無法健康，而且容易老化得快。迷走的意思
是「遊走」，這個神經在你全身各處遊走於重要器官，例如大腦、頸部、耳
朵、舌頭、心臟、肺部、胃部、腸子、肝臟、胰臟、膽囊、腎臟、脾臟以及
女性的生殖系統。迷走神經張力較低也和以下各種問題有關：

- 焦慮
- 飲食時飽足感或放鬆感差
- 難以進入身心結合和心流狀態（神馳狀態）
- 胃酸分泌過少
- B12 吸收不良
- 膽酸分泌少或緩慢，導致難以清除脂肪和毒素

- 便祕

- 腎血流量不足

- 血壓較高

- 血糖控制不佳

- 心率變異性差，罹患心臟病風險高

- 靜止心率高

- 頻尿

- 性高潮能力有限或缺乏

反之，迷走神經張力高是較多利他行為以及與他人親密感的指標。

找到適合你的運動量

我們大家都知道活動量不足和久坐很不好，但就像伊卡洛斯被要求不能飛太高或太低一樣，運動也要保持中庸之道，才能帶來最大的長壽效應。當你運動量不足，可能會傷害你的免疫系統、降低你的抗壓性，並且導致晝夜節律失調。當你運動量過多──時間過長、太劇烈、太頻繁，以及恢復不足──可能會對你的壓力反應系統造成問題，導致免疫問題、受傷以及腸漏症。

過度運動會釋放兩種賀爾蒙：CRH 和皮質醇。CRH 會增加腸道的滲透性，也就是易漏性，以及肺部、皮膚和血腦屏障的滲透性。皮質醇值會因為劇烈運動而升高，例如跑步，而那可能會造成過多損耗而加速老化。皮質醇過高也會改變細胞之間的緊密連接，以至於微小的有害物質可能會穿透屏障。此外，皮質醇過高會降低腸道蠕動、阻礙消化、鈍化腸道的血液流通，以及黏液產生，而那是一種重要的免疫功能。頂尖運動員都有一些小訣竅像是補充益生菌、魚油及維生素 C，然而，適度運動或許才是最好的方法。

人們經常處理壓力的五種方式

廣受尊崇的心理治療師兼禪學大師席薇亞・布爾斯坦（Sylvia Boorstein）認為，面對痛苦和緊張，我們生來就有五種預設的處理方式。以下是五種壓力的反應方式：

1. 煩躁

2. 感到發怒

3. 灰心並感到挫敗

4. 個人化（都是我，是我的錯，是我做錯了。）

5. 尋求感官的慰藉，像是披薩或甜甜圈或性愛

這五種應對方法是自然發生的，就像是你身心的出廠設置。如果你知道自己的預設應對機制，你不需要讓它來下定義迫害你。讓自己脫離困境，不要因為不想讓自己變成這樣——焦慮、憤怒、狂吃一品脫的冰淇淋——結果反而讓自己更悲慘。接受你與生俱來就是這樣被設定的事實。接受這件事是很玄妙的，它能安撫過度活躍的神經系統。接受是一種途徑，能夠讓我們更明智地去對待壓力。

在創傷性壓力和加速老化方面，現實本身並不是問題所在，而是我們和現實抗爭並且重複一再經歷的方式。人生難免會帶來失望和複雜，但我們可以修正我們的反應和觀點。正如席薇亞・布爾斯坦安慰道：「甜心，你正在經歷疼痛。放輕鬆，深呼吸，讓我們來觀察一下到底發生了什麼事，然後我們再想辦法看看該怎麼做。」

我知道你已經瞭解：受苦通常是來自於抗拒，而非接受那些超出你控制之外的事。請提醒自己：我們只能改變那些可以控制的事。這雖然是常識，但幾乎沒有人遵循。接受有很多層面，這比試圖逃避或暴食或脫離現實要健康多了，這些或許是暫時性的舒緩方法，但長期健康是真正需要接受和積極投降的。這可能意味著原諒那個讓你滿懷憤怒的人，真正地拒絕，或是決定只吃餐盤中的食物而且不再盛第二次。

駕馭壓力的最佳方法

我們都有與生俱來的能力去抵抗毒素壓力，賀伯‧班森（Herbert Benson）把它稱為鬆弛反應。當你用一種新方法來處理你的預設反應時，就是重新訓練你的心智用不同方法去應對壓力的開始。你可以透過禱告、正念、瑜珈、氣功，以及許多其他形式達到這個目標。

現在你應該已經知道我很愛瑜珈，而且用它來創造我自己的避震器。瑜珈的放鬆機制記載於兩千五百年前巴坦加里（Patanjali）的《瑜珈經》中：瑜珈是頭腦思緒波動的停止（Yoga citta vritti Nirodhah）。當你的呼吸和動作同步時，你的思緒就能夠緩和下來，進入一個較為安定、有意識的狀態。

靜思冥想也是一種方法。一項 2009 年發表的研究，針對四十四位受試者（一半為冥想者，另一半為非冥想者）進行了腦部掃描（高解析度核磁共振）。冥想者在大腦中負責注意力、心理靈活性、正念以及情緒控制。其他研究也證實大腦在用心專注能力方面的改善。靜思冥想能在結構、生理以及心理方面重新訓練大腦和心智，好讓你能夠更加適應面對壓力。

靜思冥想能夠刺激你的迷走神經，但你也可以用其他方法改善迷走神經張力。或許是去上教堂；或許教堂對你而言就是健身房或打毛線。套句作家伊莉莎‧埃伯特（Elisa Albert）的話：「重點是如果你無法學會駕馭壓力的話，壓力就會把你拉下馬。」這就像是陣痛和分娩一樣。讓我幫助你學會（如埃伯特所建議的）爬上去駕馭它吧。

重整迷走神經的七大方法

1. 與他人建立正面積極的聯繫
2. 洗冷水澡（試試看，但如果那會讓你壓力過大，你可能和我有相同的 TH 基因！）
3. 預約反射療法（腳底按摩）
4. 右側睡

5. 唱歌！

6. 針灸，尤其是在耳朵部位

7. 預約顧薦椎療法（第八章中介紹過）

這些行為都可能會誘發你的壓力基因關閉，帶來更深刻的平靜感。

找到正確的方式

　　身為婦科醫師的我，多年來一直為女性如何應付遺傳傾向以及失調賀爾蒙方面提供諮詢，我很清楚對於幾乎每個失調的賀爾蒙而言，壓力都是一個致病或使其加劇的因素。我視為理所當然的是，大多數的人都能藉由修正他們和壓力的關係而受益，但你必須先客觀地觀察你對壓力反應的經驗，然後你就能找出最佳的靜思冥想途徑。

　　大量文獻都記載了靜思冥想有助於調節壓力、焦慮、慢性疼痛以及許多疾病。靜思冥想有助於改善提升正面心情，並可能幫助你抵抗流感。訓練後立刻就能夠感受到效果，即使是初學者。重要的是請從本週開始每天練習。

　　正如通往極樂世界並非只有一條路，靜思冥想也沒有哪一種方法是最好的。主要的四種方式為：

- **集中注意力**（注意力集中在單一事物上，例如呼吸或意念形象法，例如仁愛和歸心祈禱）

- **開放監控**（不是把注意力集中在單一事物上，而是以開放、不批判的心態監控去你經驗的所有層面，例如正念和內觀）

- **超覺冥想**（一種透過默念一個字或種子梵音的冥想方式）

- **流動冥想**（瑜珈、迷宮行走、正念行走、高潮冥想）

　　每一種自我舒緩的療法都有其特別適合的個性，但所有的方法都有助於讓你的基因轉換到不同的模式。對我而言，瑜珈是最有效的，因為它能幫助我目睹我的思緒，而非被它們蹂躪。此外，我一定要先運動過後才能夠乖乖坐著。你或許不想選擇瑜珈來重建你和壓力源的關係，以下的簡易指南能夠

幫助你辨識出最適合你的療法。

莎拉醫師的療法：哪一種最適合你？

1. 如果你完全不曾接觸過靜思冥想，請先從開放監控開始。你可以聆聽由約翰‧卡巴金（John Kabat-Zinn）引導的正念冥想，或是下載塔拉‧布萊克（Tara Brach）的 podcast。

2. 如果你是屬於 A 型人格、進取心強、焦急不安、充滿敵意憤怒型的人，時時刻刻都在過度思考，我建議你試試超覺冥想或流動冥想。動作緩慢的艾揚格（Iyengar）瑜珈或哈達（Hatha）瑜珈或許不太適合你，我建議流動（vinyasa）瑜珈、八肢（Ashtanga）瑜珈、能量（Power）瑜珈，或佛瑞斯特（Forrest）瑜珈。你的目標是觀察你的思緒，而非趕走所有思緒。如果你是情欲之徒，可以嘗試高潮冥想，這是一組循序漸進的練習，由一位伴侶輕輕撫摸另一位伴侶的陰蒂十三分鐘。這樣做的結果被認為具療癒效果而非性行為，因為撫摸的動作據稱能夠釋放大量催產素。

3. 如果你是那種嚴以律己或是能夠輕易超級專注的人，可以試試集中注意力式的冥想。如果你信奉上帝，可以用禱告的方式。仁愛是一個特別適合的出發點，因為那需要你專注在對自己和他人產生溫暖、富有同情心的思緒。席薇亞‧布爾斯坦（Sylvia Boorstein）是我最喜歡的一位教導仁愛（又稱為 metta，也就是愛心冥想）的老師。以下是她的一首仁愛冥想，可以幫助你專注思緒：

- 願我擁有安全感。
- 願我擁有滿足感。
- 願我的身體提供我力量。
- 願我的人生一帆風順。

4. 如果你有成癮的問題，那通常都是世代相傳的，請嘗試「十二步

驟戒癮方案」（Twelve Step program），像是戒酒無名（Alcoholics Anonymous）、食物成癮康復無名會（Food Addicts）、匿名戒饞會（Overeaters Anonymous），或關係成癮自助戒癮會（Co-Dependents Anonymous）。康復的基礎就是和一種至高無上的力量建立關係，努力遵循步驟，因為那是個人操守的藍圖。十二步驟戒癮方案是仰賴定期參加聚會的方式，和一位導師或一群人一起遵循步驟來戒癮。

冥想的形式還有很多種，但大多數都是源自於這四種。很多形式都能夠促進迷走神經張力，但有三種經實證有效的療法為仁愛、吟唱「嗡」，以及太極。找出哪種方法對你最有效，如果你還是不太確定，將這些方法各嘗試一天，然後選擇你最喜歡的一種，持續在本週以及七週療程中進行。（我個人在集中注意力以及開放監控方面能力很差。嘗試只吃半個餅乾然後逼自己感到滿足，這對我而言簡直就是註定失敗。）所有這些方法的目的都是要讓你的心靈能夠泡個溫水澡，重整你的皮質醇值。

和超覺冥想的親密接觸

還記得那是 1984 年，大多數和我同齡的女孩都在唱瑪丹娜的歌，我卻坐在一個大演講廳中學習超覺冥想。曾經有位名人說過，人們不會記得你說過的話，但他們會記得你帶給他們的感覺。我不記得我們的老師說了什麼，而他看起來像個衣衫襤褸的印度苦行僧，但我確實記得練習帶給我的感受：平靜、滿足、自在。

在成長的過程中，我和母親及曾祖母一起做過瑜珈，但當時的我並沒有持續練習，也不明白瑜珈的目的其實是要讓心靈平靜。我學到人類的大腦會把人生中不可避免的複雜問題和難題，用不必要的折磨變得更糟。我發現我的心智會和我的經驗產生衝突：我想要這個，而不是那個；我很冷，需要離開這裡；為什麼我的指甲油會剝落？超覺冥想提供的是不可多得的贈禮：我找到了自己過去的遇險模式以及更明智的存在方式之間的差距。在那個差距中，我的行為和行動開始有了改變。

當你一邊在尋找最適合自己的方式時，可以訂立一個短時間的目標——大約十分鐘——讓你能夠輕鬆達標。如果你無法做到十分鐘，那麼就從五分鐘開始。如果十分鐘太容易，試試二十分鐘。即使只是抬頭挺胸坐著深呼吸都能帶來益處，即便你的思緒依然在四處遊蕩。這樣做還是能夠改變你的壓力反應，並且有助於重新訓練你的心思。

第六週療程：舒緩

是時候讓壓力成為你的盟友了，所以我會讓本週的療程變得非常簡單而且沒有壓力。選擇你想要嘗試的冥想療法，每天持之以恆練習。我建議你醒來之後立刻進行冥想，這樣做的成功機會最大，因為你將能夠在被一天的壓力席捲之前重新訓練你的心思。

當你靜思冥想的時候，請練習用鼻子深深吸氣和吐氣。請用整個肺活量呼吸，這樣做有助於抑制交感神經系統並刺激副交感神經系統。你需要開啟上後鋸肌才能夠深呼吸（做法是在吸氣時讓腹部完全擴張），然後開啟下後鋸肌以便讓肺部完全清空（做法是讓腹部完全朝脊椎方向收縮）。你需要這兩種肌肉動作才能啟動副交感神經系統。其中一種肌肉甚至兩種肌肉都可能因為很少使用而緊繃。當你讓這些肌肉順利運作時，深吸氣和吐氣就會變得越來越容易，並且能夠療癒身心。

雖然此時運動應該早已在本療程中成為你每日的習慣，但如果你尚未持之以恆，請利用本週的機會養成習慣。選擇一種你喜歡的運動，在本週花四天的時間讓自己出汗。我們都知道，運動能夠擊敗壓力、幫助我們睡得更好，並且促進腦內啡分泌。

除了在本週的療程中盡可能消除壓力之外，也請你處理自己對壓力的反應。找出你的預設應對機制，並且用新的鬆弛反應來擊敗壓力。我建議你在一天中盡可能地特意留神，當你遇到壓力大的情況時，深呼吸三次後再做出反應。在一週中，你將會注意到當你面臨每日的挑戰時，自己將能夠更有參

與感，對情況也能夠更加掌控。

本週的重點是定期進行靜思冥想（任何適合你的形式），以便改變你對壓力的反應。長期下來，你將能夠讓大腦變得更健康、更靈活、更敏捷。

基本流程

- 每天醒來之後，花十分鐘靜思冥想、禱告，或是聆聽引導式的意念形象法。智慧手機方面的資源，請參見本書附錄的「資源」章節。
- 從前文「重整迷走神經的七大方法」選擇一種方式來提升你的迷走神經張力。你可能要花超過一週的時間才會注意到迷走神經張力增高，但今後請盡可能持續在你的生活中進行這些方面的重整。
- 請在晚上十點上床，右側躺下，刺激你的迷走神經。盡可能每晚睡滿七至八個半小時（請閱讀第六章複習）。

營養補充品

- 補充 omega-3，例如初榨鱈魚肝油或其他魚油，每天攝取 1 至 2 公克。它能降低你的皮質醇值、增加淨體重量，並且改善透過心率變異性測量而來的迷走神經張力。

進階項目

- 如果你需要協助，讓自己對這種新練習負起責任，請找一個人和你搭檔。有時候一位人生教練或治療師能夠幫助你加快進展、協助你辨識出自己在壓力方面的難處，以及提供如何用不同方法處理壓力的建議。或者，你也可以考慮找一位好朋友一起進行這個療程互相幫忙。
- 歸心祈禱（Centering Prayer）。這是我綜合其他一些大眾化的祈禱方式之後簡化的不可知論版本。
  - 選擇一個神聖的字眼來象徵你和內在神性之間的連結，例如：恩典、平靜、信任、信仰、和平、安樂。

- 舒服地坐著，然後閉上眼睛，默念你的神聖字眼邀請神性和你進行連結。
- 當你發現自己被某些思緒綁住時，回到那個神聖字眼，那是你許可的象徵。
- 保持靜止不動，閉著眼睛持續一陣子。

摘要：第六週的益處

當你把壓力變成你的盟友而非受其所害時，你就立即能夠藉由降低壓力反應所帶來的傷害而改善你的生理。我們就是從這裡開始來重新訓練大腦停止加速老化。開始靜思冥想能夠立刻改變你的心態。只要進行短短幾分鐘的深層腹式呼吸，你就能夠注意到一種平靜感，那是從體內即刻的血液流通情況改變所產生的。你所感受到的壓力越少，你的杏仁核，也就是大腦中負責尋找威脅的那個部位，就會越平靜。你會開啟你的鏡像神經元，進而啟動你的自我意識和自省。你越持續練習靜思冥想，在應對每日壓力時就能較容易維持心理控制。請記得選擇一種最適合你個性的冥想療法，好讓它能夠成為日常生活的一部分。

此外，當你持續進行冥想時，你的消化會改善，免疫系統功能也會變好，讓你比較不容易得流感，而且你也可能改善體內端粒，而那是有助於延緩老化的。你是否曾注意過，那些從事靜思冥想的人看起來都比較年輕？這種古老的修練方法確實有其好處，而現在科學界也證實了這個理念。

在學會如何善加駕馭壓力方面，對我而言或許更重要的是，當我不再承受壓力時，我就能夠用更好的方式去愛更多。挪威詩人阿尼·蓋柏格（Arne Garborg）形容得很美：「愛一個人就是學會對方心裡的歌，然後在他們遺忘的時候唱給他們聽。」我必須要有我的鏡像神經元並且持續感覺平靜，才能夠唱我所愛的人心裡的歌。

▌總結

　　當你知道你的身體在處於壓力之中時會出現什麼狀況，並且明白其後果風險，你就能夠運用靜思冥想改變舊模式，用更好的方式去適應。不要抗拒你不喜歡或不想要的事物，請嘗試和此刻的人生所帶給你的體驗合作——就像那首歌說的：「如果你不能和你愛的那個人在一起，那麼就去愛和你在一起的那個人吧。」接受現實，你就能夠活得更長久、更快樂。

第十一章
思考——第七週

　　幾乎我們所有的苦難都是源自於我們的思緒。我們在人生中幾乎時時刻刻都迷失在思緒當中，成為那些思緒特質的人質。你可以打破這個魔咒，但那是需要訓練的，就像你需要訓練才能夠防禦自己不受身體攻擊的傷害。

—— 山姆・哈里斯（Sam Harris）

　　你的頭部是大腦和心靈的居所，雖然我們大多數人都會多注重心靈一點。這兩者會彼此影響健康狀況，所以我們不能忽視任何一方。事實上，你對外在環境的感知會影響你內在環境的生物學，反之亦然。你的思緒也會主導基因表現。因此我們會希望能夠整合身心，就從大腦開始。

　　這個目標是出於必要的，因為大腦只會越變越老。我喜歡把它想成是大腦越變越好，因為我知道一個健康的大腦是由輸入（就像喝綠色冰沙及靜思冥想）以及輸出（例如注重睡眠、預防腸漏症，甚至是讓粒線體保持在最佳狀態）之間取得更佳平衡建構而成的。對我而言，其中一部分的難處是我經常會妄自菲薄以及認知失調和扭曲的問題，另外還有成癮行為的家族傾向。如果有什麼事是值得做的，那麼多做一點豈不是更好嗎？呃，不，其實不然。我是個正在嘗試不要老是廢寢忘食的工作狂、運動狂、自我修復狂、代辦事項清單狂，以及食物成癮者。或者，如一位友人所說的，我是「A- 型」的人格。

或許你也有其中一項或多項這類問題。你幾乎一定會經歷負面和不一致的思考模式、態度以及信念，而它們會影響你的選擇和行為，有時候是不理智而且毫無意識的知覺。你可能也像我一樣，在做決定的時候會過度重視錯誤的因素，總是抱持一種不全則無的極端心態，或老是想著負面而非正面的事。雖然是人都難免在承認錯誤方面後知後覺，但我知道這些傾向在我的婚姻中曾導致衝突，讓我在教育子女及交友方面很自以為是，而且有時候讓我在飲食方面做出了超越了我個人誠信的事。

你可以有其他選擇。我們每個人都可以用更多意識去思考和行動，在人生這檔事上一般而言就能表現得更好。這需要精神上的康復以及重新校正哪些是對心靈、大腦及神經系統有益的。如果它們無法以最佳功能運作，你想要延長健康壽命所做出的選擇就會和你的生理時鐘一樣跟著受損——也就是說，你會未老先衰。這其實沒有你想像的那麼困難，你只需要按部就班一點一點慢慢來就可以了。在本療程的前六週中，你所完成的事項已經對你的頭部大有助益，現在我們只是想要讓進展更上一層樓。到了這個時候，你應該不會驚訝聽到我滔滔不絕說出那些讓人產生負面想法或是對大腦功能有害的頭號基因了吧。我先天就遺傳到了其中一些變異體，但還好不是全部。

- 「勇士」基因，也就是 COMT 基因，會影響你是否是個「勇士」或「憂士」（我不敢相信我居然是「勇士」）。
- 阿茲海默症和不良心臟基因，APOE，能提高或降低罹患阿茲海默症的風險（我沒有 APOE4 風險的對偶基因，但我很多患者都有）；改變早在症狀出現之前的數十年就已經在大腦中發生了。
- $\beta 2$ 腎上腺素能表面受體基因，也就是 ADRB2，它的名稱一點都不名副其實，因為它長期以來一直讓我和體重及食物處得很糟。當你有這種遺傳變異體時，想要減肥就得花上比一般人多一倍的功夫。這對於想要燃燒脂肪的女性來說就像是個不速之客。運動也幫助不大，我只能靠著控制意志力，讓自己仰賴持續的紀律吃對的食物，而且不能過量。煩死了！

- 克洛托（Klotho）是一種為抗老賀爾蒙編碼的基因，能夠提高智商。
- 多巴胺受體 D2（DRD2），它會讓我想要飲食過量並且有成癮的表現。
- 腦源性神經營養因子（BDNF），這是讓你的大腦更聰明並且隨著年齡增長使神經可塑性增強的基因。
- FAAH（脂肪醯胺水解酶），又稱為極樂基因，是上一章討論過能夠為大麻素產生反應的酵素編碼，也是我們體內天然的極樂大麻分子。

　　思維錯亂的一個極端例子就是阿茲海默症，這是一種影響心智的疾病。這種疾病的徵兆是患者完全不知道自己已經精神錯亂。有三分之二的阿茲海默症患者不知道自己得了這種病，我的外婆海倫就是一個例子。外婆在我年幼時就像一盞明燈，散發出無條件的愛——嫵媚、幽默，總是隨著名樂隊的曲子一邊哼唱一邊跳舞，慢條斯理地做著家事，烹飪、打掃、細心照料我。我經常穿著她的雙色拼接鞋、戴著人造珠寶，在她家中踏著重步走來走去。我小時候住在馬里蘭州，她都會來接我放學（還有夏天的夏令營），因為我母親有一份全職工作。外婆教我園藝、釣魚，以及抓藍蟹。然而，她卻在六十多歲的時候罹患了阿茲海默症。

　　起初，外婆會在開車的時候迷路。我們原本是要去買菜，最後卻會跑到前往巴爾的摩的公路上，而非開往她位於乞沙比克灣的家。後來她又變得口齒不清，再也無法信任自己的直覺；她也經常發呆，彷彿腦袋一片空白。之後，她那溫柔又慈愛的個性就變了，她會用憤怒和或許帶有挫折的眼神瞪著我，她的神智也逐漸變糟。連一個小決定都會讓她顯得幼稚，被哀怨癱瘓的她宛如活在過去的自己的陰影之下。然而她並沒有死去，而是在一家療養院待了二十年，逐漸凋零，無法認出我們家任何人，臥病在床，需要全天候的照護，直到八十四歲才過世。她的壽命雖然很長，但很可惜的，健康壽命卻很短。

　　我發現阿茲海默症是可以避免的。即使你因為家族史或基因的關係以至於在遺傳上有罹患風險，你都可能預防或逆轉這種令人心碎的災難。我雖然

沒有阿茲海默症的基因，但由於我外婆的經驗，我非常積極想要在表觀遺傳上盡一切努力，來避免這種疾病的發生。

▋它為何重要？

在正常情況下，如果心智和大腦會老化的話，那是逐漸發生的，而且不會有受傷和疾病的狀況出現。當你照顧好你的大腦時，詞彙和語言能力事實上會隨著年齡增長而增加。老年人可能在觀點和問題解決方面更加擅長，他們會花時間仔細研究出明智且合理的解決方式。他們更擅長辨識出事物的模式，而且也更瞭解他們的決定所造成的影響。

我們都認識那種有智慧而且更能接受生命悲喜交集的老人。比起年輕人，他們較不容易發怒、感到壓力，或是擔憂。心理健康——概略地說，也就是你的人生和心情的整體評價——在四十六歲的時候會達到低點。在那之後，大腦和心智都會處於較佳的狀態，身體也會因為抗壓性改善以及更明智的抉擇而受益。感恩、寬恕、感激以及平靜感會在七十歲的時候達到顛峰並且維持在高點。其他功能——組織、規劃和分析——在老年人的大腦和在年輕人的大腦是一樣的。然而，並非所有一切都像童話故事般美好。大腦的處理速度通常會變慢，老化的大腦也會讓記憶衰退。隨著膠原蛋白的減少，關節會出毛病，白髮也會冒得越來越多，而這些困境可能會讓你萌生負面思緒和憂鬱，如果你被它們沖昏頭的話。

我希望這些不會發生在你身上，因為我們的療程已經讓你上了正軌！你可以透過規律的運動、學習和教育、修復你的腸道，甚至是打電動來預防記憶衰退和失智（以及聽力衰退！）。你應該要讓你的海馬體，也就是你大腦中的情緒、記憶和自律神經系統中心，保持茂密和連貫，就像生長在熱帶雨林中的濃密蕨類植物。

創造新神經通路的簡易方法

1. **記錄。**本週請找一天的時間去辨別並記錄你的自言自語。有時候我會把我的思緒當成坐在我腦中批判我的「委員會成員」。只要記錄你那些最平常的思緒就行了,無須具有批判性。

   - 我很胖。
   - 我好累。感覺這麼累是不正常的。
   - 我老了。我的脖子好痛。
   - 我是個壞母親。
   - 我應該用巧克力犒賞自己。
   - 和朋友相聚這件事上我做得很差。
   - 我應該打電話給我媽;為什麼我無法做到定期打電話給她?
   - 看看 barre 課上第一排的那個女人!她比我大二十歲,可是比我還強壯!我絕對不可能比得上她的!

   不要做任何修改。只要寫下最先想到的五至七個思緒就可以了。

2. **詢問。**針對每一個思緒,問這些問題:是真的嗎?這樣有用嗎?這對我有好處嗎?語氣如何?陳述者多大歲數?這裡的目的是冷靜地去觀察你的思緒,如此一來你才不會侷限於少數幾種情緒中。舉例來說,或許和朋友相聚這件事上我真的做得很差,而我需要正視這個問題。請注意:罵髒話代表陳述者是個叛逆的青少年!

3. **承認不好的地方,**但保持一顆善良的心。這讓我感覺很不好嗎?探索自言自語的下游情緒後果。對我而言,認為我自己很胖最後卻成了會應驗的預言。這是於事無補而且沒有愛的,只會讓我受限困在那裡。

4. **認可好的地方。**這個思緒有什麼好的地方?對於 barre 課最前排的席薇亞(詳細描述請見第四章),拿我自己和她做比較讓我感到絕望,但那種啟發和向她學習的精神則是很棒的。她在最適老化方面是個很優秀的榜樣。

5. **重新建構。**是否有什麼新方法能夠建構自言自語，讓它更加有愛並且具支持性？如約翰・歐唐納修（John O'Donohue）在與克莉絲塔・提貝特（Krista Tippett）的訪談中所描述的，你有這些思緒已經不是一天兩天的事了，而且你甚至未曾考慮過其他思緒。現在就是你考慮適合你的認知重新建構的時候了，你的心智、大腦、情緒、精神都會得到改善。例如看看席薇亞，她很強壯而且又美麗，我想要像她那樣變老，我覺得今天我想學她一樣睡個午覺，晚餐就不去外面餐廳吃了，並且確保在十點前上床睡覺。

▌第七週的科學原理：思考

如果你想跳過科學原理這部分，可以直接跳到療程段落，開始讓你的大腦變得更好。

腦細胞中主要有四種途徑會造成大腦的老化和退化：發炎反應、粒線體功能障礙、細胞內鈣離子超載，以及氧化壓力。

這些經常交疊發生的分子運動，對大腦中的神經細胞會造成毒性。那麼你該怎麼辦呢？你的職責就是避免讓所有這些分子問題發生，或者，如果只有一兩個發生時，去處理那些問題以讓大腦保持愉悅、適應性強，並且延緩老化。我會在本週的療程中告訴你該怎麼做。

1. **發炎反應。**當然，發炎反應是你身體防禦系統很自然的一個部分，但如果它無法關閉的話，問題就來了，例如免疫系統長期處於警覺狀態。在前言那篇章節中，我把這個過程稱為老化發炎，因為不必要的發炎反應加速了你的老化，就像一個柴爐不停地在燃燒，直到房子都燒毀了。持續免疫活化會導致體內大量有毒化學物質誘發神經退化，就像阿茲海默症和帕金森症一樣。當發炎反應的生物指標升高時，認知能力就可能會下降。

2. **鈣離子超載。**一般來說，細胞中的鈣離子含量會快速上升或下降，作

為觸發生物化學信號的方式，例如釋放神經傳導物質。你需要正常的鈣信號才能保持良好的神經可塑性，也就是適應性。鈣離子和其活動在幾種神經退化性疾病中會受到干擾，例如阿茲海默症、帕金森症、亨丁頓舞蹈症（Huntington's disease），以及運動神經元疾病肌肉萎縮性脊髓側索硬化症（ALS，漸凍人，又稱葛雷克氏症）。當鈣離子含量受到干擾時，就會改變基因表現、損害粒線體（不僅會反覆發作而且經常交疊發生）、降低神經可塑性，並且引發神經元存活方面的問題。遺憾的是，即使鈣離子含量出現微小的變化，都可能在認知功能方面發生極大的改變。

3. **氧化壓力。** 如同第九章中所探討的，氧化壓力指的是有害化學物質（像是活性含氧物和 H_2O_2 等自由基）以及中和抗氧化物（例如麩胱甘肽）之間的不平衡狀態。氧化壓力是腦霧和加速老化的一大主因。當太多自由基和你的基因、免疫系統及內分泌系統產生交互作用時，這種壓力就會造成腦霧的感覺。下視丘，也就是大腦中製造許多關鍵賀爾蒙的部位，是最容易受到氧化壓力影響的。這種壓力會像生鏽般累積，並且會造成粒線體功能障礙，進而導致更多氧化壓力並增加發炎反應。你可以想見那種惡性循環。

4. **粒線體功能障礙。** 當你身體健康的時候，你的粒線體會為你的思緒和行動提供力量。你的細胞中存在著上百萬個這種胞器，它們同心協力就像是身體的電力網，可以說是能量的生物能樞紐。你的粒線體會因為各種經常交疊發生的因素而失去它們的威力：中和抗氧化物的營養缺失、碳水化合物和／或果糖的營養過剩、不良微生物和菌叢不良、異生物質（尤其是殺蟲劑、除草劑，以及像是硫化氫等物質）、異常粒線體 DNA，以及過多的氧化壓力。當你的粒線體無法運作時，你的全身都會快速老化，你會感到疲倦和精疲力盡，而那經常是因為你的粒線體是疲倦和精疲力盡的。

神經退化的分子徵兆

粒線體
功能障礙

鈣離子超載

發炎反應

氧化壓力

神經退化

▌最大的恐懼：阿茲海默症

　　大多數的人都認為年老就代表逐漸退化到流著口水住在老人院的狀態，而那也是我們最大的恐懼之一。根據保守估計，到了 2050 年，六十五歲以上並患有阿茲海默症的人口預計將飆升三倍之多。遺憾的是，過了六十五歲之後，罹患阿茲海默症的風險每隔五年就會增加一倍。當你到了八十五歲時，風險則會升到幾乎 50%。

　　阿茲海默症的特徵是記憶、語言、解決問題與認知能力的下降。它是由於喪失某些神經細胞以及 β 類澱粉蛋白斑塊堆積和神經纖維糾結造成的。斑塊是來自異常蛋白質摺疊和聚集，就像在第九章中所提過的摺疊錯誤的床單。阿茲海默症的患者中有三分之二是女性。最常見的基因是 APOE4，它也是對風險影響最大的因素。你會從父母那裡分別遺傳到一個 APOE 基因——e2、e3 或 e4。

　　大多數的老化疾病其實都和失調有關。以骨質疏鬆症為例，這種疾病會讓你的骨骼處於失調的狀態，你會出現過多破骨細胞活性（導致骨骼變薄），但成骨細胞活性卻不足（建構骨骼的能力）。根據神經科醫師兼加州

大學洛杉磯分校教授暨巴克老化研究所（Buck Institute for Research on Aging）的戴爾・布萊德森（Dale Bredesen）表示，類似問題也會發生在阿茲海默症患者的大腦中。在正常的大腦中，某些信號會製造更多神經連結和製造回憶，而其他信號則導致遺忘相關訊息，像是當你需要進行春季大掃除空出衣櫃以便擺放新衣服的時候。在阿茲海默症的患者身上，對立信號之間的平衡失調了，導致神經連結（突觸）截斷的淨效應以及重要訊息記憶的喪失。如果這讓你感到驚恐並且在想這是否有解決之道，有的，我很快就會告訴你！

希臘神話克洛托（Klotho）以及氧化壓力

你的基因可以轉變大腦老化的速度。舉例來說，克洛托基因是為克洛托蛋白質編碼的，而它能保護細胞和組織不受氧化壓力侵害，因此算是一種抑制老化的基因。克洛托的命名來自於具有詩意的希臘神話，克洛托是宙斯的女兒，專門負責紡織生命之線。無論你遺傳到何種基因，製造更多克洛托——藉由運動和足夠的維生素 D——能夠幫助你持續紡織自己的生命之線，並預防它過早面臨被剪斷的命運。

認知能力下降是可逆的

在最新版本的「阿茲海默症事實與數據」（*Alzheimer's Facts and Figures*）中，完全寫錯了一個事實：「這是美國前十大死亡原因中唯一無法預防、治癒或延緩的。」自從在一個世紀前首次被記載之後，阿茲海默症始終沒有有效的治療方式。直到現在。布萊德森醫師發明了一套療法，成功地在三至六個月內幫助他幾乎所有患者逆轉了記憶喪失。是的，逆轉。雖然尚須進行更大型的臨床試驗，但這在阿茲海默症的治療方面是一個罕見的亮點，而你現在也應該要知道，以免太遲了。

然而，解藥可能不是只有單一目標的單一藥物。最佳解決之道顯然是能

夠解決多項根本原因的功能醫學療法。想像一片有三十六個破洞的屋頂，以及只能修補一個破洞的藥物。布萊德森醫師說，如果你封住了一個破洞，屋頂還是有三十五個會漏水的破洞。所以服用一種藥物來治療是沒有用的。但如果你處理了很多個破洞，你或許能獲得額外甚至協同效應，即使每一個破洞只受到輕微的影響。你或許能夠將漏水的情況減輕 90%，雖然沒有完全將它修復好，但這樣其實比較好。

對大腦最有益處的 APP：前類澱粉蛋白質

在拯救心智方面，有一種蛋白質你應該要知道：前類澱粉蛋白質（APP）。根據布萊德森醫師表示，APP 就像是你公司（也就是你的身體）的財務長。「APP 會觀察所有不同會計師所輸入的資料：你是負債還是盈餘？每天，你都在積極地記住你今天早上做了什麼，或是積極地遺忘昨天上班途中電台所播放的第七首歌。這是一種很美麗的平衡。」他說道。阿茲海默症的患者當中，百分之百的人都早已失衡了很多年。他把這個問題稱為「突觸發生」（synaptoporosis）。

因此，布萊德森醫師開始研究瞭解問題的起因——是什麼導致阿茲海默症的患者失衡，以及我們如何能夠在為時已晚之前，利用這些資訊來預防阿茲海默症紮根。布萊德森醫師發表了他使用全面功能醫學療法來逆轉記憶喪失的初始研究結果。

阿茲海默症和 APOE 基因的數據資料

- 20% 的阿茲海默症病例是 APOE4 造成的。
- （從一位父母身上）遺傳到一個 APOE4 基因，就會讓你罹患阿茲海默症的風險提高至三倍，而（從雙親身上）遺傳到兩個 APOE4 基因則會讓你的風險提高八至十五倍。大約有 2% 的美國人遺傳到兩個 e4 基因。

- 帶有 APOE4 基因的女性比男性更容易罹患阿茲海默症。
- 沒有 APOE4 基因並不保證你不會罹患該疾病。
- APOE4 會導致 SIRT1（去乙醯酶）大幅減少，以及 mTOR（哺乳動物雷帕黴素標靶蛋白）的過度分泌，兩者都是長壽基因。
- 如果你遺傳到兩個 APOE2 基因，罹患阿茲海默症的風險就會較低。
- 你可以在附錄中所列的化驗所檢測這個重要基因。

　　他有一位患者是六十七歲的女性，兩年來記憶喪失的症狀一直惡化中。他稱她為「零號患者」。她在考慮辭掉那份要求高的工作，她的工作內容包括分析數據和撰寫報告。等到她看完一頁報告的時候，她又會需要回到最上方重新閱讀，而那都是因為她的短期記憶變糟的緣故。她開始在開車的時候感到失去方向感，就連自家寵物的名字都會搞錯。

　　零號患者的母親在六十歲出頭時也曾有過類似漸進式認知能力下降的症狀，後來罹患相當嚴重的失智，在八十歲的時候過世。當患者向醫師諮詢時，她得知自己和母親的問題一樣，而他無法幫上忙。他在她的病歷上寫下「記憶問題」幾個字，因此當她申請長期照護的時候就被拒絕了。知道目前依然沒有有效的治療方式，加上無法取得長期照護，因此她決定自殺。她打電話給一位朋友訴苦，而對方則建議她去找布萊德森醫師徵詢第二意見。

　　她開始接受布萊德森醫師的療法，並且能夠遵循其中一些療程，但並非全部：她無法說服她當地的醫師為她開立生物同質性賀爾蒙；她戒掉了麥麩但持續食用其他穀類像是糙米；她一直很難睡滿超過七小時以上。儘管如此，在短短三個月之後，她所有的症狀都減輕了——她能夠毫無困難地再次駕駛於熟悉的道路上、回想起電話號碼，以及閱讀和記得資訊。後來她罹患了感冒，於是暫停了全面療法，結果症狀又復發了，但當她再次恢復療法時，她再度感覺恢復正常。

▌阿茲海默症的種類

布萊德森醫師發現阿茲海默症分為三大類。第一類是「熱」型，也就是發炎反應型，最常發生在有一個或兩個 APOE4 對偶基因的人士身上。第二類是，「冷」型，即非發炎反應型，女性通常屬於第二類。布萊德森發現第一類和第二類都能夠繼續工作一陣子，因為主要的問題是記憶方面，而他們都可以找到權宜之計。舉例來說，他們可能是牙醫師，所以依然能夠鑽磨牙齒，或是醫師，所以依然能夠進行心臟聽診，只要他們身邊有助理能夠引導他們。第三類，也就是「毒性」類，源自於暴露在某些毒性物質當中——最常見的就是黴菌——而那也是慢性發炎反應（CIRS）的表現。它對年輕人和皮質的影響最廣泛。他們會喪失大腦皮質，也就是大腦中灰色的摺疊物質，對意識極為重要。這意味著他們會遺忘過去的記憶，在日常運作和壓力應對方面崩潰，因此必須提早離開工作崗位。

可能傷害大腦和心智（增加罹患阿茲海默症風險）的行為

雖然 60% 至 80% 的阿茲海默症罹患風險都和遺傳因素有關，但只有大約一半的風險是來自 APOE。（其他基因像是 APP 也可能引發阿茲海默症，但非常罕見。）此外，你可以藉由減少毒物暴露和其他生活方式的調整來修正你的風險，其中許多我們都已經在目前的療程中介紹過。正如我們在前言中所提過的，導致老化發炎的五大因素也可能會增加你認知能力下降以及阿茲海默症的風險。改善賀爾蒙失調能夠照顧好你的大腦，進而照顧好你的心智，最終把你也照顧好。

其他罪魁禍首包括：

睡眠不良

它如何影響你的大腦：你因為沒有完全將膠淋巴系統清洗乾淨（請見第六章），所以你會感覺像鉛一般沉重而且充滿毒素。血糖可能會高於正常值

而導致腦霧。你可能會感到憂鬱或焦慮。在 2005 年美國的一項全國民意調查中發現，那些確診患有憂鬱症或焦慮症的人較容易每晚睡不滿六小時。

它如何影響你的心智：你感到頭昏腦脹、暴躁，而且很容易就想發怒。皮質醇高於正常值，導致你很容易就被壓力占上風。

缺乏刺激

- **它如何影響你的大腦**：不運動的部位就會萎縮，肌肉如此，大腦也如此。成人教育的刺激有助於降低失智症的風險高達 75%。當你不再從事有助於刺激認知的活動，像是填字遊戲、遊戲、烘焙、園藝或是關注時事，你的大腦很可能會衰退。重新進行這些活動能有助於逆轉輕度至中度的阿茲海默症症狀。我的公公就是活到老學到老的典範：八十四歲的他通過了多次海岸警衛隊的考試，當上了當地的艦隊司令。艾拉，加油！

- **它如何影響你的心智**：雖然考科藍合作組織（Cochrane Collaboration）所發表的同一份研究中並未發現對心情的益處，但顯然長期精神上的參與能夠讓你的心智保持敏銳。試著幽默一下吧，能夠改善記憶喔！

缺乏社群感

- **它如何影響你的大腦**：與人互動能刺激大腦讓它保持敏銳。強烈的社交關係經證實能降低血壓並延年益壽。導致認知能力下降的其中一個獨立風險因素就是缺乏社交關係。每天和他人交談十分鐘能改善記憶和考試成績。社交互動程度越高，認知功能就越強。研究人員發現那些至少有五種社交關係的人——例如教會或社交團體、定期與親朋好友見面或通電話——和那些毫無社交關係的人士相比，較不容易出現認知能力下降的問題。

- **它如何影響你的心智**：與他人交際有時很困難，但這也是建立意義和減少孤立的重要方式。事實上，我的好友兼同事馬克·海曼醫師

（Mark Hyman, M.D.）就說：「社群創造健康的力量遠超過任何醫師、診所或醫院。」我也同意。如果擁有一整個社群的問責夥伴，能夠讓你的瘦身成功率增加為雙倍甚至三倍，試想一個充滿正向的社群能夠為你的健康壽命帶來什麼樣的影響！在改善記憶和智力表現方面，社交和任何其他形式的精神鍛鍊一樣有效，而且還更好玩喔！

微生物群系不良

- **它如何影響你的大腦**：腸道被認為是第二大腦有其原因。長達九公尺，具有五億個神經元以及三十個重要神經傳導物質，它是你神經系統功能上的一個主要盟友。微生物群系出現問題通常和自閉症、焦慮及憂鬱症有關。但另一方面來說，微生物群系良好，具有豐富的嗜酸乳桿菌和雙叉乳酸桿菌，就可能增加腦源性神經營養因子（BDNF）。

- **它如何影響你的心智**：我不能說得比《大西洋期刊》（*The Atlantics*）更貼切了：你的腸道細菌想要你吃杯子蛋糕。當你的腸道微生物和它們的 DNA 失去平衡時，你就可能會想以甜食去餵食那些惹麻煩的微生物，進而引發更多嘴饞欲望和更多不良微生物的惡性循環。

未雨綢繆

聽了這麼多可怕的事，唯一的好消息是，認知能力下降可以藉由有目標地改變生活方式來修正，而女性有其獨特的優勢，如果她們的年齡不是太大的話，自然的賀爾蒙平衡就可以帶來好處。

想知道零號患者是怎麼做的嗎？你已經在過去幾週內執行了精簡版，而我們也將在本週的療程中添加幾條額外的遵守原則。

- 戒除所有精緻碳水化合物、麥麩，以及加工和包裝食品。
- 多吃蔬菜、水果和野生捕獲的魚。
- 在晚餐和睡前斷食三小時，並且讓晚餐和早餐之間至少相隔十二小

時。

- 購買電動牙刷和電動牙線，並且經常使用。
- 開始練瑜珈，最後成了瑜珈老師。她每週至少五次，每天練六十至九十分鐘的瑜珈。
- 每天進行兩次二十分鐘的超覺冥想。
- 開始在晚上補充褪黑激素；睡眠時間從每晚四、五個小時延長到七、八個小時。其他營養補充品：甲鈷胺，每天 1 毫克；魚油，每天 2,000 毫克；維生素 D3，每天 2,000 IU；輔酵素 Q10，每天 200 毫克。
- 每週四至六天，從事三十至四十五分鐘的有氧運動。

現年七十歲的零號患者維持在認知能力沒有下降的狀態，也持續全職工作，有時一天工作十個小時並且到世界各地出差。她感覺自己的狀況比三十年前還好，就連她的性欲都很高。她依然不吃麥麩，偶爾會喝杯紅葡萄酒。

逆轉或預防認知能力下降需要在飲食、運動、壓力、睡眠、大腦刺激及營養補充品方面都做到改變。阿茲海默症的患者通常個人衛生都很差、有發炎反應、胰島素阻抗、維生素 D 異常和賀爾蒙失調，以及毒素暴露方面的問題。

和你在前幾週中所學到的類似，在第七週中你也將做出經實證有效的改變，來修正你在阿茲海默症風險方面的遺傳或表觀遺傳，關鍵是在為時已晚之前介入干預——理想上是在初次症狀（就像我外祖母在熟悉的道路上迷路）出現的十年內，如此一來才來得及逆轉失衡的信號。或者，更好的做法是：在任何症狀出現之前就開始。

▌增加良好的「輸入」

你需要盡早開始優化大腦的輸入，最好現在就開始。不要等到你已經出現顯著困難的時候才想到，因為那也是失智人士最大的問題之一。如果人們

都能早點開始改善大腦的話，我們就能大幅減少全球失智的負擔。如布萊德森醫師所說，當你聚集處理至少三十六個神經營養輸入時，你就能逆轉並且預防認知能力下降。它們能夠相輔相成改善大腦信號，從鈣離子到粒線體到賀爾蒙（例如雌性素、黃體素和睪固酮），好讓你能夠將 APP 翻轉到善於記憶的一端。把它想成是大腦在預防骨質疏鬆症一樣，你要預防的是「突觸發生」。你只是需要一個經實證有效的計劃讓它發揮作用罷了。

　　阿茲海默症患者中有三分之一至一半的案例都和表觀遺傳影響有關。這個影響來自於那些會加速失智發作的環境因素：創傷性的大腦損傷、老化、糖尿病、高血壓、肥胖、靜態生活方式、吸菸、低教育程度，以及中風。

　　現在你應該已經被嚇呆了，想要預防阿茲海默症入侵你的身體，以下就是一份簡短的預防方式清單。

概要：預防阿茲海默症的良方

1. 食用完整、未經加工的食物。食用健康脂肪像是中鏈三酸甘油酯和 omega-3 魚油。
2. 讓血糖值保持在正常範圍（空腹血糖值 70 至 85 mg/dL）。
3. 每晚睡滿七至八個半小時。
4. 定期從事強度運動。
5. 練瑜珈（或是其他能夠觀察思緒和鎮定神經系統的方法）。
6. 打造賀爾蒙平衡，必要時請醫師開立生物同質性賀爾蒙進行治療（詳情請見我的第一本書《賀爾蒙調理聖經》）。賀爾蒙協調的徵兆包括充足的睡眠、強烈的性欲、持續的充沛精力，以及苗條的身材。
7. 從事間歇性斷食，理想上每週兩次。
8. 填補營養缺口，像是補充鋅和 B 群維生素（包括甲基葉酸）。
9. 清淨居家和工作場所的空氣。檢測並改善黴菌問題，因為那是第三類阿茲海默症以及慢性發炎反應（CIRS）的常見原因。每月或按需求維護並更換空氣清淨機濾網以確保最佳運轉功能。

10. 補充具有神經營養和抗氧化功效的營養補充品。

11. 學習新事物以刺激大腦。

12. 修復腸漏並食用有益微生物群的營養豐富食物來恢復腸道健康。（腸漏徵兆包括長期脹氣、腹脹、便祕、腹瀉、頭痛、疲勞、營養不足、免疫系統差、記憶喪失，以及食物不耐等。）

運動類型、強度和時間長短

一項在多家學術中心（包括馬里蘭大學和克里夫蘭診所）所進行的研究中，九十七位認知能力完好的老年人，年齡從六十五歲至八十九歲不等，被分在四個小組中：高遺傳風險（APOE4）和低體能活動；低遺傳風險（無 APOE4 基因）和低體能活動；高遺傳風險和高體能活動；低遺傳風險和高體能活動。低體能活動指的是那些每週從事兩次或更少的低強度活動（慢步行走、輕鬆家事），高強度體能活動則包括每週三天以上從事下列一項或多項活動：

- 快走、慢跑或游泳十五分鐘或以上
- 從事中難度家事四十五分鐘
- 定期慢跑、跑步、騎自行車或游泳三十分鐘或以上
- 從事體育活動如打網球一個小時或以上

十八個月後，只有那組高遺傳風險和低體能活動的受試者出現海馬體萎縮的現象。在另一項由德州達拉斯的庫柏診所（Cooper Clinic）所進行的有趣研究中，高強度的健身能降低失智症、糖尿病、中風以及各種原因的死亡率風險。他們從 1971 年至 2009 年追蹤了 19,458 個人，而在五組之中健身程度最高的那組人罹患失智症的風險降低了 36%。該組人之中有 26% 都是女性。所以姊妹們，我們開始好好運動吧。

想要維護和改善你的大腦，最好的方式之一就是定期運動，這或許是因為運動能夠提升你的大腦可塑性、神經生成、新陳代謝以及血管功能，進而導致成長因子像是腦源性神經營養因子（BDNF）的釋放，並改善記憶和學習力。體能運動能預防神經退化，並且讓海馬體不會萎縮，也能預防認知能力下降，即使你在遺傳上有風險。

▌改造心靈、成功減重

阿茲海默症或許是會讓你想要好好照顧大腦和心靈最可怕的理由，但其他心理健康問題也會影響老化。

是時候好好瞭解一下遺傳能夠藉由食物和體重對你的行為產生什麼影響，以及學習如何找出解決方案來避開這些傾向。如果你家族中有很多人都體重過重或肥胖（或者如果他們一直努力在避免變胖），請聽好了，因為這跟大腦功能也有關。（完整名稱請參見附錄。）

- ANKK1／DRD2 會增加對食物的渴望、飲食過量，以及成癮行為。請在非食物的事物上找到滿足，像是定期去按摩、聞家中的鮮花、泡熱水浴、練瑜珈或靜思冥想，以及喝綠茶（能夠提升大腦中的多巴胺含量）。寫食物日記讓自己維持在正軌上，不要讓內心的癮頭掌控全局。

- MC4R 是一種會導致愛吃零食的基因變異。你一旦開始，就很難停下來，就像雪崩一樣。有這種遺傳變異體的人應該現在都在猛點頭吧。這種基因是表現在大腦的飢餓中心，而且和肥胖有關。我的處理方式是這樣：我通常都在早上七點半左右吃早餐，四至六個小時之後吃午餐，再過四至六小時之後吃晚餐，然後我會在上床睡覺前斷食三小時（我在晚上七點之後就不再進食），所以我每天吃三餐，不吃零食。（當我進行間歇性斷食時，我會在大約中午時吃第一餐，然後四至六小時後再進食。）

- **胖子基因（FTO）** 如先前所探討過的，會讓你很難有飽足感。對我而言，這就像是有人切斷了連結我的胃和大腦的管線，讓我不知道何時停止吃東西。憑直覺飲食根本不管用。我發現最好的權宜之計就是替食物秤重，並且事先決定好種類和數量，最好是在前一晚就準備好。讓我和我的一些患者感到驚訝的是，這個過程其實能夠帶給我們平靜感。不再討價還價或是一直思考自己是不是肚子餓。

- **SLCA2** 是一種會讓我一些患者想吃甜食的基因變異體。這些女性較有可能會吃更多甜食，而且吃下的甜食會直接跑到腰圍去堆積並且產生腦霧。我們的解決方式就是在她們的飲食計劃中加入足量的水果。

用身心整合來改善健康壽命

另一個改善你思考方式和健康壽命的關鍵就是啟動兒茶酚-O-甲基轉移酶（COMT）基因。你的目標是關閉「憂士」基因並且啟動「勇士」基因、開始注意到你的思緒，並且定期辨識出那些負面的思緒。用客觀的態度去觀察你的思緒是絕對必要的，因為自言自語通常都是負面且自我否定，很容易就會變成一種神經質或是負向情緒性的模式。這就像是設定為自動駕駛一樣，很自然就發生了。

自言自語可能會讓你變得神經質，但也可能會有療癒效果。也就是說，這可能是有害但也可能是有益的。神經質指的是用負面情緒去回應威脅、損失或挫折的傾向。對於那些神經質的人而言，那種反應是經常性的，而且都是小題大作。可想而知，神經質的特徵會增加你健康和壽命不良的風險，因為那可能會引發焦慮、憂鬱症、失眠，以及心臟病。我以前總是開玩笑說我光是用想的就可以讓我自己賀爾蒙失調。失眠尤其是和內化、完美主義以及焦慮或憂鬱的應對方式有關。

心靈應該是為你服務的忠僕，而非主宰你的主人。負面思緒會帶給人熟悉的感覺，就像是一種安全感，所以我們也就習慣了它們的存在——但那並

不表示它們是好的或是健康的。這就像是愛上恐怖份子一樣，最後一定沒好下場。

你需要真知灼見來幫助你應對過往經驗中那些情緒、心理以及精神上的層面，而這些都必須從應對生理方面的基礎開始。在重新訓練心智方面，很少有人在營養和賀爾蒙方面都達到足夠平衡，能夠從心理治療或輔導中受益。如果你的 omega-3 脂肪酸、維生素 B 群、性或甲狀腺賀爾蒙不足，你的心智和靈魂就會很難專注。理智和啟示幫助我們更加瞭解我們自己。我的建議是：先用本週的療程矯正失調，然後用第十章中探討過的冥想方式解決你的負面思緒。你會發現自己其實比想像中擁有更多的影響力，能夠掌控自己的思緒以及它們對你健康壽命的影響。

七十四歲當上心理分析師？

瑞塔‧薩斯曼博士（Rita Sussman, Ph.D.）是一位醉心於人們和故事的兒童心理學家和心理分析師。她兼職為成年人及兒童提供心理治療和心理分析，特別是情緒發展和學習之間的相互作用。薩斯曼博士是在 1979 年時一邊撫養自己的孩子（包括我的密友喬），一邊返校完成博士學位的。她的論文是關於好奇心和探索，那也是她生命中「追求的兩大關鍵趨勢」，同時又能夠預測壽命。喬和我一樣住在柏克萊而且離我家不遠，而薩斯曼博士也經常來訪，非常喜歡陪伴她的孫子。她會在週四下午忙完患者，然後飛到奧克蘭去度週末。每當喬和我因為身為在職媽媽而忙得焦頭爛額——調皮的孩子、令人無法招架的工作和家庭責任、對於永遠做不完的事感到厭煩惱怒——薩斯曼博士都會靜靜地聆聽並且出言安慰，她那種鎮定自若的態度和智慧也反映出她豐富的內在生活。

去年，七十四歲的薩斯曼博士完成了長達十年的過程，終於成為了一位心理分析師。「面對我的夢想、潛意識的永恆，以及逐步解決我人生中這麼多支離破碎的點，漸漸地讓我產生穩健性和活力。和我的第二位分析師建立關係也讓我能夠以我的成就為樂，能夠相信我自身個人發展為一個

獨立、自治的個體，與他人相連，但又無須受他們或是他們對我的感受所控制。」

　　薩斯曼博士不打算退休。她對活到老學到老、好奇心以及能夠幫助她的子女、孫子和患者的堅持讓她的心智能夠保持年輕敏銳：「我更願意去接受自己現在的處境並且去承認自己尚未做到什麼，同時知道我現在事實上是在活出我自己，而非我想要當的那個人。」同樣地，我希望你也能夠和你潛意識的永恆產生連結。我希望你能找到讓自己可以堅持的新想法或熱情，幫助你的心智保持年輕和敏捷。

第七週療程：思考

　　是時候讓你的大腦和心智搭檔成為好夥伴了。我們大多數的人都不知道自己有哪個 APOE 基因變異體，因此關鍵是假設自己有 APOE4，然後堅持用生活方式的干預來將它關閉。這樣做能夠改善你的輸入，並可能防止大腦老化，同時增進你的健康壽命。

　　事實上，很多基本項目你都已經在之前的抗老療程中完成了，而那些都能改善你的大腦健康和功能。

- 保持每晚七至八個半小時的睡眠，如果睡眠不足時請用午睡來彌補。睡眠能夠刺激膠淋巴系統清除 β - 類澱粉蛋白以及其他毒素。
- 持續每週運動四至六天，以中速運動至少三十至四十分鐘，搭配幾個高強度間歇運動，來提升你的腦源性神經營養因子（BDNF）、促進神經生成，以及降低血糖。
- 你是否依然每天使用牙線兩次，並且用電動牙刷刷牙三次呢？是的，這樣做也能預防認知能力下降（請參見第五章）。
- 藉由食用更多蔬菜來持續改善粒線體功能，以及補充抗氧化物、避免精緻碳水化合物、進行間歇性斷食來啟動長壽基因。
- 每天持續補充維生素 D3 和魚油。

接下來我們要加入一些最重要的行動來提升你的大腦狀態。

基本流程

- 先從食物開始。飲食選擇會直接影響大腦功能，並有助於抵抗糖尿病和阿茲海默症這些大腦敵人。

  - 腰果富含鎂（可能對睡眠和預防肌肉緊繃都有幫助）和鋅（可能對記憶有幫助）。每天加一把作為開胃菜，或是在綠色冰沙中加十顆作為代餐。
  - 藜麥是一種古老的種籽，也是另一種良好的鋅和葉酸來源，可能有助於預防失智。本週請至少兩餐食用藜麥。
  - 薑黃根有抗發炎的作用，本週請在至少兩餐中使用切碎的薑黃加入藜麥中烹調食用。如果你找不到薑黃根，可將薑黃粉撒在食物上。
  - 椰子油——一份中鏈三酸甘油酯（椰子油中所含的主要脂肪）就能改善認知功能。 一份小型隨機試驗顯示每天 56 公克的劑量（約四分之一杯）就能改善認知障礙。本週至少兩次食用一份兩大匙的量，或許可以用在你煮薑黃藜麥的時候。
  - 本週至少在兩餐中食用益生菌豐富的食物，像是克菲爾（kefir）、優格、韓式泡菜、康普茶以及味噌。

- 本週不要外食或叫外賣。在家吃十一至十四份餐能夠降低你罹患糖尿病和肥胖症的風險，而這兩種疾病都會對大腦造成損傷！在家吃讓你能夠對食材和份量有所控制。希望你不會用那種工業製油烹調，而且也能夠在吃飽時就停住。

- 使用非慣用的那隻手吃飯、寫字和刷牙，有助於創造新的神經通路。你創造的新神經通路越多，在記憶和遺忘的平衡之間你就能夠記得越多。

- 熬大骨湯。它能有助於封住腸漏，幫助你製造適量的快樂大腦化學物質。我會用它來製作簡單的湯品：用一夸特的雞骨高湯加一顆花

椰菜，剁碎，煮沸然後用小火燉煮二十分鐘，加入西洋菜一起在果汁機中打碎，再加點海鹽和胡椒粉，撒上墨西哥辣椒粉（ancho chili powder）裝飾。

- 還沒試過第五章提過的油漱口嗎？這是你的第二次機會，因為它真的很有效。本週至少做一次，重整你口腔中的微生物群。每天做更好，等到你的牙醫師問你最近做了什麼，因為你的牙齦炎消失了，牙齒上也少了很多牙菌斑的時候，你就會陶醉在當之無愧的驕傲感中了。

- 嗅香精油。精油經證實能極為有效地改變你神經系統的生物化學。有些精油能提振精神，有些則能讓你放鬆。如果你感到低落並且無精打采，試試嗅聞能夠提振精神的香氛，像是葡萄柚、黑胡椒或茴香，因為它們能夠讓你的交感神經系統變得加倍活躍。如果你需要鎮靜下來，可以試試薰衣草或玫瑰精油。如果怕麻煩，可以買一束芳香的玫瑰花，這樣一整個星期都可以聞到香味；聞玫瑰花經證實能促進生理和心理方面的放鬆。

營養補充品

補充足量的甲基鈷胺素，讓你的血清值保持在 500 pg/mL 以上——對大多數人而言，一份劑量大約是每天 1 毫克，包括零號患者。如果你住在日本或歐洲，那就是建議血清值（500–550 pg/mL），但在美國，攝取不足的定義是 200 pg/mL，難怪我們的失智症罹患率這麼高。邊緣 B12 血清值的問題也逐漸增多，介於 26 至 83 歲的人群當中，有 39% 屬於低至正常範圍，而那些人會出現疲倦、記憶問題及其他神經方面的症狀。低至正常的比率在素食者和純素食者身上偏高。你需要它才能進行 DNA 合成，製造紅血球以及增強骨骼。請向一位知識淵博的臨床醫師諮詢，因為在詮釋你的血清值和維生素 B12 在你體內運輸之間的相互關係方面，其實存在著更多細微的差異。

進階項目

　　請記住，我們的目的是想要阻止屋頂上那三十六個破洞漏水。你在本週做得越多，你就越能夠預防或逆轉阿茲海默症。

- 請在本週嘗試一種新的運動。請用抗老療程繼續幫助你打破你在健身方面的舊習慣——這樣做能夠創造新的神經通路。建議：先從跳繩開始；去上飛輪、barre，或皮拉提斯墊上課程；約一位健身教練學習用啞鈴進行高強度間歇訓練。順便提醒大家：高強度的運動能夠降低罹患阿茲海默症的風險。

- 補充更多營養品。

　　- 胞二磷膽鹼（CDP 膽鹼），一種在歐洲經常被使用的營養補充品，如果你在心智功能方面低於正常，或許能對大腦有助益。只要補充一次劑量就能改善那些低基線認知功能健康人士的大腦處理速度、工作記憶、語言學習，以及執行功能。儘管如此，它對中基線表現的人卻不會產生效果，而且還會損害高基線表現的人。直到我們瞭解更多之前，請你只有在認知方面出現障礙時才補充，例如失智、急性缺血性中風或急性腦震盪，劑量則是 500 至 1,000 毫克。（急性缺血性中風可補充 2,000 毫克。）

　　- 輔酵素 Q10 能滋養你的粒線體。每天補充 100 至 200 毫克。

- 向一位功能醫學臨床醫師、賀爾蒙專家或婦科醫師諮詢，看看你是否適合進行相關治療讓你的賀爾蒙維持平衡，特別是如果你希望雌二醇、黃體素和睪固酮維持在健康範圍的話。在適當的照護下，你或許能夠改善記憶、性欲以及精力，同時擊退阿茲海默症。

- 從下方的清單中選擇一項能夠刺激認知功能的新活動，並且在本週至少從事該活動兩次，每次四十五分鐘。

　　- 學習一個新語言。

　　- 烘焙或烹飪（請參見附錄所列對大腦有益的食譜）。

　　- 學一種新樂器。

- 完成一則填字遊戲。

- 檢測你的甲基化能力——也就是你能夠讓基因甲基化以便將之關閉的能力。因為你可能甲基化過多或過少。

- 評估你的微生物組。

- 試試「NeuroRacer」遊戲，這是一個具療癒性的電子遊戲，由舊金山加州大學的亞當・蓋塞里（Adam Gazzaley）教授所研發。電玩已不再只屬於青少年。蓋塞里設計出 NeuroRacer，藉由神經反饋和 TES（穿顱電刺激）來促進大腦功能，以對抗因年齡引起的心智功能衰退。遊戲中你需要駕駛一輛虛擬汽車，同時執行其他任務。在玩了十二個小時之後（當然不是連續！），年長者身上出現了極為驚人的進步，他們幾乎能夠打敗二十歲的新手。該遊戲特別有助於工作記憶和注意力，並且能夠改善技能運用在實際生活中。（詳參見附錄的「資源」章節）。

- 加入一個社群團體，或是根據你的興趣成立一個。我有一個瑜珈社群、我女兒學校的學校社群、一個功能醫學的社群，以及一個非常令我感到興奮的抗老療程社群正在逐漸成長茁壯。正如你先前在科學原理段落中所讀到的，社群對於記憶以及在老化過程中讓大腦和心智保持健康是非常強而有力的工具。

- 試試營養生酮飲食，也就是高脂肪（70%）、適量蛋白質（20%）以及低碳水化合物（10%）。我認為男性比女性更適合營養生酮飲食，而且可能會讓甲狀腺和腎上腺功能惡化。我建議與一位知識淵博的醫護人員合作再嘗試營養生酮飲食，好讓他能夠追蹤你的成果並且幫助你決定這種方式是否合適。

摘要：第七週的益處

在一週內，你就可能會感覺到記憶、專注力以及心智敏銳度的改善。長期下來，本週的改變將有助於降低你累積的氧化壓力和其他神經退化的通路，好讓你能夠逆轉或預防認知能力下降，並降低提早死亡的風險。

總結

理查・道金斯（Richard Dawkins）說：基因創造了我們，包括身體和心靈。的確，基因對你的過去、現在和未來都很重要。但它們並不是唯一的因素。當你出生並開始做出選擇之後，你的輸入和輸出之間的平衡就會創造出適合健康壽命的身心。沒錯，基因雖然是一輩子的，但你可以改變環境和基因互動的方式。倘若你的大腦、心智和神經系統無法處於最佳狀態，那麼你身體的健康壽命也永遠無法處於最佳狀態。當你清空腦部空間時，你就能夠創造出自己在此時此刻想要的狀態，並且在未來繼續保持精神敏銳，讓你能夠持續從事最佳行動來讓老化過程維持在你的掌控中。

第十二章

整合

　　醫學界的挑戰從「房屋著火後治療症狀」演變至「我們是否能夠讓房屋保存完好」。

　　　　　　　　　　　──伊莉莎白・布萊克本（Elizabeth Blackburn）

　　我先前提過饑荒基因，但關於饑荒及其長期影響現在已經為人所知。科學界從一個充滿苦難的可怕時期獲得了不可思議的發現。我指的並不是我在胚胎期所承受的輕微飢餓經歷，而是四百五十萬人在荷蘭一次名為「冬季饑荒」（Hongerwinter）的事件中極度欠缺熱量的嚴重經歷。

　　1944 年的 11 月起，在德國占領的荷蘭西部開始出現寒冬。由於德國封鎖了交通運輸，導致食物的供給出現了災難性的驟減，人們的熱量攝取只有平時的 30%，只能勉強生存，大家甚至迫不得已挖出鬱金香球莖來吃。在阿姆斯特丹，一天的配給量有時不到四百卡路里。

　　直到 1945 年 5 月盟軍解放該地區，已經有兩萬人死於飢餓。得知這個痛苦的事實時，我試圖想從悲劇中找出有益於後人的資訊。在荷蘭的饑荒事件上，我們有了機會能夠瞭解饑荒的表觀遺傳，因為事件所發生的時間地點在健康方面有非常詳盡的紀錄，雖然距離現在已經過了七十年。在饑荒發生之前、發生期間以及立即發生後懷孕的女性與她們的男性伴侶，都有詳細的追蹤，另外還包括 2,414 個饑荒期間出世的寶寶。

　　科學研究顯示，那些在荷蘭饑荒時期生下的嬰兒，根據妊娠期暴露的時

間點，出生時的體重都正常，但他們的後代（也就是荷蘭饑荒時期人們的孫輩）卻出現更多新生兒肥胖症（也就是較胖的嬰兒）以及長大後健康較為不佳。父母的表觀遺傳改變，影響了他們子女和孫輩的基因，就像瑞秋・耶胡達研究的猶太人大屠殺和九一一恐怖攻擊的靈魂傷口一樣（參見第十章）。

彷彿人道主義災難的靈魂傷口還不夠，專家相信暴露在饑荒之中讓那些嬰兒到了中年後會加速他們大腦的老化。在三百位從饑荒中生還的成年人中，和控制組相比，他們的專注力和老齡測試結果在饑荒後的六十年後都更糟。男性的握力較差了，而那是加速老化和肌肉因素，以及身體虛弱的徵兆，女性卻沒有這種現象。

原來，饑荒暴露對於女性懷孕一至十週時是最危險的期間，而且可能造成過多的 DNA 甲基化。我們在第三章中提過，甲基化就像便利貼，會提供指示給 DNA 要它去做其他的事，像是儲存脂肪或是衍生出血糖問題。

另一項研究則是觀察了饑荒中那些營養不良的父親，發現那些父親會遺傳肥胖傾向給子女，意味著母親或父親的表觀遺傳都可能在子女的 DNA 上留下便利貼。整體而言，營養不良的母親所產下的後代，比起那些非饑荒時期被生下的孩子更容易有肥胖、身體和心理健康衰退以及提早死亡的問題。

還記得奧黛莉・赫本嗎？她是以電影《羅馬假期》贏得奧斯卡的女演員兼慈善家。她於 1929 年出生於比利時，在英格蘭和荷蘭長大並且在那裡學習芭蕾。赫本就是冬季饑荒的生還者，並且曾為荷蘭反抗軍傳遞情報。在歷經過饑荒之後，即使身為時尚和電影偶像，她卻終身都健康不佳，並且在 1993 年僅六十四歲時就因癌症而早逝。

這就是表觀遺傳的力量。然而，正如遺傳並非無期徒刑，表觀遺傳也一樣。舉例來說，荷蘭饑荒時出生的嬰兒，他們的計時端粒都是正常的，沒有如眾人預期中的變短。不知什麼原因，他們的身體擊退了某些潛在的危害。人類的精神是極具適應力而且堅忍不拔的。這也是為什麼借助表觀遺傳對你的健康壽命如此重要的原因了。

連點成線，戰勝老化

大多數人的問題是，我們沒有去注意日常生活方式的選擇和我們的基因表現之間有什麼關聯，以至於我們甚至不知道自己能夠借助什麼力量。我們不會一直去追蹤自己在做的事以及身體的狀況和反應；我們不會把自己四五十歲時的過度飲酒，和壞雌性素值以及罹患乳癌風險升高聯想在一起；我們不瞭解壓力會讓皮質醇升高，最終導致憂鬱症、失眠，以及高血壓；我們不會認為看一本精彩的電子書，看到三更半夜會造成晝夜節律和睡眠干擾，再次造成乳癌風險增高。我們經常以為這些「無害」的行為只是享受充實人生的一部分罷了。

難怪我們對於傷害表觀遺傳以及 DNA 的表現方式如此缺乏瞭解，甚至有點拒絕接受。遺憾的是，這些選擇都會累積起來，增加健康方面的問題、加速老化，並且可能讓你在未來得到可怕的疾病。即使在嚴重病症確診之後，很少有女性會拿著醫師開立的處方箋去治療根本原因，或是改變讓她們罹病的生活方式行為。

生老病死在所難免，但老化的速度及生活品質的差異完全在於你的選擇。你擁有改變表觀遺傳的力量。我的朋友珊蒂就是善加發揮這種力量的例證。

我們都該搬去馬林郡嗎？

上完九十分鐘的瑜珈課之後，珊蒂和我從流動瑜珈教室走出來，全身汗流浹背。那是我們最喜歡的約會：熱能量瑜珈之後去喝杯茶，順便熱烈地討論健康方面的話題。

看著珊蒂，你可能會以為她和我差不多年紀：她明豔動人，有著一頭濃密的金色長髮，而且顯然比她六十歲的實際年齡年輕了十歲。她的健康壽命得分是精彩的 82 分。她住在馬林郡。根據華盛頓大學的「健康指標與評

估研究院」（Institute for Health Metrics and Evaluation）調查，馬林郡是全國最長壽的地方：依 1989 年至 2009 年的統計，住在馬林郡的男性是全美男性預期壽命最高的（81.6 歲），而馬林郡的女性則是全美女性預期壽命次高的（85.1 歲）。（想知道哪裡的女性最長壽嗎？佛羅里達州的柯里爾郡，85.8 歲。）馬林郡運動的人口比全國任何地方都要多。他們的飲食較健康，菸也抽得少，因此能享有更長的健康壽命。珊蒂就是這樣的人。她一直有定期運動的習慣，而流動瑜珈是她最喜歡的身心合一運動。

家族史是讓珊蒂想要改變生活方式的一大動機。儘管在遺傳上有罹患賀爾蒙癌症的傾向，包括她母親在四十二歲就罹患了乳癌，而她父親也患有前列腺癌，但珊蒂的身體特別健康，而且完全沒有服用藥物。事實上，她深信沒有藥物能夠解決她的健康問題。珊蒂的母親雖然活到九十高齡，但長期以來卻一直都在對抗神經退化的問題。她失去了行走的能力，最後只能坐輪椅。她飽受慢性疼痛之苦，而且需要去勒戒中心戒除止痛藥癮。她甚至喪失了面部肌肉的功能。珊蒂到了四十多歲時，看著母親每下愈況，便下定決心絕對不要步上她的後塵。

珊蒂的母親從乳癌中存活了下來，但她沒有運動的習慣。她生長於紐澤西州，是吃肉和馬鈴薯長大的，還有一堆加工食品。她的原生家庭相信人老了一定會有健康問題，這是老化的一部分。珊蒂不同意。她相信放進嘴巴裡面的任何東西都很重要，而且飲食的目的並不只是吃飽而已。同樣地，珊蒂都是自己一個人來運動。

珊蒂四十多歲的時候，發生了一個令她警覺的經驗：她不想要像她母親那樣老去。當時她經常在高級餐廳用餐，而且完全不忌口；她沒有吃很多蔬菜；她會去健身房上飛輪課，但沒有練瑜珈或靜思冥想；她的孩子都還年幼；她經常在凌晨三點驚醒。她的醫師測量了她的端粒，發現它們很短。珊蒂的記憶開始衰退，而她也更常開始思考關於老化以及理想中的老年生活：「我不喜歡我母親的經歷，而且我相信自己並非註定要走同樣的路。我就是從那時起去看一位專攻抗老化的醫師、看驗血報告，並且瞭解我的身體必須

保持平衡、吃對的食物、睡眠充足。」

珊蒂改變了自己的老化過程。她堅持吃更多當季有機蔬菜。她會去參加醫學和營養學的會議，並且熱衷於教人如何健康飲食及烹調。她靠生物同質性賀爾蒙療法讓自己的賀爾蒙恢復了平衡。她根據化驗所的報告補充保健品。她的記憶改善了，體重也下降了，五十多歲的她感覺比四十幾歲時還健康。

事實上，珊蒂對食物親密感的狂熱在我看來和貝蒂‧弗梭（Betty Fussell）差不多。「我相信食物是這個過程中不可或缺的一個環節。我已經拒吃所有加工食品，把毒素都從我的飲食中剔除。大多數的時候我吃蔬菜、水果、堅果和種籽，以及少量的動物蛋白質（有機、非基改、草飼肉類、野生魚類）。我會使用新鮮的香草。我都在家煮，這樣才知道自己吃下的食物品質。外食的時候，我會盡量吃菜單上有的蔬菜。我會維持自己的體重，而且讓自己在一天中保持精力旺盛。我會避免加工糖類，當我想吃甜食時，我就吃黑巧克力，而且不會吃很多。很多年紀和我差不多的女性，腰圍都發胖了，變重十到二十磅。她們看起來腫腫的──這是吃錯食物導致發炎反應造成的。我不吃麥麩，也不吃很多乳製品。但我的哲學是，如果我真的想吃什麼東西，我就會去吃。我並沒有被食物綁死。」

珊蒂最大的恐懼是認知能力下降。她非常清楚該如何預防以及每天務必睡滿整整八小時的重要性。她會隔夜進行間歇性斷食十二至十四小時。她固定補充維生素，讓體內抗氧化物含量保持在高點，發炎反應則維持在低點。她的賀爾蒙達到平衡；她會使用經皮膚吸收（塗抹在皮膚上）的生物同質性雌性素和睪固酮，搭配口服黃體素（藥丸）來預防她的子宮內膜增生（進而預防子宮內膜癌）。她目前服用的營養補充品如下：

- 綜合維生素和礦物質
- 維生素 B 群
- 維生素 D3
- 維生素 E（並非每個人都需要補充，根據你的基因而定）

- 吲哚 -3- 甲醇（類似第三章提過的二吲哚甲烷〔DIM〕）
- 三甲基甘氨酸，有助於甲基化（不活躍的）壞雌性素
- 硫辛酸，一種強大的抗氧化物
- 魚油
- 玻璃苣油
- 泛醇來補充輔酵素 Q10 需求
- 磷脂絲胺酸來減輕壓力
- 甲硫胺酸有助於製造更多麩胱甘肽並透過肝臟排毒
- 益生菌來維護微生物群健康

珊蒂關閉了乳癌基因，同時也開啟了長壽基因。我很佩服珊蒂能夠遵循所需的生活方式

改變去減重，進而降低了她罹患乳癌和提早死亡的風險。目前為止（為她祈禱），套句本章開頭諾貝爾獎得主伊莉莎白·布萊克本（Elizabeth Blackburn）教授的話，珊蒂成功地讓房屋得以保存完好。現在你也該著手把你的七週療程變成一個能夠終生執行的計劃。

它為何重要？

本書中的主要問題是：我們如何啟動基因，擁有最佳健康壽命的人生？現在你應該已經知道，對於健康壽命而言，生活方式比基因更重要。

在美國，有越來越多的人活到一百歲。我們稱他們為百歲人瑞。自 1980 年開始，他們的人數已經增長了 66%；他們是美國成長最快的族群。你也可以成為他們的一員。

以下就是我對於如何在提升健康壽命方面維持進展的最佳建議：

- 遵循本書中的七週療程。透過你的飲食、睡眠、活動、釋放、暴露、營養補充、抗壓，以及思考的方式來延長健康壽命。
- 在你完成七週的抗老療程後，重新進行一次健康壽命測驗。四至六個

月後再做一次，以便決定你是否需要重複一次療程（如果你的分數下降的話）。你的目標是每年都要改善你的得分。

- 持續在行為方面進行改變。下載 APP，例如 Lose It 或 MyFitnessPal（免費下載），方便你一併追蹤體重、體脂肪、活動以及飲食。也可試試像 Fitness Builders 這樣的 APP 來追蹤你的運動情況。
- 「內食」，避免上館子，因為大多數都使用工業種籽油，會在你的體內引發更多發炎反應。
- 每天兩次使用電動牙刷和牙線。
- 找一位問責夥伴互相督促。
- 對於可能傷害基因的環境因子保持警覺：汙染、黴菌、臭氧、殺蟲劑、護膚產品、清潔用品，以及每天久坐超過三小時。
- 每天靜思冥想。
- 持續定期去蒸桑拿浴。目標是每週四次。
- 定期伸展來舒緩你的基因，如果預算許可的話，請專人替你釋放那些經常緊繃的部位。
- 買一張站立式辦公桌或一台跑步機辦公桌。

如果療程中大多數的步驟對你而言都是新嘗試，請考慮先進行療程中的基本流程就好，四至六個月後再進行一次，加入一個或多個進階項目。健康壽命是一個有很多變數的複雜方程式。遵循基本療程（步驟在成為習慣後就會顯得簡單），你就能夠解決最重要的那些問題，並且發展出一套抗老密碼，幫助你更優雅地老去。（如果你沒有達到理想的效果或是想要更密切追蹤你的進展，請向功能醫學醫師諮詢。）

▍你的日常活動流程

以下所列的是珊蒂的日常活動流程，供你參考抗老療程的不同生活安排。請自行調整，朝你最佳健康壽命的目標邁進。

是時候改變對老化的態度了

即使你在過去七週中做了很多改變，但我想要強調另一個關鍵的心理因素。或許你要等到自己五十歲了才會注意到所有那些關於老化的負面刻板成見，但它們幾乎是無孔不入。廣告、健康方面的書籍、電視節目，以及日常生活中的對話都充斥著這些不良暗示：年老就代表虛弱、失智、無助、無能、沒人要、醜陋。遺憾的是，這些訊息對於老年人和年輕人同樣會變成會應驗的預言。

抗老療程
典型的一天：珊蒂

早上 7:00	・起床、用電動牙刷刷牙 ・服用甲狀腺藥物（Nature-Throid）
7:20	準備檸檬汁和溫水，或杏仁奶拿鐵（使用自製杏仁奶）或薑汁（用檸檬加溫水自行調製）
8:00	吃莓果加克菲爾奇亞籽布丁或堅果
9:00	上熱瑜珈課及喝水
10:30	・淋浴後塗抹雌性素和睪固酮 ・補充 B12
下午 12:30	午餐吃剩菜，或沙拉，或湯和沙拉
1-5:30	工作
5:30	煮晚餐（主要是蔬菜、一些蛋白質，通常是魚或雞肉）
6:30/7:00	吃晚餐
9:00	・洗浴鹽浴和放鬆 ・服用黃體素和營養補充品（她選擇在晚上食用，因為比較容易記得，也比較不傷胃） ・刷牙、使用牙線，以及做臉部清潔。（珊蒂使用天然成分的牙膏和有機的潔面乳，通常她用在臉上的保養品都是成分純淨的。她使用芝麻油保養身體，臉部乳霜則含有維生素 C 和 E，化妝品成分則都是純天然的。）
11:00	上床睡覺

我的母親某天說了一段非常睿智的話。她說現在這個時代崇尚亮麗外表、事事上網宣傳（想想電視和社交媒體上那些奢華愛現的明星家族）、時尚雜誌充滿紙片人青少女，老年人當然會覺得自己被排擠、隱形化、邊緣化、格格不入。她問我：「你什麼時候看到《時尚》雜誌的封面上是一個六十歲的人？」我想到希拉蕊·柯林頓，但那對一本以美豔為主的雜誌而言當然是個特例。她指出一個重點：雖然媒體沒有用正面的形象來表現老年人，但他們卻是消費力最高的族群。「醫師和主流媒體都對我們不予理會。我們必須改變這一點。我們在乎，我們不會被消音，而且我們具有重要性。」母親理直氣壯的抱怨引起我的共鳴，促使我進一步深入研究。

她的觀察是有科學依據的。目前這些負面的年齡刻板成見氾濫成災，讓老年人對自己更沒自信，因此可預料體能狀況會更糟，包括記憶和認知能力方面。簡言之，媒體上那些關於老化的偏見確實讓老年人變得更虛弱和健忘。女性比男性更容易受老化的負面形象所影響。看看過去幾年《君子》雜誌的封面：克林·伊斯威特（Clint Eastwood）、勞勃·狄尼洛（Robert De Niro）、唐納·川普（Donald Trump）、麥可·基頓（Michael Keaton）、連恩·尼遜（Liam Neeson），全都超過了六十歲。老男人被認為既性感又有智慧，是年輕男子和我們所有人的榜樣。女人在老化方面卻總是吃虧。這一點實在令我無法忍受。

我們是否能夠消除這種負面態度，以及它對暴露因素的影響所帶來的損害呢？當然可以。我找到了一項很有意思的研究，它顯示「暗示性的正面年齡刻板成見，比運動更能夠改善身體功能」！怎麼會呢？勇於進行這項研究的團體先前曾發現，顯示正面年齡刻板成見能夠反擊老年人對於自己身體功能的方面的想法。給老年人看他們自己的正面形象也提供了一個重要的元素：他們對正面形象的偏好。

從第一項研究開始，這些研究人員同時也發現：用積極正向的方式來顯示老化，能夠越過老年人藏在心底的負面刻板成見，改善他們自己對老化的刻板成見，並且提升他們的自我觀感和身體功能。「研究結果顯示，干預有

效地扮演了暗示性健身中心的角色。」哇！正面形象居然真正改善了他們的體力、步態及平衡！這樣的正面暴露我絕對舉雙手贊成。

根本上，我們必須改變刻板成見並創造出正面的新「健身房」。老化可以是一個很美、健康，而且強壯的過程。我們希望能夠看到《時尚》雜誌出現更多貝蒂·弗梭（Betty Fussell）和艾達·基林（Ida Keeling），推翻我自己對老化的刻板成見和態度。我非常希望能夠有更多關於瑪丹娜（撰寫本書時她五十七歲）以及她同儕的媒體形象，出現在推廣活動中，就像我們在凡賽斯（Versace）和路易·威登（Louis Vuitton）中看到的一樣。我們需要看到更多諸如知名作家瓊·蒂蒂安（Joan Didion）的照片。現年八十一歲的她，被某些人認為是 2015 年最廣受討論的時尚模特兒（出現在法國品牌 Celine 的廣告中）。如一位記者所說：「這家時裝公司在新廣告中用這位作家代言，就如同是將大腦和美麗畫上了等號。萬歲！」

那些對於老化抱持著正面積極自我觀感的人多活了八歲，更別提他們的心智和內心也因為樂於接納智慧和清晰思路而受益。

▌總結

如前所述，想要邁入健康的老年生活，基因並非唯一的因素。雖然你無法改變你的基因，但你可以改變環境如何和你的基因產生相互作用，進而決定此刻以及未來每一天的你是誰。因為表觀遺傳是可以改變並逆轉的。但你需要一個有效的計劃，而隨著你的年齡增長以及研究人員對於基因－環境交互作用的發現，這個計劃可能需要隨之應變。你在四十幾歲的時候，可能會注意到更多白頭髮而考慮用染髮劑遮蓋它們，或是看著自己的臉，心想是否應該注射填充劑，但事實是隨著你的年齡增長，把睡眠、運動、使用牙線、找到有意義和增進情感的交流、保持一顆好奇心、攝取更多抗氧化物以及蒸桑拿浴當成優先才是王道。

你的需求和敏感度可能會因年齡而改變。四十歲的時候對你管用的，不

見得在五十歲、六十歲或七十歲的時候也管用。所以我希望你能在抗老療程中找到足夠的選擇，為自己制定一套客製化的方案。更重要的是瑞塔・薩斯曼博士（Dr. Rita Sussman）說過的一句話：「如果你很幸運，老化過程將可持續為你帶來格外的歡愉、全新的參與感，並且讓你繼續運用心智和靈魂去幫助他人，深深體驗人生中的喜悅。」阿門。

總而言之，我對你最大的期望就是將這些原則培養成基本習慣。我設計的這個療程一年可以進行兩次至三次，第二次和後續的次數可以加入進階項目。在進行抗老療程一年之後，讓你老化的力量以及延緩老化的力量，將達到一個體內動態平衡，也就是生理平衡的新狀態。你將需要每年重新調整才能讓老化的生理站在對你有利的一邊。這就是功能醫學的挑戰和承諾：你可以根據持續在改變的基線來調整環境和生活方式。

為了幫助你對於健康壽命的概念融會貫通並且每天遵守，請重新進行健康壽命測試、長期追蹤你的成果，並且致力於在每年改善你的得分。

在本書的結尾，我想要告訴你另一句馬林郡的珊蒂所說的至理名言。我問她關於恐懼和死亡，以及她增進健康壽命的理由。她回答：「我不去想我的死亡。但我會去想我的生活品質，以及我剩下的歲月。我的哲學是試著活在當下，對於自己的存在找到一個更崇高的理由，然後活出我的熱情。」

請記得和你自己想要延長健康壽命的理由好好保持關係。現在對你身體管用的方法可能和五年前對你身體管用的方法不同，你的理由也可能會隨著時間經過而改變。你的理由是什麼？你是否每天都依據它在生活？你是否獲得你所需的自我照護，而且現在更廣義地包含了延年益壽的目標？

盯住目標、心無旁鶩，善用表觀遺傳學以及「90 ／ 10 法則」來達到目的。使用這本書中的那些改變來為你的基因在周遭環境做個大掃除，好讓你能夠活得更充滿喜悅、不受疾病所苦、維持賀爾蒙平衡，並且充滿青春活力。

食譜

　　食物是為你的 DNA 所提供的資訊。食物應該美味而營養。這些食譜的設計目的都是為了延長你的健康壽命，而且準備起來十分簡易，非常適合忙碌的人士。每一道食譜都在我的廚房經過審慎測試和修正。

- 抗老療程冰沙
- 其他抗老療程飲品
- 步驟較繁瑣的食譜
- 沙拉
- 主菜
- 甜點

抗老療程冰沙

莎拉醫師的青春早餐冰沙

1 杯冰綠茶或抹茶（第 261 頁），必要時請選擇無咖啡因綠茶

½ 杯無糖杏仁奶或椰子奶

2 匙莎拉醫師的 Reset360 多合一奶昔，香草或莓果口味

1 大匙中鏈三酸甘油酯（MCT）油

2 大匙大麻籽

1 大匙新鮮研磨亞麻籽

1 匙莎拉醫師的 Super Greens 超級蔬菜粉

1 至 2 小匙的瑪卡粉

6 至 8 個冰塊

　　將所有食材加入強力果汁機（例如：Blendtec、Vitamix 或 NutriBullet）中攪打至自己喜歡的口感即可。

莎拉醫師的思考冰沙

1 杯含椰漿的無糖椰奶

1 大匙中鏈三酸甘油酯（MCT）油

2 匙莎拉醫師的 Reset360 多合一奶昔，香草或巧克力口味

½ 顆酪梨

5 顆巴西豆

1 大匙大麻籽

1 杯青花菜芽（如何自行栽種請參見第 264 頁）

1 至 2 杯冷凍菠菜

　　將所有食材加入 Blendtec、Vitamix 或 NutriBullet 中攪打。

莎拉醫師的腰果可可豆冰沙

8 盎司全脂有機無糖腰果奶

2 匙莎拉醫師的 Reset360 多合一奶昔，巧克力口味

½ 杯羽衣甘藍、菠菜和 / 或青花菜芽

5 個冰塊

1 大匙碎可可豆作為裝飾（可省略）

　　將所有食材加入強力果汁機中攪打。按個人喜好撒上碎可可豆。

椰奶咖啡佐酪梨片

1 杯現煮低毒素咖啡（例如防彈咖啡）

2 大匙椰漿

½ 個酪梨，切片

將咖啡和椰漿加入強力果汁機攪打。倒入玻璃杯或玻璃罐後，在上方放置酪梨片。

食譜靈感來自紐約格林威治村 Kopi Kopi 咖啡廳 http://thechalkboardmag.com/new-york-cofee-shop-kopi-kopi

抹茶

抹茶其實是整片綠茶的茶葉，而不只是在喝茶水，這也是抹茶比普通綠茶營養更豐富的眾多原因之一。抹茶含有極高的抗氧化物、胺基酸，以及葉綠素含量，而葉綠素也是造成抹茶鮮綠色的原因。茶胺酸是最普遍存在的一種胺基酸，它能提升血清素、多巴胺和 GABA，並且已知對身心都能帶來鎮定作用（這也可能是傳統上僧侶都會啜飲抹茶的原因）。其咖啡因含量也可能有助於促進能量集中，但又不至於產生神經過敏。

1 小匙抹茶粉

½ 杯熱水（非沸水）

½ 杯無糖椰奶

幾滴 stevia 代糖（可不加）

在抹茶碗或你最喜歡的馬克杯中，將抹茶粉加入少量的熱水。使用竹製茶筅（或小型金屬攪拌器），快速以上下攪拌的方向製成濃稠的綠色糊狀物，然後將熱椰奶和水加入糊狀物中攪拌。如果你想加 stevia 這樣的甜味

劑，可以在這時加入。抹茶很快就會溶解。如果你使用的是奶泡杯，請加在拿鐵上方然後開啟製作奶泡，直到達到你想要的口感。

你也可以使用杏仁奶或撒上肉桂粉。熱飲、溫飲或冰飲皆可！

綠茶法布奇諾

½ 杯椰奶或其他種類的奶

½ 杯水

1 杯冰

2 小匙抹茶粉

1 至 2 小匙木醣醇或其他種類的甜味劑

½ 小匙純香草精或純香草豆粉

將所有食材加入果汁機中攪打至滑順。

薑黃拿鐵

4 大匙生腰果

4 大匙無糖椰絲

1 杯水

1 小匙椰子油

½ 小匙肉桂粉

1 小匙薑黃

丁香粉少許

粗海鹽少許

肉桂粉少許

將腰果、椰絲、水攪打至滑順。用堅果奶濾網袋過濾並將渣扔棄（這就是腰果奶了）。將液體倒回果汁機中並加入剩餘的食材再快速攪打一下，移

至鍋中在爐火上煮滾（或是加熱至用手觸碰溫熱的程度），從爐火上移開，撒上些許肉桂粉後即可趁熱食用。

請注意：也可以用椰奶取代腰果奶。

莎拉醫師的美容補品

2 根芹菜

½ 根小黃瓜

2 杯羽衣甘藍

1 英吋大小的薑塊

½ 杯巴西利

¼ 杯藍莓

½ 個酪梨

少許肉桂粉

少許抹茶粉

1 大匙新鮮檸檬汁

1 大匙奇亞籽

2 匙莎拉醫師的 Reset360 香草奶昔粉

適量的水和冰

將蔬菜清洗乾淨。將所有食材加入強力果汁機中攪打至滑順，接著立刻享用。

性感水果酒

用抗氧化物消滅那些會加速老化的自由基。

1 瓶紅葡萄酒（最好是有機的）

3 個柳橙，切成薄片

1 小匙檸檬碎皮（我喜歡用梅爾檸檬）

1 個檸檬，切成薄片

1 個萊姆，切成薄片

¼ 杯番石榴籽

½ 杯覆盆子

1 至 2 夸特氣泡水（可省略）

迷迭香枝或壓碎的粉紅胡椒，裝飾用

　　將所有食材混合在一個大壺中，在冰箱中冷藏並加入冰塊，再用迷迭香枝和壓碎的粉紅胡椒裝飾。

步驟較繁瑣的食譜

青花菜芽

可製作約四杯

2 大匙有機青花菜芽種籽

寬口夸特玻璃罐，附萌芽蓋

過濾水

　　將種子置入玻璃罐中，用幾英吋深的過濾溫水覆蓋。在一個溫暖、陰暗的地方過夜浸泡。大約八至十小時之後，將水倒掉。每天用清水沖洗種籽二至三次，四到五天。這段期間請將玻璃罐放在溫暖陰暗的地方，並確保每次沖洗後都將水瀝乾，以預防菜芽腐壞。種子大約需要二至三天的時間才會開始發芽，請耐心等待。菜芽長到約一英吋高、明確出現黃色葉子的時候，將玻璃罐移至能夠接觸到一些陽光的地方，菜芽照射到陽光生長得更快。請務必繼續沖洗，因為菜芽在較熱的環境中容易乾枯。當菜芽長好的時候你會看得出來，因為它們會有深綠色的葉子，高度大約是一英吋或更高。別擔心過

早採摘來吃，只要它們變成綠色就可以吃了。

節錄自湯姆・馬爾戴爾（Tom Malterre）https://wholelifenutrition.net/articles/recipes/how-make-broccoli-sprouts

膠原蛋白鹼性高湯

用冰箱裡的食材替自己做一次醫美拉皮吧。

以下蔬菜請選三種使用 1 至 2 杯的量：

芹菜

茴香

四季豆

櫛瓜

菠菜

羽衣甘藍

酢漿草

甜菜

胡蘿蔔

洋蔥

大蒜

高麗菜／大白菜

新鮮或乾燥香料（例如：孜然和薑黃）

1 大匙膠原蛋白粉（防彈或 Great Lakes 都是很好的品牌）

將蔬菜和香料放進一個大湯鍋中，加入過濾水蓋過食材，煮沸後用小火燉煮四十五分鐘。將蔬菜過濾取出下回使用，加入膠原蛋白粉攪拌均勻。

考慮在任何一餐中加入像韓式泡菜這種發酵食物。韓式泡菜是韓國版的辣酸白菜，通常是由發酵過的大白菜、洋蔥、大蒜和辣椒所製成，有助於降低空腹血糖值。韓式泡菜有高含量的維生素 C 和胡蘿蔔素，以及維生素 A、B1、B2、鈣、鐵，和有益的乳酸菌。發酵食物對於消化、以益菌來重新建立你的腸道菌群都很有幫助。

魚骨高湯

在中醫裡，腎上腺被認為是腎臟系統的一部分。骨頭湯能夠替肝臟排毒並且滋補。魚骨高湯使用的是魚頭，具有強健甲狀腺的功效。

3 夸特過濾水
2 磅魚頭和魚骨（僅用魚頭已足夠）
¼ 杯有機生蘋果醋
適量喜馬拉雅或凱爾特海鹽

將水和魚頭骨置入一個四夸特容量的湯鍋中。水煮至微微沸騰時，加入蘋果醋。當水開始沸騰後，撈除浮至表面的泡沫。去除泡沫是很重要的，因為裡面含有雜質和異味。將爐火轉至微火，燉煮至少四小時，但請勿超過二十四小時。冷卻後過濾，置入容器中冷藏。一週內食用不完的請冷凍。最後再加鹽調味即可。

小提醒：請勿使用高油脂的魚類像是鮭魚來製作魚湯，否則你會把整間屋子都熏臭！請使用低油脂的魚類像是比目魚、大比目魚、岩魚，或是我最喜歡的鯛魚。

雞骨高湯

1 隻雞（雞骨、雞腳、脖子）

2 個小洋蔥或紅蔥頭

1 顆大蒜

1 小匙胡椒粒

1 或 2 片月桂葉

2 大匙海鹽

2 大匙蘋果醋

4 夸特過濾水

1 把新鮮有機香草（例如：龍蒿）

將所有食材置入一個大湯鍋中（香草除外），浸泡一小時。煮沸，撈除浮至表面的泡沫。用微火煮八至十二小時。放涼後，將肉（如果有的話）和骨頭分開。過濾高湯。仔細清洗新鮮有機香草。將一份過濾過的高湯加熱至你想要的溫度（請勿煮沸），加一大把香草（可增添礦物質和風味）。

豐富膠原蛋白雞湯

可製作六份餐點

高湯部分

1 整隻放養雞（最好是牧場飼養的）

4 夸特過濾冷水

2 大匙醋

2 個大洋蔥，粗略切塊

3 根胡蘿蔔，去皮，粗略切塊

4 根帶葉芹菜，粗略切塊

4 瓣去皮大蒜

2 根洗淨後的大蔥，粗略切塊

3 個歐洲蘿蔔，粗略切塊

3 片月桂葉

4 至 5 根新鮮百里香枝，或 2 小匙的乾燥白里香

10 顆黑胡椒粒

1 把巴西利

湯品部分

2 夸特雞高湯

2 杯煮熟的雞肉

2 個洋蔥，剁碎

3 杯芹菜，剁碎

3 根胡蘿蔔，去皮，切片

1 杯四季豆

3 杯新鮮菠菜

6 瓣大蒜，切成蒜末

1 小匙乾燥百里香

2 小匙海鹽

½ 小匙新鮮研磨的黑胡椒

　　將雞置入一個大湯鍋中，加入水、醋及所有食材（除了巴西利）。浸泡三十分鐘至一小時。煮沸，撈除浮至表面的泡沫。把火轉小，蓋上鍋蓋燉煮六至二十四小時。高湯煮得越久，風味就越濃郁。完成前十分鐘加入巴西利，這樣做能夠為高湯添加更多礦物質。將雞取出，放涼，然後把肉從骨架上取下。保留湯汁。

　　將高湯過濾後放入冰箱冷藏，直到脂肪浮至表面凝固，撈除脂肪，將密閉容器中的高湯置於冰箱或冷凍庫保存。製作湯品時，請將二夸特的雞高湯煮沸，撈除浮至表面的泡沫。加入雞肉、蔬菜以及調味料，煮至蔬菜微軟，約五至十分鐘。

試試味道，調整調味料。別忘了你可以像喝茶一樣啜飲高湯，冬天或身體不舒服的時候尤其適合，因為高湯同時具有補充精力和鎮靜情緒的作用，因此可以取代早晨的咖啡、下午茶或是睡前飲品。把你最愛的高湯裝在保溫杯中就可以整天啜飲了。你也將明白「療癒系食物」的真正含義！

牛大骨高湯

2 磅（或更多）草飼牛的股骨或來自健康來源的骨頭

2 隻雞腳作為額外膠質來源（可省略）

1 個洋蔥

2 根胡蘿蔔

2 根芹菜

2 大匙蘋果醋

2 瓣大蒜

1 把巴西利、1 大匙或更多的海鹽、1 小匙胡椒粒、適量的其他香草或香料（可省略）

如果你用的是生骨，尤其是牛骨，先在烤箱裡烤過可以增添風味。我會把它們放在烤盤上，送進攝氏一百八十度的烤箱裡烤三十分鐘。然後將骨頭放進五加侖的大湯鍋中，加入雞腳，倒入水蓋過骨頭並多出幾英吋，好讓骨頭完全被淹蓋，然後加醋。在冷水中浸泡二十至三十分鐘。醋有助於提升骨頭中營養素的生物有效性。

大略切一下蔬菜（除了巴西利和大蒜，如有使用的話）然後加入鍋中。如有使用的話，可在這時加入鹽、胡椒、香料或香草。現在將高湯煮沸。沸騰之後，將火轉小燉煮至完成。

在燉煮的頭幾個小時，你需要將浮至表面的雜質撈除。它會形成泡沫狀，很容易就可以用一根大湯匙撈起。將撈起物扔棄。我通常在頭兩個小時每隔二十分鐘就會檢查一次將它撈除。草飼和健康的動物所產生的雜質會比

較少。

在最後三十分鐘，加入大蒜和巴西利，如有使用的話。

從爐火上移開讓它稍微冷卻，用細濾網過濾移除所有的骨渣和蔬菜。等到足夠冷卻之後，裝進加侖容量的玻璃罐中存放在冰箱內，最多可放五天，或是冷凍供日後使用。

沙拉

手撕綠色蔬菜佐青春田園沙拉醬

我家人很喜歡將這種沙拉醬淋在燒烤過的蘿蔓菜心上，或是用來當小黃瓜的沾醬。手撕綠色蔬菜更能保留食物的營養價值。

沙拉基底
2 至 8 杯手撕蘿蔓生菜、羽衣甘藍、菠菜，或其他綠色蔬菜

美乃滋
1 杯酪梨油、橄欖油，亦可混合
1 個蛋黃
1 大匙第戎芥末醬
½ 顆檸檬的檸檬汁
1 小匙鹽

青春田園沙拉醬
1 杯無奶蛋黃醬（食譜請參見下方）
¼ 杯椰奶
1 小匙蘋果醋
½ 小匙洋蔥粉

½ 小匙大蒜粉

1 大匙新鮮蒔蘿或 1 小匙乾燥蒔蘿

2 小匙乾燥巴西利或 2 大匙切碎的新鮮巴西利

1 大匙乾燥蝦夷蔥或 2 大匙切碎的新鮮蝦夷蔥

適量鹽和胡椒

美乃滋

　　將所有食材置入一個狹窄的容器或罐子。我用的是手持式攪拌機附贈的攪拌杯，但半品脫的罐子就可以了。將手持式攪拌機的頭置於罐子底不，然後開啟攪拌機。罐子的底部應該很快就會乳化（你會看到它變成白色濃稠狀）。隨著內容物的乳化，緩緩將手持式攪拌機往上移動到罐子的頂端。如果有油又往下流到罐子下方，只要將機器的頂端往下移動去攪拌即可，然後繼續將攪拌機往上朝表面移動，直到所有的油都混合，內容物也變得濃稠。這個過程最多只要一至兩分鐘。

　　美乃滋加蓋冷藏可在冰箱內保存最多一週。加在雞肉或蛋沙拉、三明治，或是香濃沙拉醬中都很美味。

青春田園沙拉醬

　　將沙拉醬的其餘食材加入美乃滋中。攪拌均勻。按需要加入額外的椰奶稀釋醬汁（置入冰箱後會自然稍微變濃稠）。先嘗嘗看，然後按個人喜好加入鹽和胡椒。倒在手撕綠色蔬菜上拌勻。

　　田園沙拉醬加蓋冷藏可在冰箱中保存一週。

海帶沙拉

　　海帶富含必需礦物質，有助於自然維護你的甲狀腺，包括碘、鈣、鐵、銅、鎂、錳、鉬、磷、鉀、硒、釩、鋅。有些市售的海帶沙拉中含有可疑的糖或品質不佳的油和醋。以下這個食譜是清淨版的，讓你可以安心地像美人

魚一樣享用。

沙拉部分

2 盎司乾海帶芽（或綜合海帶）

1 個小白蘿蔔，切成細絲

½ 根英式小黃瓜，切成細絲

沙拉醬部分

1 小匙麻油

半顆萊姆或檸檬的汁

2 小匙新鮮薑汁

1 大匙日式溜醬油

4 大匙核桃或酪梨油

½ 小匙 stevia 甜味劑或適量

少許鹽

炒香的芝麻（可省略）

捏碎的烤海苔（可省略）

酪梨塊（可省略）

　　將海帶芽浸泡在冷水中約五分鐘，使其還原變軟。沖洗乾淨後瀝乾。如果有比較大塊的，可以稍微切一下。將沙拉醬食材在一個小碗中混合均勻。混合海帶芽、小黃瓜和白蘿蔔。將海帶芽沙拉部分和沙拉醬部分混合均勻，靜置幾分鐘讓沙拉醬入味。可依個人喜好加入配料，用筷子食用。

羽衣甘藍萬歲凱薩沙拉

「生帕瑪森乳酪」（仿真乾酪）

½ 杯夏威夷果或腰果，不要浸泡

1 小匙營養酵母（或更多，按個人口味適量）

1 小撮大蒜粉（可省略）

沙拉醬部分

½ 杯腰果，浸泡 2 個小時或以上

¼ 杯大麻油

¼ 杯營養酵母

2 顆檸檬的檸檬汁

1 瓣大蒜，壓碎

½ 小匙海鹽或粉紅喜馬拉雅鹽

2/3 杯過濾水

生菜和蔬菜部分

1 顆拉奇納多羽衣甘藍（lacinato kale）

2 顆蘿蔓生菜

1 杯櫻桃番茄，切半

　　「生帕瑪森乳酪」的做法是，將堅果刨絲或是在食物調理機中攪打。加入剩餘的食材攪打至混合均勻。

　　沙拉醬的做法是，將腰果沖洗乾淨後瀝乾。加入剩餘的沙拉醬食材攪拌至滑順。

　　將羽衣甘藍去莖，然後將葉片切碎，洗淨後在沙拉脫水器中瀝乾，放進一個大碗中。將剩餘的蘿蔓撕成一口的大小，洗淨後用脫水器瀝乾，放進裝有羽衣甘藍的碗中。現在你應該有約二至三杯切碎的羽衣甘藍和四至六杯手撕蘿蔓。

　　將沙拉醬加入生菜中，輕拌直到完全沾上醬汁。用一小撮鹽調味，再次混合。沙拉醬在冰箱中可保存一天。

時光倒流沙拉

可製作 2 大份或 4 小份

多吃這種沙拉，你很可能會被誤以為未成年喔！

羽衣甘藍沙拉部分

1 顆拉奇納多羽衣甘藍（lacinato kale）

¼ 杯南瓜籽

1 個青蘋果，切成薄片

香濃沙拉醬部分

2 大匙夏威夷果或麻油

1 個檸檬的檸檬汁

1 個熟透的大酪梨

1 大匙芝麻醬

1 大匙大麻籽

1 小匙蒜末

2 大匙水（如果需要稀釋可以用更多）

¼ 杯新鮮芫荽葉

粉紅喜馬拉雅海鹽和新鮮研磨的胡椒

將羽衣甘藍清洗乾淨、去除較粗的莖，然後切成細條狀。放進一個大碗中，置於一旁。沙拉醬的部分，將油、檸檬汁、酪梨、芝麻醬、大蒜和大麻籽放進一個食物調理機中，使用瞬轉功能攪打至滑順濃稠的程度，加入粉紅喜馬拉雅海鹽和胡椒調味，並加水調至自己喜歡的濃稠度。將沙拉醬倒入裝有碎羽衣甘藍的碗中。

用雙手將沙拉醬按摩至羽衣甘藍上約二至三分鐘，直到葉片完全平滑柔軟。加入南瓜籽、芫荽及蘋果片並完全混合均勻。立刻享用羽衣甘藍沙拉，或放入密閉的容器中，可存放於冰箱內二至三天。

苦白苣茴香梨子核桃沙拉

　　我記得我是在 1990 年代第一次在愛麗絲·華特斯（Alice Waters）的名餐廳 Chez Panisse 中吃到苦白苣。這道沙拉不僅擺盤美觀，而且口感和風味絕佳。

½ 杯橄欖油

2 大匙檸檬汁

適量海鹽

1 大匙剁碎的紅蔥頭

2 小匙新鮮百里香或 1 小匙乾燥百里香

2 個博斯克梨（Bosc pears），皮可削可不削

1 個中型球莖茴香，刮去外皮

½ 磅苦白苣，切除菜蕊

¼ 杯核桃，烤熟

一把番石榴籽（可省略）

　　在一個大碗中，將橄欖油、檸檬汁、海鹽、紅蔥頭、百里香，以及一小撮鹽用攪拌器攪拌均勻。靜置十分鐘讓它入味。

　　將梨子切成薄片；將茴香切成四分之一，然後用手或切菜機盡可能切成

薄片。將苦白苣的葉片分開。攪拌沙拉醬，然後和梨子、茴香以及苦白苣輕輕拌勻，裝在沙拉盤上，撒上核桃，並用番石榴籽裝飾（如有使用的話）。

鮭魚酪梨沙拉佐味噌沙拉醬

有助於重整皮質醇的沙拉，將會讓你覺得自己是個容光煥發的女神。

4 人份

橄欖油

4 片 6 盎司的鮭魚排（或味道相似的硬頭鱒）

1 至 2 個檸檬

6 杯手撕蘿蔓生菜

1 個酪梨，切成小塊

¾ 杯小黃瓜切片

½ 個紅甜椒，切成條狀

¼ 杯核桃，烤過

味噌沙拉醬部分

2 小匙新鮮萊姆汁

2 小匙白味噌

2 小匙水

¼ 小匙胡椒粉

3 大匙初榨橄欖油

預熱烤箱的烤爐功能（broiler）。將烤架置於離烤爐六英吋處。將一個烤盤鋪上錫箔紙，並在錫箔紙上輕刷上一層橄欖油。

將鮭魚排放在準備好的烤盤上，皮朝下，抹上檸檬汁和橄欖油，並撒上海鹽調味。烤至鮭魚稍微熟透，七至十分鐘（時間依鮭魚的厚度而異）。將皮從每一片鮭魚排上移除，切成適口大小。

烤鮭魚的同時請準備醬汁：在一個小碗中，用攪拌器將萊姆汁、味噌、水和胡椒攪拌均勻。攪拌同緩緩加入橄欖油。在一個大碗中加入生菜、酪梨、鮭魚、小黃瓜和紅甜椒並輕拌均勻。分成四盤。在每一份沙拉上淋一大匙味噌醬汁，撒上核桃後即可享用。

主菜

烤酪梨蛋

大酪梨
蛋（每半顆酪梨使用一顆蛋，也就是一整顆酪梨需要 2 顆蛋）
辣醬（可省略）
適量鹽和胡椒
可另加芫荽、蔥和辣椒等配料

將一顆酪梨切半，取出核。把一些肉挖出來（約 1 大匙的量），才有足夠的大洞可以容納蛋。重複處理其他酪梨。

將酪梨放在一個小烤皿中，最好讓它們緊貼在一起才不會倒。可以使用壓派石、乾豆或粗鹽讓酪梨保持直立。專家建議：加蛋之前可以加幾滴辣醬或你喜歡的調味料在洞裡。一次將一顆蛋打在一個小器皿或玻璃杯中，然後小心將蛋倒入每個酪梨的洞中，用鹽和胡椒調味，並可將任何喜歡的調味料撒在切半的酪梨上。我喜歡用一點義大利青醬或阿根廷青醬。用攝氏兩百三十度烤十至十二分鐘，或烤至蛋白凝固而蛋黃依然略呈膏狀的程度。

撒上一些綠葉或配料。（芫荽、蔥和辣椒都是很美味的選擇！）

佛祖白醬義大利寬麵

「義大利寬麵」
2 個特大的歐洲蘿蔔，用蔬果削鉛筆機削成麵條狀

胡蘿蔔絲（目測足夠的量即可，我喜歡用 1 杯的量）

去莖、切絲的拉奇納多羽衣甘藍（lacinato kale）（目測足夠的量即可；我喜歡用 2 杯的量）

巴西豆醬汁

6 大匙巴西豆抹醬（亦可使用 1/2 杯巴西豆替代）

6 大匙水

2 大匙蘋果醋

2 大匙芝麻醬

適量海鹽

將所有食材加入 Blendtec、Vitamix 或 NutriBullet，用高速攪打。將約 1/4 杯醬汁淋在蔬菜上，需要的話可以多加一點，讓醬汁均勻沾到所有食材。

素墨西哥捲餅

可製作 2 ½ 杯

扁豆核桃素肉

1 杯生法國綠扁豆（煮熟的扁豆量則為 1 ¾ 杯）

1 杯核桃碎

1 ½ 小匙乾燥牛至

1 ½ 小匙孜然粉

1 ½ 小匙辣椒粉

½ 小匙細海鹽或適量

1 ½ 大匙初榨橄欖油

2 大匙水

配料／捲餅

1 大匙椰子油

1 至 2 個甜椒，切成細條（我用一個，但下回我會用兩個當作剩菜）

½ 至 1 個大洋蔥，切成細絲（我用 1/2 個洋蔥，但下回我會用一個當作剩菜）

腰果酸奶油醬（食譜請參見下方）

切丁的番茄塊或莎莎醬

蔥和新鮮萊姆汁，裝飾用

生菜捲（大片蘿蔓、冰山生菜或奶油生菜葉）

其他配料選擇包括酪梨切片、辣醬、芫荽等

　　將扁豆用細孔篩清洗乾淨，加入一個中型鍋中，然後加入幾杯水。煮沸，轉成中火，然後燉煮二十至二十五分鐘或直到變軟（烹煮時間將依你使用的扁豆種類而異）。瀝乾多餘的水份。

　　將烤箱預熱至攝氏一百五十度。把核桃放在一個有邊的烤盤上烤十至十三分鐘，隨時注意烘烤情況，烤至稍微呈金黃色並且散發出香味。置於一旁冷卻幾分鐘。

　　將一大匙的椰子油加入一個大型平底鍋或中式炒鍋中，用中火將洋蔥和甜椒炒十五至二十分鐘，必要時將火關小並且經常翻動，直到呈透明狀。

　　將煮熟的扁豆（會有剩餘）和烤好的核桃放進一個食物調理機中，用瞬轉功能攪打至剁碎狀態（不要打太碎）。加入牛至、孜然、辣椒粉和鹽用攪拌或瞬轉功能攪打。拌入油和水攪拌均勻。

　　準備其他的蔬菜配料，並將生菜捲洗淨擦乾。

　　組合：把一片大生菜葉放在一個盤子上，上面放墨西哥餅的「素肉」、炒過的甜椒和洋蔥，以及其他你喜歡的配料。

改編自純素食譜書 *Oh She Glows*

腰果酸奶油醬

1 杯生腰果

2 小匙果醋

1 小匙檸檬汁

1/8 小匙細海鹽

　　將腰果放進一個杯子或小碗中，用約半英吋的滾水蓋過。浸泡三十分鐘。瀝乾腰果，放進果汁機中，加入醋、檸檬、鹽，以及約四分之一杯的水。攪打至非常滑順的程度，需要時可多加一點水使其成為泥狀。

紐奧良香料焦黑鮭魚

　　鮭魚富含 omega-3 脂肪酸等優質脂肪，有助於提升抗氧化功能並具有抗憂鬱、抗老和抗關節炎的功效。它同時也十分美味，而且非常百搭。不用去參加紐奧良嘉年華會，也可以讓餐點變得更有風味。（本食譜的份量可以增加成兩倍或三倍。）

1 大匙椰子油

2 片鮭魚排或硬頭鱒

紐奧良香料醃粉

½ 小匙牛至（新鮮或乾燥皆可）

½ 小匙百里香（新鮮或乾燥皆可）

¼ 小匙卡宴辣椒粉

¼ 小匙煙燻紅甜椒粉

¼ 小匙洋蔥粉

¼ 小匙大蒜鹽

¼ 小匙黑胡椒

　　用中火將椰子油融化於一個平底鍋或平底煎鍋中。將香料混合後攤在一個盤子上，讓鮭魚排的兩面都沾上混合後的香料。趁平底鍋熱的時候加入鮭

魚排，把火關小。

　　烹調時間依鮭魚的厚度而異。較薄的可以先從每面兩分鐘開始，較厚的魚排則可以每面煎三或四分鐘。

　　搭配甘藷和一種綠色蔬菜享用，這樣你的皮膚不但會更容光煥發，賓客也會對你讚不絕口。

味噌黑鱈魚

2 人份

1 大匙橄欖油

3 大匙溜醬油

½ 杯白味噌醬

1 大匙赤藻糖醇或幾滴 stevia 甜味劑（可省略）

1 磅（2 至 3 片）黑鱈魚排

　　將橄欖油、白味噌醬、溜醬油以及甜味劑（如有使用）在一個容器中混合後置於一旁。

　　將魚排洗淨後擦乾。把魚放入容器中沾上醃醬，蓋起後冷藏隔夜。

　　將烤箱預熱至攝氏兩百度。將魚從冰箱中取出，刮去多餘的醃醬。在烤架或平底煎鍋上刷一層橄欖油，調至大火。把魚放上去煎烤至兩面皆呈棕色，約兩分鐘。

　　將魚排放進烤箱中烤約十分鐘，直到熟透呈片狀。

薑黃肉桂燉雞

可製作 4 至 6 人份

1 隻全雞，剁成 8 塊

海鹽

新鮮研磨的胡椒

1 大匙薑黃

橄欖油

1 個中型至大型的黃洋蔥，切碎

4 瓣大蒜，切碎

2 根肉桂棒

2 個 14 盎司整顆義大利剝皮番茄罐頭

½ 杯雞高湯（或者如果你有骨頭湯的話！）

新鮮薄荷和巴西利，裝飾用

把雞清洗淨後擦乾，用鹽、胡椒調味，並在每面撒點肉桂粉和薑黃粉。

在一個大鍋中加入橄欖油在鍋底，然後開大火。當油燒熱後，將雞塊每面煎一分鐘，直到雞皮呈棕色。把雞塊從鍋中移出，置於一旁。

把火轉成中大火，加入洋蔥。炒一分鐘直到變軟，然後加入大蒜，再炒一分鐘直到呈透明。加入肉桂棒、番茄和高湯，並用鹽和胡椒調味。攪拌微滾時，把雞塊放回鍋中浸泡在湯汁下方。用微火燉煮約兩小時，不加蓋，不時搖晃鍋子一下讓雞塊在裡面移動，煮至骨肉分離。

用薄荷和／或巴西利裝飾，搭配花椰菜「白飯」和清蒸菠菜享用。

專家建議：美味祕訣就是慢燉的兩小時。這是一道慢工出細活的慢菜！

草飼牛肉蔬菜湯

2 磅草飼牛肉燉肉塊

1 個大甜洋蔥

5 根胡蘿蔔

5 至 7 根芹菜

1 磅番薯或奶油南瓜

8 瓣大蒜

3 大匙椰子油（壓榨法）

1 杯紅酒（最好是有機的）

1 至 2 大匙有機番茄膏

6 片月桂葉

3 枝新鮮百里香

1 枝新鮮迷迭香或 1 小匙乾燥迷迭香（根據個人口味自行增減）

½ 小匙煙燻紅甜椒粉

2 夸特牛高湯（自己煮的最好）

海鹽和胡椒適量

將燉肉塊切成一口大小，置於一旁。

將洋蔥、芹菜、胡蘿蔔和番薯或南瓜都切成一口大小，置於一旁。把大蒜切碎。

在一個重湯鍋中用中大火將椰子油燒熱，加入大蒜和肉煎至肉呈棕色，但小心不要把大蒜燒焦。加入蔬菜攪拌和肉均勻混合（你可能需要多加一點油），加入紅酒煮五至八分鐘讓酒精揮發。加入番茄膏和香料，攪拌使其均勻混合。加入牛高湯。

蓋上鍋蓋煮至微滾，然後將火轉小，燉煮一小時。嘗嘗鹽和調味料的味道，根據個人口味調整調味料。如果你喜歡較濃稠的燉肉，可以在此時加入葛根。燉肉這時就已經可以吃了（如果蔬菜已經煮熟的話），但如果能夠用微火再燉煮三至四小時再享用則風味更佳。

甜點

免烘焙椰子酥

3 杯無糖椰絲

6 大匙椰子油

½ 杯木糖醇或赤藻糖醇

2 小匙香草精（我推薦新鮮香草豆或不含酒精的香草精，因為這是免烘焙的食譜）

½ 小匙海鹽

自選配料：椰絲、可可粉或角豆粉、堅果碎、80% 含量的黑巧克力，融化後當作淋醬

　　將所有食材（除了自選配料之外）放進食物調理機或果汁機中，攪打至內容物完全混合並且黏成一團。（請注意：如果你使用的是 Vitamix 這種強力果汁機，請勿用高速攪打。）將混合物從果汁機／食物調理機中取出，捏成自己喜歡的形狀。我通常會用挖球器做成球狀。

　　用椰絲、可可粉或角豆粉、堅果碎，或融化的巧克力裝飾。我會用一個塑膠袋在角落剪一個小洞來擠花。你也可以不做任何裝飾。

　　放在盤子或其他堅硬表面讓它們在室溫中變硬。

黑巧克力椰子布丁

2 杯椰子奶

3 至 4 盎司巧克力（80% 或更高的可可含量），切成小塊

1 大匙優質吉利丁（這是一種只能在熱水中溶解的膠原蛋白）

½ 小匙香草精

一小撮海鹽

　　用中小火將椰子奶在一個厚底鍋中加熱。加入黑巧克力，不停攪拌直到融化。在另一個小鍋中融解吉利丁，但不要煮沸。

　　巧克力一融化，緩緩地一邊攪拌一邊加入吉利丁。（如果一下子把整匙倒進去就會結塊。）關火，拌入香草精。

　　倒入你喜歡的碗或杯中，冷藏至少兩小時或至凝固。按個人口味適量加點鹽。

基因參考指南

你的體內約有兩萬四千個蛋白質編碼基因，而這份參考指南只列舉了少數幾個，也就是本書中所提到的。請使用這份參考指南去查找基因，並可用來複習每個基因的名字、縮寫和功能。

基因、學名和功能

阿茲海默症和不良心臟基因

學名： 缺脂脂蛋白 E（APOE）

功能： APOE 基因會指示細胞製造一種叫做缺脂脂蛋白 A 的蛋白質，它在體內會和脂肪結合製成一個組件，將膽固醇帶回肝臟透過糞便清除。APOE 是三種主要對偶基因的多型性：APOEZ、APOE3 以及 APOE4。

抗氧化物

學名： 麩胱甘肽 S- 轉移酶 M1（GSTM1），一種為麩胱甘肽編碼的基因。

麩胱甘肽過氧化物酶 1（GPX1）能夠為過氧化氫代謝排毒，是一種活性含氧物。

錳超氧化物歧化酶（SOD2，有時稱為 MnSOD，是一種仰賴錳的超氧化物歧化酶），能幫助療癒受氧化壓力侵害的粒線體。

過氧化氫酶（CAT），一種保護你不受氧化侵害的基因。

還原態菸鹼醯胺腺嘌呤二核苷酸磷酸（NAD(P)H）脫氫酶醌 1（NQO1）和輔酵素 Q10 有關。

功能：為那些對抗氧化侵害的基因編碼，進而延緩老化並預防癌症、阿茲海默症，以及肝臟損害。

極樂

學名：脂肪醯胺水解酶（FAAH）

功能：能夠為大麻素產生反應的酵素編碼，也就是我們體內天然的極樂大麻分子。

血糖和糖尿病

學名：葡萄糖 -6- 磷酸酶催化亞基（G6PC2）

轉錄因子 7 樣 2（TCF7L2）

溶質載體家族 30（鋅轉運體）8（SLC30A8）

肝脂肪酶（LIPC）

族繁不及備載

功能：為血糖編碼的基因很多，有一個或多個遺傳變異體並不代表你的血糖就會升高。然而，你罹患高血糖（空腹和飯後）的風險可能會增高，而那是因為胰島素阻抗造成的。

大腦

學名：腦源性神經營養因子（BDNF）

脂肪醯胺水解酶（FAAH）

克洛托（Klotho）

前類澱粉蛋白質（APP）

族繁不及備載

功能：各有不同

乳癌

學名：乳房和卵巢癌易感性蛋白質 1 和 2（BRCA1 和 BRCA2）

腫瘤抑制蛋白 p53（TP53）

磷酸酶與張力蛋白同源物（PTEN）

檢測點激酶 2（CHEK2）

ATM 絲胺酸／蘇胺酸激酶（ATM）

BRCA2 的定位協同因子基因（PALB2）

族繁不及備載

功能：BRCA 基因隸屬於一個腫瘤抑制基因的級別，能修復 DNA 中的細胞損害和破壞，並維持乳房細胞正常生長。TP53 基因是為腫瘤抑制蛋白 p53 編碼的基因，它也能調節細胞分裂，讓細胞不要生長過快或是不受控制地生長。除了上述這些基因之外，還有至少一百種乳癌基因。

咖啡因代謝

學名：細胞色素 P450 家族 1、亞科 A、多肽 2（CYP1A2）

功能：為一種分解咖啡因和其他化學物質的酵素編碼的基因。有超過一半以上的人是屬於「代謝緩慢者」，無法耐受超過 200 毫克的咖啡因，所以會產生副作用。

生理時鐘

學名：畫夜節律運動輸出週期故障（Clock）

功能：控制畫夜節律，也就是二十四小時的生理睡醒循環。如果你有這種基因的不良變異體，血液中的飢餓肽值會上升（也就是讓你飢餓的賀爾蒙），並且會對減重產生阻抗。其他根據畫夜節律釋放的賀爾蒙也會

受到影響。

企業戰士

學名： 兒茶酚 -O- 甲基轉移酶（COMT）

功能： 藉由鈍化某些大腦神經傳導物質，包括多巴胺、腎上腺素和去甲腎上腺素，讓你在壓力大的情況下能夠保持專注。因此正常的變異體會讓你成為一個「戰士」，多型性則會讓你變成一個「憂士」，雖然兩種策略都有其潛在的益處。COMT 能代謝某些雌性素，意味著你可能會雌性素過多，因而提高你罹患乳癌的風險。同時也和疼痛感知有關。

深度睡眠

學名： 腺苷脫氨酶（ADA）

功能： 調節一種酵素（又稱為腺苷脫氨酶），這種酵素能夠將一個叫做腺苷的化合物轉換成另一種叫做肌苷的化合物。腺苷在控制睡眠方面很重要。典型的對偶基因和深度睡眠較少有關，而變異基因則和較多的深度睡眠有關。

排毒

學名： 亞甲基四氫葉酸還原酶（MTHFR）能製造可供身體運用的 B9 並代謝酒精。

環氧化物水解酶（EPHX）

麩胱甘肽 S- 轉移酶 M1（GSTM1）

其他例如 CRP、CYP1A1、CYP1B1、CYP2A6、黴菌（HLA DR）、MMP1

功能： 幫助你排毒代謝化學物質、毒素以及內分泌干擾物。

飲食行為

學名： β2 腎上腺素能表面受體基因（ADRB2）

含錨蛋白重複和激酶域 1（ANKK1 ／ DRD2，又稱食物欲望，會影響
多巴胺活性並且和多巴胺受體 D2 基因表現有密切的關係）

脂肪量以及肥胖相關（FTO，即胖子）

黑皮質素 4 受體（MC4R，即過度嘴饞者）

溶質載體家族 2，促葡萄糖轉運體 8（SLCA2，即螞蟻人）

功能： 各有不同

運動

學名： 過氧化物酶體增殖物活化受體 δ（PPARδ）

脂蛋白脂肪酶（LPL）

肝脂肪酶（LIPC）

其他例如 MMP3、PPARGC-1-α、PDK4

功能： 各有不同

胖子

學名： 脂肪量與肥胖相關（FTO）

功能： 這個基因和你的身體質量指數有很大的關係，因此，也和你罹患肥胖
症與糖尿病息息相關。當你體內有這個變異體時，它會讓你無法好好
掌握負責飽足感的賀爾蒙瘦素。換言之，你時時刻刻都會感到飢餓。

高血壓

學名： 內皮素 -1（EDN1）

功能： 為內皮素 -1 編碼，一種強而有力的血管收縮物質。如果我不動躍的
話，我的 EDN1 遺傳變異體就會讓我更容易罹患高血壓。

學名：雷帕黴素機理靶或哺乳動物雷帕黴素標靶蛋白（mTOR）

　　　　去乙醯酶（SIRT1）

　　　　叉頭翼狀螺旋基因 O3 群（FOXO3）

功能：這些基因主掌長壽和自噬（也就是細胞代謝和毀滅的正常生理過
　　　　程）。

甲基化

學名：亞甲基四氫葉酸還原酶（MTHFR，包括 C677T 和 A1298C）

　　　　胱硫醚 - 合酶（CBS）

　　　　兒茶酚 -O- 甲基轉移酶（COMT）

　　　　其他例如 MTR、MTRR、VDR

功能：這些基因——超過一打以上——都是負責體內的甲基化循環。請記
　　　　住：甲基化是當一個甲基群和一個基因相結合，最終可能改變基因表
　　　　現的現象。

肥胖、增重、減重和復胖

學名：脂聯素（各種）

　　　　$\beta 2$ 腎上腺素能表面受體基因（ADRB2）

　　　　胖子（FTO）

　　　　其他例如脂聯蛋白（ADIPOQ，減重／復胖）、APOA2、APOA5、
　　　　GNPDA2、MC4R、PCSK1

功能：當這些基因受到飲食過量、不良食物選擇以及運動量過少等因素相互
　　　　影響時，就容易造成肥胖和脂肪量增加。

海鮮

學名：過氧化物酶體增殖物活化受體 γ（PPARγ）

功能：PPAR γ 會控制脂肪細胞，並且和肥胖、糖尿病、癌症，以及心臟病的發展有關。當你遺傳到變異而使得它被關閉時，最好能將它重新開啟，讓你能夠適當處理脂肪順利減重。否則，你就會有身體質量指數（BMI）較高的風險。

睡眠短暫

學名：睡眠覺醒週期調節系統負轉錄因子（簡稱 DEC2）

功能：這種基因多型性和睡眠短暫以及每晚睡眠不到六小時的睡眠不足阻抗有關。只有 3% 的人有此基因。

皮膚和皺紋

學名：吡咯啉 -5- 羧酸還原酶 1（PYCR1）

基質金屬蛋白酶，調節鈣信號和膠原蛋白分解（MMP1）

1,500 個其他基因

功能：這些基因會決定你能保持多久沒有皺紋。當你有正常變異體時，你的膠原蛋白就能保持年輕健康。

短跑

學名： α - 輔肌動蛋白 3（ACTN3）

功能：肌動蛋白，存在於快縮肌纖維中，能容許更具爆發性的動作，是為製造一種蛋白值編碼的基因。

壓力

學名：FK506 結合蛋白 5（FKBP5）

細胞色素 P450 家族 1、亞科 A、多肽 2（CYP1A2）

礦物性腎上腺皮質素受體（MR）

酪氨酸羥化酶（TH）

腎臟大腦表現蛋白質（KIBRA）或含 WW 結構域蛋白質 1（WWC1）

功能：幾種調節你的壓力反應系統的基因，包括杏仁核、下視丘、腦垂體，以及海馬體，也就是你大腦中調節情緒、記憶，以及自主神經系統的部位。其他基因會調節大腦和腎上腺溝通的方式，也就是皮質醇分泌的地方。

體重增加（請參見第 290 頁的「肥胖」）

維生素 D

學名：維生素 D 受體（VDR）

其他例如維生素 D 25- 羥化酶、Fok1、Taql、CYP2R1

功能：當維生素 D 受體被啟動時，它是為維生素 D3 的核賀爾蒙受體的結構和功能編碼的，能夠讓你的細胞吸收維生素 D。當它關閉時，你就更可能會出現骨質疏鬆症的問題。

七大關鍵基因：解決方案

如果你想知道你是否有一個基因的正常版本或多型性版本，可以考慮進行基因檢測，但正如本書中先前所提過的，請注意關於準確性和隱私方面的問題。以下的遺傳變異體是 23andMe.com 網站中所列舉的。如果你決定進行基因檢測或者已經取得了自己的基因型，本章節將能幫助你決定未來該怎麼做最有助益。

由於美國食品藥物管理局的監管規範，像 23andMe.com 這樣的公司能夠提供的資訊是有限的，但由於報告並不昂貴（在撰寫本書時大約美金 199 元），而且提供的是原始資料。如果想要得知更多更容易解讀的結果，可以將 23andMe.com 的原始資料上傳至 Promethease.com 或 MTHFRSupport.com。這些進一步的服務都不貴，是讓你瞭解更多關於疾病易感性特徵的好方法。

請注意，由於各個化驗所的基因來源有所不同，有時候鹼基對字母的位置是對調的——有時候基因是正向觀察，有時則是反向，會根據化驗所的慣例而有所不同。例如，G＝C；A＝T。GG 等同於 CC。如果你的父親有 MTHFR 的 C677T 變異同型合子，23andMe.com 的報告中會列出 rs1801133 AA。關於如何閱讀報告，請瀏覽 23andMe.com 瞭解更多詳情。

基因、學名／單一核苷酸多型性（SNP），以及解決方案

阿茲海默症和不良心臟基因

學名／單一核苷酸多型性（SNP）：

缺脂脂蛋白 E（APOE）是一種較為複雜的基因，因為它有兩種單一核苷酸多型性的變異體，rs429358 和 rs7412。它有四種對偶基因，但有一個是罕見的（E1）。最常見的基因是 APOE3/3，你會從父母身上分別遺傳到 APOE3 對偶基因（稱為連鎖遺傳或單一核苷酸多型性組合，gs246）。以下是六種常見的遺傳模式。

基因	rs429358	rs7412	連鎖遺傳	附註
APOE2/2	(T;T)	(T;T)	gs268	同型合子；罹患阿茲海默症風險增高
APOE2/3	(T;T)	(C;T)	gs269	
APOE2/4	(C,T)	(C;T)	gs270	
APOE3/3	(T;T)	(C;C)	gs246	正常；最常見
APOE3/4	(C;T)	(C;C)	gs141	
APOE4/4	(C;C)	(C;C)	gs216	同型合子；罹患阿茲海默症風險增高

25% 的人有 APOE4 基因，使得他們罹患阿茲海默症的風險提高為雙倍或三倍。

解決方案：如果你有一個或兩個 APOE4 對偶基因（也就是說，你有異型對偶或是同型合子基因），請遵循第十一章中的指示。最重要的是：

- 優化飲食：低碳水化合物，低或無穀類。
- 隔夜斷食 12 至 18 小時。
- 每天睡 7 至 8.5 小時。
- 每天運動 30 至 60 分鐘，每週 4 至 6 次（至少 150 分鐘）。
- 減少發炎反應（CRP < 1，升半胱胺酸 < 7）。
- 減少壓力；刺激大腦。

學名／單一核苷酸多型性（SNP）：

　　BRCA1 （至少 122 SNPs）

　　BRCA2 （至少 129 SNPs）

解決方案： 如果你有提高罹患乳癌風險的基因變異體，請考慮採取以下行動：

- 如果 BMI ≥ 25，請減重。
- 每週喝 < 3 份酒精或禁酒。
- 定期進行乳癌篩檢。
- 可能降低風險的藥物（泰莫西芬、雷洛昔芬、芳香酶抑制劑）。
- 如果合適的話可能可以考慮的預防性手術（切除乳房和／或卵巢）。

生理時鐘

學名／單一核苷酸多型性（SNP）：

　　晝夜節律運動輸出週期故障（Clock）/ rs1801260

　　正常（C;C）

　　異型對偶（C;T）

　　同型合子（T;T）

解決方案：

- 基因變異會導致血液中飢餓肽值增高，也就是飢餓賀爾蒙，以及減重阻抗。
- 每晚睡滿 8 小時以便成功減重。
- 每天維持一致的睡醒週期，盡量讓生理時鐘保持規律。

胖子

學名／單一核苷酸多型性（SNP）：

脂肪量與肥胖相關（FTO）／rs9939609

正常（T;T）

異型對偶（A;T）罹患第二型糖尿病的風險是 1.3 倍，肥胖的風險也會增加

同型合子（A;A）肥胖的風險是 3 倍，罹患第二型糖尿病的風險則是 1.6 倍

解決方案：

- 如果你飲食不當，肥胖的風險就會升高。
- 追蹤空腹血糖和糖化血色素，用餐時減少碳水化合物的攝取量。
- 運動和低碳水化合物飲食會有幫助。

長壽

學名／單一核苷酸多型性（SNP）：

雷帕黴素機理靶或哺乳動物雷帕黴素標靶蛋白（mTOR）／多個 SNP

解決方案：

- 藉由間歇性斷食、營養生酮和健康脂肪來關閉 mTOR。下列營養品也會有幫助：
  - 二吲哚甲烷（DIM）
  - N- 乙醯半胱氨酸
  - 白藜蘆醇
  - 硫辛酸

學名／單一核苷酸多型性（SNP）：

去乙醯酶（SIRT1）／多個 SNP

解決方案：

- 同樣地，藉由間歇性斷食、營養生酮和健康脂肪來開啟 SIRT1。
- 特別是食用深海魚或營養補充品來增加 DHA。
- 嚴加掌控血糖（讓空腹血糖值保持在 70 至 85 mg/dL，餐後兩小時的血糖值則是 < 120 mg/dL）。
- 乾桑拿或紅外線桑拿浴。
- 養成運動習慣，尤其是爆發性運動或適應性運動（瑜珈、皮拉提斯、太極）。
- 降低氧化壓力。

學名／單一核苷酸多型性（SNP）：

叉頭翼狀螺旋基因 O3 群（FOXO3）／ rs2802292（外加多個其它的 SNP）

正常（T;T）

異型對偶（G;T）讓活到百歲的機率增加至 1.5 到 2 倍。

同型合子（G;G）讓活到百歲的機率增加至 1.5 到 2.7 倍。

解決方案： 每週至少 4 次，每次進行 20 分鐘的乾桑拿浴，來啟動這個基因。

甲基化

學名／單一核苷酸多型性（SNP）：

亞甲基四氫葉酸還原酶（MTHFR）／ rs1801133（有好幾個）

正常（G;G）

異型對偶（A;G）的 MTHFR 酶素活性減少了 35% 至 40%。

同型合子（A;A）的 MTHFR 酶素活性減少了 80% 至 90%。

解決方案：如果你有一個或多個這些 SNP 的變異體，血液中的升半胱胺酸值就會升高，維生素 B12 和葉酸也會減少。你更有可能在代謝葉酸方面會有困難。請向功能醫學醫師根據你的甲基化活動和狀況諮詢劑量。請考慮補充活性甲基葉酸（即 L5MTHF）、甲基鈷胺素（維生素 B12），以及核黃素來應付這個基因，並追蹤血液中的升半胱胺酸值。

維生素 D 受體

學名／單一核苷酸多型性（SNP）：

    VDR / rs1544410

    正常（T;T）

    異型對偶（G;T）

    同型合子（G;G）

解決方案：將維生素 D 保持在 60 至 90 ng/mL 來維持最佳健康壽命。

Adiponectin（脂聯素）。又稱為 apM1、AdipoQ、Acrp30 和 GBP-28。脂聯素是由 ADIPOQ 基因編碼的，並且由脂肪細胞所分泌。它能調節葡萄糖值和脂肪燃燒。

Adrenal glands（腎上腺）。製造賀爾蒙的內分泌腺體，例如性賀爾蒙和皮質醇，能幫助你回應壓力以及許多其他功能。你的每一個腎臟上方都有一個腎上腺，又稱為副腎。

Adrenocorticotropic hormone（促腎上腺皮質素，ACTH）。一種從大腦的腦垂體前葉所分泌的賀爾蒙，ACTH 是下視丘 - 腦垂體 - 腎上腺皮質軸線的一個重要組成分子，因為它能提高腎上腺的皮質醇分泌。在回應壓力的情況下產生，血液中的 ACTH 值會被測量來幫助偵測、診斷和監控和體內皮值醇過多或過少有關的病症。

Allele（對偶基因）。對偶基因是一個基因的變數形式。你染色體中的每一個遺傳基因座，都有兩個對偶基因。你會從母親身上遺傳到一個對偶基因（一個基因的副本），從父親身上遺傳到另一個。如果你遺傳到的對偶基因相同，你在該基因上就屬於同型合子。如果對偶基因不同，你在該基因上就屬於異型對偶。

Amyloid beta（β - 類澱粉蛋白）。這些是黏稠的胜肽，也就是成群的胺基酸，會聚集在一起形成澱粉樣斑塊。這些胜肽是來自一個較大的前驅蛋白

（前類澱粉蛋白質，又稱 APP），會不斷產生 β - 類澱粉蛋白。它會損害組織的結構和功能，堆積在大腦中，對神經細胞具有毒性，進而增加罹患阿茲海默症的風險。

Beta amyloid（β - 類澱粉蛋白）。參見上方條目。

Brain-derived neurotrophic factor（腦源性神經營養因子，BDNF）。隸屬於一個叫做神經營養因子的蛋白質家族，負責神經細胞的生長和生存。BDNF 存在於大腦和脊椎中，活躍於神經細胞之間的聯繫，叫做突觸。BDNF 能促進突觸可塑性、有助於神經修復，並能增進學習和記憶。

Collagen（膠原蛋白）。一種容易消化的蛋白質形式，能改善肌膚、頭髮和指甲健康。隨著年齡增長，體內分解的膠原蛋白會比製造的多，導致皮膚鬆弛、指甲龜裂、頭髮無光澤，以及皺紋。

Corticotropin-releasing hormone （促腎上腺皮質素釋素，CRH）。一種和壓力反應系統有關的賀爾蒙。它是由下視丘所分泌，能刺激腦垂體製造促腎上腺皮質素（ACTH）。過多的壓力和運動過度都會提高 CRH 值，進而可能增加腸道壁的穿透性，以及肺、皮膚和血液 - 大腦屏障的穿透性。CRH 也會被釋放到中樞神經系統之外，例如皮膚中，可能造成發炎反應。

Deoxyribonucleic acid （去氧核醣核酸，DNA））。一種由四種鹼基重複建構而成的：腺嘌呤（A）、胞嘧啶（C）、鳥嘌呤（G），和胸腺嘧啶（T）。這些鹼基是你基因密碼的字母表。這些鹼基會互相配對 ——A 和 T，以及 C 和 G——來形成一個基對。你的 DNA 就像一座梯子，那些鹼基則像是梯階。（梯子的側面則是由糖和磷酸鹽組成的）。你的基因體中有三十億個基對，每個人的人類基因體大約 99.5% 都是相同的。

Epigenetics（表觀遺傳）。指的是 DNA 序列之外的機制所造成的基因表現改變。某些觸發因素可能會推翻你的基因表現，抑制一個壞基因或是促進一個好基因。

Epinephrine（腎上腺素）。一種在腎上腺內核製造的神經傳導物質賀爾蒙，能幫助你專注和解決問題。它會提高葡萄糖和脂肪酸的量，讓它們可以在出現壓力，或是在遇到危險需要提高警覺或出力時，做為燃料被身體運用。

Gene（基因）。你的基因是基對的組成，提供製造特定蛋白質的配方，例如酵素。每個基因都會製造約三個蛋白質。這些鹼基的序列會告訴你的身體如何構建、修復和維護自己。你會從母親身上遺傳到一個基因副本，從父親身上遺傳到另一個副本。這些單一的副本叫做對偶基因。如果你從雙親身上都遺傳到正常的副本，你就是正常的，又稱為野生型。如果你遺傳到一個正常基因副本和一個多型性副本，你就是異型對偶。如果你遺傳到兩個同樣的多型性副本，你就是同型合子。當你是異型對偶或同型合子時，最容易出現問題。

Genetics（遺傳學）。指的是特定基因的功能和組成。

Genomics（基因體學）。指的是你所有的基因如何在身體上表現。

Gene regulation（基因調控）。指的是被細胞使用來控制哪些基因會有表現並增加或減少 RNA 和蛋白質生成的機制。

Glucocorticoids（糖皮質素）。在腎上腺外部（皮質）所製造，糖皮質素能調節葡萄糖的新陳代謝，在化學上被歸類為類固醇。皮質醇就是一個主要的天然糖皮質素。

Hypothalamic-pituitary-adrenal (HPA) axis（下視丘 - 腦垂體 - 腎上腺皮質軸線）。一種反饋迴路，來自大腦的信號會觸發在回應壓力時所需的賀爾蒙釋放。因為這種功能，HPA 軸有時又被稱為壓力電路。

Insulin（胰島素）。將葡萄糖傳送至細胞中做為燃料並堆積脂肪。長期胰島素過高會提高雌性素和雌酮，因而增加細胞對胰島素的阻抗。

Irisin（鳶尾素）。一種由肌肉分泌、因運動而產生反應的賀爾蒙。它會誘使白色脂肪表現得像棕色脂肪、強健肌肉、啟動減重，並阻斷糖尿病。

Leptin（瘦素）。一種控制飢餓、新陳代謝，並運用食物做為燃料或脂肪的賀爾蒙。

Maximal heart rate（最大心率）。在最劇烈的體能消耗中你所能達到的最高心跳率。計算方式為，用 220 減去你的年齡。這是你在運動時心臟每分鐘應該跳動的最大數字。

Melatonin（褪黑激素）。一種由大腦中的松果體所分泌的賀爾蒙，有助於調節其他賀爾蒙並維持身體的晝夜節律。褪黑激素也有助於控制女性生殖賀爾蒙的時機和釋放。

Methylfolate（甲基葉酸）。亞甲基四氫葉酸還原酶（MTHFR）這種酵素能將葉酸（維生素 B9）轉換成活性甲基葉酸（L5MTHF）。活性甲基葉酸在甲基化的生物化學過程中扮演關鍵的角色。甲基化是強而有效的排毒、生產和 DNA 防護系統，體內幾乎每個細胞都需要它。

Mitochondrial dysfunction（粒線體功能障礙）。當粒線體無法執行它們的工作時就會發生，也是細胞老化的徵兆。原因包括營養不足和過多、毒素暴露、氧化壓力，以及微生物感染（或生態失調）。疲勞的粒線體可能會讓你在運動前後感到更加疲累，或造成肌肉疼痛。

Myokines（肌肉激素）。當肌肉收縮時所釋放的微小蛋白質。這些蛋白質會進入血流中，在運動前後都會增多。皮膚細胞中有更多的肌肉激素也會讓肌膚看起來更年輕。

Myostatin（肌肉生長抑制素）。一種調節肌肉大小並預防它們生長過大的生長因子。缺乏肌肉生長抑制素會導致肌肉過度生長。它也可能有助於控制女性在老化過程中的肌肉量流失。

Nerve growth factor（神經生長因子）。一種神經營養因子（和 BDNF 屬於同一蛋白質家族），同時也是一種神經肽。它能調節某些神經元的生長、維持、增殖和生存。瑜珈有助於促進神經生長因子的分泌。

Norepinephrine（去甲腎上腺素）。一種在腎上腺內核製造的神經傳導物質，有助於專注和解決問題。它在神經系統中扮演著神經調節者的角色，在血液中則是一種賀爾蒙。

Oxidative stress（氧化壓力）。指的是活性含氧物（自由基）和抗氧化物的生產之間的不平衡。自由基是有一個或多個未配對的含氧分子，可能會干擾並破壞 DNA、蛋白質、脂肪以及其他細胞成份的穩定性。抗氧化物能中和並抵銷自由基的有害影響。

Oxytocin（催產素）。它是一種賀爾蒙，也是神經傳導物質，這表示它是一種大腦化學物質，能在神經之間傳遞資訊。又稱為「愛的賀爾蒙」，因為當男性和女性達到性高潮時，血液中催產素的含量都會升高。催產素也會在子宮頸擴張時釋放，因此有助於催生，以及當女性的乳頭受到刺激的時候，能夠促進哺乳和母嬰之間的親密關係。

Single-nucleotide polymorphism（單一核苷酸多型性，SNP，發音為「snip」）。SNP 是基因中的細微變異。這種變異指的是一個單一核苷酸——也就是 DNA 的建構組元——序列的改變。

Synaptoporosis（突觸發生）。指的是阿茲海默症患者在維持積極記住和遺忘記憶輸入之間的平衡方面所面臨的問題。前類澱粉蛋白質（APP）負責大腦中的這個過程，而這種微妙的平衡在阿茲海默症患者的身上卻是完全受損的。

Thyroid（甲狀腺）。一個讓新陳代謝保持平衡、讓你感到精力充沛、舒適溫暖、能夠控制體重的腺體。

Transcription factors（轉錄因子）。將 DNA 轉換成 RNA 的過程相關的蛋白質。它們能夠和特定 DNA 序列結合，進而控制轉錄的速率。

Vagal tone（迷走神經張力）。指的是迷走神經的反應力。迷走神經張力較低意味著迷走神經沒有完全發揮它的功能，因而可能導致各種問題。靜思冥

想能夠改善迷走神經張力。

Vagus nerve（迷走神經）。它是最重要的神經，也是通往副交感神經系統的門戶。如果你的迷走神經受損，你將無法維持健康，而且可能會老化得更快。

Vasopressin （血管加壓素，AVP）。一種在回應壓力威脅時由下視丘所釋放的賀爾蒙。它會讓身體堆積體液，並使血管收縮。

Vitamin D（維生素 D）。從膽固醇和暴露在陽光中合成產生。它可以從食物中攝取，但不算是正式的維生素，因為哺乳動物可以藉由暴露在陽光中製造。它被認為是一種維生素同時也是賀爾蒙。存在於蛋和魚類當中，也會被添加在其他食物像是牛奶中；亦可用營養補充品的方式補充。

檢測你的 DNA（切記本書提及的注意事項）

- **23andMe**：23andMe 可以說是最有名的一家個人基因檢測公司。美金 199 元（價格可能會更動）就能在網上購買基因檢測採樣套組，開始探索你的基因。你收到「個人基因體服務」（Personal Genome Service）之後，先註冊，然後將唾液吐在內含的容器裡。在你寄回唾液後，需要六至八週的時間處理檢測結果。當檢測完成後，除了可以知道你的疾病風險之外，還可以使用 23andMe 的尋親功能。

- **Pathway**：PathwayFit 採樣套組以個人化的形式讓你瞭解你的基因編碼，並分析你的新陳代謝、飲食習慣，以及你的身體回應運動的方式。這項測試，外加一份生活方式的問卷，能告訴你如何優化你的飲食、運動以及生活方式，以促進你的新陳代謝。

- **SmartDNA**：SmartDNA 透過註冊醫護人員來提供基因體檢測。他們的「基因體健康檢測」（Genomic Wellness Test）包含超過一百個 DNA 改變，並提供全面分析以及個人化最佳健康方案的執行步驟。

- **Gene by Gene**：這些由 Gene by Gene 所提供的檢測有不同的價位，從美金 195 元的無法律效力 DNA 圖譜，到美金 950 元的司法鑑定不忠檢測。它的檢測都是專為特殊情境設計的，例如親子鑑定、雙胞胎胎性、複雜家庭重組等。

- **DNA Ancestry**：這個美金 99 元的 DNA 檢測是 Ancestry.com 所提供的

一項新服務，檢測重點是你的家族起源。整個資料庫號稱有 100 億條資料以及 3,400 萬個族譜。其他檢測都著重在健康方面，這項檢測則是著重於家族的起源地。

本書中提到的其他檢測

- 精神運動警覺性任務（Psychomotor Vigilance Task）
  - www.buypvt.com/
  - https://itunes.apple.com/us/app/psychomotor-vigilance-test/id1034227676?mt=8
  - https://itunes.apple.com/us/app/mind-metrics/id460744094?mt=8
- 甲基化檢查
  - Doctor's Data 的甲基化檢測提供血漿中甲基化 SNP 表現型表現的功能性評估。
    www.doctorsdata.com/methylation-profile-plasma/
  - HDRI 甲基化路徑檢測 www.hdri-usa.com/tests/methylation/
- 微生物組：Ubiome http://ubiome.com，Doctor's Data 完整糞便分析 www.doctorsdata.com/comprehensive-stool-analysis/，或 www.smartDNA.com 的 smartGUT
- Quicksilver 汞三項檢測測量的是甲基汞和無機汞，針對暴露來源、身體負荷，以及排出每種形式的汞的能力進行分析。透徹瞭解實際狀況有助於你的醫護人員成功規劃排毒方案。
    www.quicksilverscientific.com/testing/mercury-tri-test

推薦的化驗所檢測

基本血液檢測：大多數傳統醫學的醫師都仰賴血液檢測，所以我通常會

先從驗血開始（試著用這種方式和他們建立關係）。請你的醫師為你安排以下項目的檢測：

- VAP 膽固醇：包含 LDL 和 HDL 亞型以及 lipo(a)、VLDL
- 鐵蛋白
- 甲狀腺檢測：TSH、游離 T3、反轉 T3
- 腎上腺檢測：皮質醇、DHEA
- 性賀爾蒙：雌二醇、黃體素、DHEA；游離、生物有效性，和總睪固酮
- 肝功能（ALT、AST、總膽紅素）
- 空腹血糖值
- 糖化血色素
- 升半胱胺酸
- 高敏感度 C 反應蛋白（hsCRP）
- 如果你有體重過重的問題，請額外檢測瘦素、胰島素、IGF-1（生長賀爾蒙）。
- 如果你的醫師不願意安排這些檢測，請考慮上網至 WellnessFx.com 或 MyMedLab.com。

Omega-6/omega-3 比率：Metagenics 或 Vital Choice 都有提供這項檢測。你也可以透過 Genova 的 NutrEval（請參見下方）檢測此項目。如果你在近更年期出現注意力缺失症（ADD）的症狀，請檢測此項目。Omega-3 經證實是有效的，但許多人的攝取量都不足。

額外賀爾蒙檢測：如果你的醫師觀念較開放的話，可以考慮下方的檢測。

- Precision Analytical 的完整賀爾蒙乾尿液檢測（Dried Urine Test for Comprehensive Hormones）。它會告訴你腎上腺的健康狀況，並且讓你知道你的雌性素代謝狀況（也就是你是否有罹患乳癌的風險傾向，

不過那是可以改變的）。https://dutchtest.com

- Genova 的完整賀爾蒙（Complete Hormones）檢測。www.gdx.net/product/complete-hormones-test-Urine

- Genova 的更年期 Plus（Menopause Plus）會檢測你唾液中的褪黑激素以及皮質醇值，以及你的雌性素和黃體素。我喜歡這項測試是因為他們會檢測你三天內的雌性素和黃體素，以求一個較準確的結果。www.gdx.net/product/menopause-plus-hormone-test-saliva

Genova 的 NutrEval：對那些真的很愛檢測每個項目，而且想知道自己的營養缺口在哪裡以及什麼營養過剩的人，你的福音來了：www.gdx.net/product/10051。對於那些有保險而且符合 Genova 的 Pay Assured 方案的人來說，價格也很實惠，只要美金 169 元。維生素 D 只要多加美金 5 元。

重金屬：

- Doctor's Data 尿液有毒重金屬誘發因素或不明原因檢測。www.doctorsdata.com/urine-toxic-metals/

- 汞。我經常看到女性有疲勞、脫髮、體重增加、性欲低落，以及甲狀腺功能低下的問題，我都會建議她們去做 Quicksilver 的汞三項檢測。www.quicksilverscientific.com/testing/mercury-tri-test

端粒：對於特別在意年齡數字的姊妹們，最好的指標就是你的端粒，也就是染色體末端的那些小「帽子」，其功能類似鞋帶上的帶扣，避免讓你的染色體被破壞。https://lifelength.com/（最佳）或 Spectracell.com 都可以檢測端粒。

食物敏感檢測：Cyrex 提供多組織抗體檢測，目的是提早偵測並監控複雜的自體免疫病症，因為這種病症可能會加速老化過程。數組 2 會評估腸漏情況，數組 3 會檢查麥麩敏感性，而數組 4 會觀察食物敏感的交叉反應性。www.cyrexlabs.com

用手機幫助你靜下心來

- 10% Happier。對於那些心不在焉的人，這是我最喜歡的 APP。
- Calm。這是一個簡單的正念靜思冥想 APP，能帶給你的生命更多喜悅、清晰以及內心的平靜。
- Headspace。這個 APP 能幫助你學習正念靜思冥想，每天只要十分鐘！十天免費。
- Insight Meditation Timer。下載這個 APP，並加入我的群組 Younger（在群組中搜尋「Younger」）。和我們一起靜思冥想，並且留言告訴我們你最喜歡的意念形象法和其他練習。

人生指導

Handel Group www.handelgroup.com

New Ventures West www.newventureswest.com

飲料

能量茶飲品種

　　綠茶富含抗氧化物和營養素，可以改善精神警覺性和思考。它還有很多健康方面的益處，包括預防動脈粥狀硬化、降低高膽固醇，以及控制血糖值。以下是我最喜歡的幾個品牌：

- Tealux
- Stash organic
- Genmaicha 日本綠茶茶葉（這是我最喜歡的綠茶）
- 抹茶是一種磨成粉末的綠茶。

　　白茶是從花苞和嫩葉製成的，而且沒有經過太多加工處理。它富含多

酚，並且具有抗發炎和抗氧化功效。

- Tealux（這種白茶經證實鉛含量很低）

烏龍茶是一種傳統中國茶，是從茶花（Camellia sinensis）這種植物的葉片、花苞及茶梗製成的。它能改善頭腦清晰度。

- Numi 的 Iron Goddess 是我最喜歡的烏龍茶之一。它很清淡而且風味細膩，喝起來很順口，尾韻香甜。

咖啡

- 防彈咖啡來自中美洲高緯度的地方，手工採摘並經過謹慎處理以降低有礙功效的黴菌毒素並保持風味。
- David Wolfe 的 Longevity 富含抗氧化物，而且帶有濃醇、美味的風味。

膠原蛋白

- Bulletproof Collagen Protein（防彈膠原蛋白蛋白質）的來源是牧場飼養的乳牛，完全沒有注射藥物或賀爾蒙。好處包括提神、加速復原，以及增強免疫系統。
- Green Lakes Hydrolyzed Collagen（Green Lakes 水解膠原蛋白）也是來自草飼牛隻，水解膠原蛋白膠質有助於快速吸收，並且可溶解於冷水中。

復原膏

在使盡全力進行至少 4 至 5 輪的爆發性訓練後，請用復原膏補充你的糖原並修復你的肌肉。用 2 匙莎拉醫師的 Reset360 多合一奶昔巧克力口味（我偏好巧克力，但還有其他口味如香草、莓果和卡布奇諾）加椰子水，調至你喜歡的濃稠度。加入 stevia 調至你想要的甜度，在運動後 45 分鐘內食用。

營養補充品

- 黃連素的劑量為 400 毫克，一天一次或兩次。搭配奶薊有助於增強功效。食用兩個月後暫停，如果空腹血糖值上升時再開始食用。推薦：Aging Reset Essentials（老化重整必備套組），請瀏覽 Reset360.com。

- 白藜蘆醇劑量為 200 毫克，每天一次。推薦：Aging Reset Essentials（老化重整必備套組），請瀏覽 Reset360.com。

- 支鏈胺基酸（BCAA）劑量為 3 至 8 公克，運動中或運動後立即補充。推薦：Designs for Health 品牌的 Pure Encapsulations 和 Thorne。

如何測量並重整你的血糖

頻繁度：每天。如果你的空腹血糖和餐後血糖值都在正常範圍內的話，每週測量一次即可。

所需器材：一台血糖測量儀（無須處方箋即可在當地藥局購買）、血糖檢測試紙、採血設備、採血針，以及對照液（可以不用）。

方法：測量血糖有兩個很重要的時間點。第一個是早上，在空腹八至十二小時之後；第二個是用餐後的兩小時。在吃早餐前先測量你的空腹血糖值，用餐後測量血糖也很有幫助，尤其是晚餐後。

心率變異性

如果問醫師你的脈搏多少，他或她通常都會告訴你一個數字，介於每分鐘 60 下至 90 下之間。但心臟的跳動並不像節拍器那樣一成不變，一個心跳和下一個心跳之間的間隔是有變異性。HRV 指的是心電圖紀錄中所顯示的連續心跳。

所以如果你的醫師告訴你說你的心跳是 62 下，你的心臟其實真正的跳

動數是介於兩個數字的範圍之間，例如 56 和 67。一個健康的心臟一直會有變異性，因為身體一向處於生理和情緒的變化狀態中。當你吸氣的時候，你的心率會加快；當你吐氣的時候，則會減緩。

如何測量心律變異性

監控 HRV 的方法很多，無論是在家裡、出門在外或是在運動的時候。大多數都需要在一個裝置上下載 APP，例如 iPhone，以及一個心跳監測器。有戴在手腕上的監測器，也有綁在胸前的藍芽監測器。我推薦綁在胸前的版本，因為它能夠提供較接近臨床等級測量的結果。我推薦 APPSweetBeat HRV 和 HeartMath 的 Inner Balance Transformation System。

- **SweetBeat HRV** APP 著重於降低壓力、訓練，以及心率恢復。當你的 HRV 不在健康範圍內時，它就會通知你，提醒你盡量降低壓力。訓練的部分則會評估你是否應該全力以赴地運動，還是從事較低強度的運動，甚至休息一天。

- **HeartMath Inner Balance Transformation System** 是一個應用程式，附有一個感應器以及戴在耳朵上的裝置，可以從耳垂測量脈動。這個系統會鼓勵你調節你的呼吸，專注在正面情緒上來降低負面壓力、改善心情放鬆，並且增強韌性。藉由使用 APP 上的一個呼吸調搏器來讓你的呼吸同步，你就能夠讓你的 HRV 更健康，達到和諧的狀態。

最喜歡的運動方式

- 氣功行走和氣功跑步。 www.chirunning.com
- 佛瑞斯特瑜珈（Forrest Yoga）是由安娜‧佛瑞斯特發明，一種高強度的體能和內斂的練習。www.forrestyoga.com
- Barre 課程是結合芭蕾、瑜珈以及皮拉提斯姿勢的課程。在運動當中會

使用扶手杆作為平衡的道具。

　　– Dailey Method: www.thedaileymethod.com

　　– Barre3: http://barre3.com

　　– Bar Method: http://barmethod.com

　　– Pure Barre: www.purebarre.com

釋放技巧

- 主動釋放療法（ART）是由 P・麥可・雷西（P. Michael Leahy）所發明的一種軟組織、以動作為基礎的技巧。目的是治療肌肉、肌腱、韌帶、筋膜和神經方面的問題。 www.activerelease.com/

- 費登奎斯法 （The Feldenkrais Method）使用的是輕柔的動作和集中的注意力來改善動作並促進人體功能。好處包括能改善行動力和範圍，以及增進彈性和協調。www.feldenkrais.com/

- 壓力和創傷釋放練習（TRE）。這種技巧是使用一組六個練習，藉由引發自我控制的顫動，來釋放體內的深層壓力，而這種肌肉顫動的過程有時又被稱為「神經性肌肉顫動」。

- http://traumaprevention.com

- 安奈特班尼爾法（Anat Baniel Method）曾幫助我舒緩了我頸部、肩部和胸部的長期緊繃。安奈特是一位臨床心理學家兼舞者，專門研究如何透過活動來重組大腦。她細膩的治療幫助我學會如何釋放累積多年的長期緊繃狀態。www.anatbanielmethod.com

- 雅慕娜身體滾動技法（Yamuna body rolling）是由雅慕娜・薩克（Yamuna Zake）所發明的健身法。這種簡單的運動結合了療癒、健康以及預防傷害。它是使用各種不同大小和硬度的球，搭配身體的重量和一些小動作，來釋放來自頸部、背部、腿部肌肉等部位的緊繃。www.yamunausa.com/

- 筋膜瑜珈工作坊（Yoga Tune Up）的吉兒・米勒（Jill Miller）認為橫隔

膜受限會使得鎮靜神經系統變得困難。她建議使用表面帶有紋理的小球或兩顆網球，將他們放在背部中央的位置。

- 其他：蘇·希茲曼（Sue Hitzmann）的融化法（Melt Method）www.meltmethod.com

暴露

黴菌

想瞭解更多有關黴菌方面的知識，我推薦瑞奇·修馬克醫師（Dr. Ritchie Shoemaker）的網站 Survivingmold.com。

安全的護膚產品

- **Annmarie Gianni**。Annmarie Skin Care 是以天然精油和草本為原料的有機、高效、無動物實驗的護膚產品。www.saragottfriedmd.com/skincarelove/
- **Tarte Cosmetics** 在化妝品界是無毒系彩妝的主力軍。
- **Josie Moran** 化妝品以天然、有機、無毒的環保成分製造。這家公司承諾他們所販售的化妝品能讓你用起來安心滿意。www.josiemarancosmetics.com/
- **OSEA** 是一個天然護膚品牌，提供高品質、有利生態環境且天然的護膚產品。OSEA 代表「海洋、陽光、大地、大氣」（ocean, sun, earth, and atmosphere），而這家公司忠於地球四要素，致力和大自然攜手合作，生產最純淨有效的產品。http://oseamalibu.com/
- **Hairprint** 致力於運用環保化學技術，提供更健康的染髮選擇，以無毒的方式讓白髮恢復成自然髮色。它只適用於棕髮和較深的髮色而非金髮，但我曾成功染過我淺棕色的髮色。www.myhairprint.com

桑拿浴

桑拿浴能促進循環、降低血壓，也有助於長壽。這有點像是迷你運動，熱氣能讓毒素藉由流汗排出皮膚。我家就有一個 Sunlighten 牌的兩人桑拿室。我丈夫和我都愛極了。約會的夜晚就去桑拿室吧！ www.sunlighten.com/

無毒素的衛生棉條和其他選擇

- Seventh Generation 衛生棉條
- Veeda 衛生棉條
- Natracare 衛生棉條
- Diva Cup 月亮杯
- Lena 月亮杯

不含揮發性有機化合物（VOCS）的油漆

- 不含揮發性有機化合物（VOC）或含量低的油漆
  - Mythic Paint
  - Colorhouse Paint
  - AFM Safecoat Paint
  - Milk Paint
- 美國綠色建築協會（U.S. Green Building Council）正在改革建築物的設計、建造與經營方式。詳情請瀏覽 www.usgbc.org/。

大腦益智遊戲

NeuroRacer 是一款具有療癒性的電子遊戲，由舊金山加州大學的亞當‧蓋塞里（Adam Gazzaley）教授所研發。蓋塞里設計出 NeuroRacer，藉由神經反饋和 TES（穿顱電刺激）來促進大腦功能，以對抗因年齡引起的心智功能衰退。該遊戲特別有助於工作記憶和注意力，並且能夠改善技能運用

在實際生活中。欲瞭解更多詳情，請瀏覽蓋塞里教授的實驗室網站：http://
gazzaleylab.ucsf.edu/neuroscience-projects/neuroracer/。

追蹤器

欲追蹤你的健身和睡眠，我推薦 Jawbone Up 和 Misfit Ray。

視力檢查和改善

www.essilov.com, www.visiongym.com

APP：Attentive Eye Test、Vision Test，和 Eye Chart

致謝

感謝所有在我居住的城鎮中，被我在 Whole Foods 超市、農夫市場、barre 和瑜珈課，以及網路上跟蹤的正在美麗變老的各位。

當我在一邊整理想法投入創作過程的同時，許多朋友和同事幫助我釐清思緒，或是甚至自告奮勇當讀者或是案例：蓓蒂・莎 - 柏格曼醫師（Dr. Betty Suh Burgmann）、亞倫・克里斯汀森醫師（Dr. Alan Christianson）、安娜・佛瑞斯特（Ana Forrest）、貝蒂・弗梭（Betty Fussell）、凱文・吉昂尼（Kevin Gianni）、艾莉森（Allison）、莫琳（Maureen）、任絲卡（Renske）、珊蒂（Sandy）、克里斯・克瑞瑟（Chris Kresser）、席薇亞、尼克・帕里茲（Nick Polizzi）、梅莉・羅索夫斯基（Meryl Rosofsky），以及羅萍・薛爾（Robyn Scherr）。

我優秀的經紀人，塞莉絲・范恩（Celeste Fine）經常用極具說服力又聰明的想法，為這本書以及我們將來的其他創作提出令我感到驚嘆的貢獻。我很幸運能與她共事。

當我開始著手創作之後，一切都要歸功於光芒四射的編輯和教練團隊，沒有他們的組織能力和通情達理，我是絕對不可能辦到的：安卓雅・文麗・朱威爾（Andrea Vinley Jewell）、崔西・羅伊（Tracy Roe），以及奧藤・米爾豪斯（Autumn Millhouse）。凱文・普洛特納（Kevin Plottner）把資訊圖表設計得如此美麗，安撫了我的壓力反應系統。我要特別感謝我的優異團隊：瑞雪（Rachel）、莫莉（Molly）、蘿拉（Laura）、雅妮（Yoni），以及奇哈娃（Zehava）。

更要誠摯感謝我的戰友克莉絲汀娜・威爾森（Christina Wilson）在網上

授課方面的貢獻！同時也要感謝加特弗萊德機構（Gottfried Institute）的那些優秀大使，幫助我們宣傳並且回答我們網上課程方面的問題。

吉迪恩・威爾（Gideon Weil）是出版界健康書籍領域最棒的一位編輯，大概也是最幽默的一位，我真的很幸運能與他共事。由衷感謝我們傑出的製作、公關以及行銷團隊，包括梅琳達・穆琳（Melinda Mullin）、蕾娜・艾德勒（Laina Adler）、艾米・凡蘭根（Amy VanLangen）、諾亞・克里斯曼（Noel Chrisman），以及泰瑞・里納德（Terri Leonard）。我很感激HarperOne 出版社馬克・陶博（Mark Tauber）的領導讓這一切得以發生。

謝謝你們，我親愛的女兒們給我的支持。我希望這本書能夠幫助你們善用表觀遺傳，好讓你們能夠找出方法應對我遺傳給你們的各種基因。我也很感激我的父母，亞伯特和瑪莉・薩爾（Albert and Mary Szal），感謝他們在我寫這本書的期間以及過去的五十年中，總是不厭其煩地回答我那些沒完沒了的問題。當然，也多虧我兩位最棒的妹妹，安娜和賈斯汀娜的愛與支持，才讓這本書的創作過程如此有趣。

最重要的，我要感謝我的兩個祕密武器：喬安娜・伊爾菲爾德博士（Johanna Ilfeld, Ph.D.），她不但是我最要好的朋友，也是我的健身夥伴，一次又一次地讀了我的書稿，總是充滿熱情、幽默以及聰明的真知灼見；還有我的丈夫大衛・加特弗萊德（David Gottfried），他不但能聽我說話給我意見，同時也是天賦異稟的編輯，更是我生命中的夥伴、靈魂伴侶和至愛。

高寶書版集團
gobooks.com.tw

HD 122
抗老聖經
哈佛醫師的七週療程，優化基因表現、預防疾病，讓妳控制體重，重返青春

作　　者　莎拉‧加特弗萊德醫師
譯　　者　蔣慶慧
特約編輯　楊惠琪、林婉君
助理編輯　陳柔含
封面設計　林政嘉
內頁排版　賴姵均
企　　劃　何嘉雯

發 行 人　朱凱蕾
出版　英屬維京群島商高寶國際有限公司台灣分公司
　　　Global Group Holdings, Ltd.
地址　台北市內湖區洲子街88號3樓
網址　gobooks.com.tw
電話　（02）27992788
電郵　readers@gobooks.com.tw（讀者服務部）
　　　pr@gobooks.com.tw（公關諮詢部）
傳真　出版部（02）27990909　行銷部（02）27993088
郵政劃撥　19394552
戶名　英屬維京群島商高寶國際有限公司台灣分公司
發行　英屬維京群島商高寶國際有限公司台灣分公司
初版日期　2020年06月

國家圖書館出版品預行編目（CIP）資料

抗老聖經：哈佛醫師的七週療程,優化基因表現、預防疾病,讓妳控制
體重,重返青春 / 莎拉.加特弗萊德著；蔣慶慧譯. -- 初版. -- 臺北市：高
寶國際出版：高寶國際發行, 2020. 06
　面；　公分. --（HD 122）

譯自：Younger : a breakthrough program to reset your reset
your genes, reverse againg, and turn back the clock 10 years

ISBN 978-986-361-829-4（平裝）

1.基因　2.基因療法　3.健康法

363.81　　　　　　　　　　　　　　　　　109004279